实用大众线性代数(MATLAB 版)

陈怀琛　著

西安电子科技大学出版社

内 容 简 介

本书介绍了线性代数的基本理论，主要包括用消元法解高阶方程组(包括适定、超定和欠定)，用向量空间理解线性代数，以及线性变换的实际应用三个方面。通过近 50 个应用实例，介绍了它们的建模方法和解题程序。

本书的特色：(1) 实用化：本书以工科的后续课程及实际工程问题的解题需要选择内容，包含几十个应用问题；(2) 大众化：简化理论，使具有高中毕业程度的读者用较少的学习时间(约 30 学时)就能基本掌握；(3) 现代化：用计算机软件(MATLAB)来解决问题，不依靠笔算。

本书的读者对象为在职工程师(继续教育读物)、应用型技能型专业的学生(以本书为线性代数教材)以及普通高校本科学生(以本书为参考书)。

图书在版编目(CIP)数据

实用大众线性代数：MATLAB 版/陈怀琛著. —西安：西安电子科技大学出版社，2014.8(2019.2 重印)

ISBN 978-7-5606-3462-3

Ⅰ. ① 实…　Ⅱ. ① 陈…　Ⅲ. ① 线性代数—计算机辅助计—Matlab 软件　Ⅳ. ① O151.2-39

中国版本图书馆 CIP 数据核字(2014)第 170694 号

策　　划　毛红兵

责任编辑　毛红兵　王　毅

出版发行　西安电子科技大学出版社(西安市太白南路 2 号)

电　　话　(029)88242885　88201467　　邮　　编　710071

网　　址　www.xduph.com　　电子邮箱　xdupfxb001@163.com

经　　销　新华书店

印刷单位　陕西天意印务有限责任公司

版　　次　2014 年 8 月第 1 版　2019 年 2 月第 2 次印刷

开　　本　787 毫米×1092 毫米　1/16　印　张　10.5

字　　数　237 千字

印　　数　3001～5000 册

定　　价　25.00 元

ISBN　978-7-5606-3462-3/O

XDUP　3754001-2

作 者 简 介

陈怀琛，西安电子科技大学教授。1953 年起，先后在力学、控制和电子等领域执教，发表论文数十篇，曾任副校长。1994 年卸任后一直致力于推动本科课程和教学的计算机化，其目标是使用计算机代替计算器来解决各课程的问题，达到“面向现代化，面向世界，面向未来”的方向。为此，他编写了七本以 MATLAB 为基础的新型教材。其中《MATLAB 及其在理工课程中的应用指南》发行近四万册，《MATLAB 及在电子信息课程中的应用》发行近十万册。

2005 年起，他重点推广在线性代数中应用 MATLAB，编写了《线性代数实践及 MATLAB 入门》及《工程线性代数(MATLAB 版)》两本书，得到了教育部数学基础课程教学指导分委员会的支持。2009 年高教司设立了“用 MATLAB 和建模实践改造工科线性代数”的专项课题，陈教授被任命为项目负责人，组织了 19 所大学共同实施，着重点是课程的计算机化。2011 年项目结题，又得到数学教指委徐宗本、张景中、廖振鹏等多位院士的高度评价，建议在培养应用型人才的大学中推广。为了适应低学时的大纲，突出大众化，写成了本书，并制成慕课。

十年来，他从工科的角度，对线性代数理论的实用化和大众化提出了不少创新的建议。此外，他发表了多篇文章，论述了“科学计算能力”的重要性及其培养的途径。

陈教授的主页网址：http://chen.matlabedu.cn

通信地址：(710071)西安太白南路 2 号西安电子科技大学 334 信箱

电话：(029)88202988

电子邮箱：hchchen1934@vip.163.com, hchchen@xidian.edu.cn

前　　言

一、本书的特色和概貌

线性代数是一门应用性很强，但又在理论上进行了高度抽象的数学学科。它的重要性主要体现在其应用扩大到了愈来愈多的新领域，这种“需求牵引”使它的重要性大大提高；而几十年来计算机软硬件的飞速发展，作为“技术推动”，给以应用作为改革方向的线性代数提供了空前的机遇。美国在 1990 年提出了线性代数改革的五条建议：(i) 线性代数课程要面向应用，满足非数学专业的需要；(ii) 它应该是面向矩阵的；(iii) 它应该是根据学生的水平和需要来组织的；(iv) 它应该利用新的计算技术；(v) 抽象内容应另设后续课程来讲。1992—1997 年他们在大学教师中实施了“用软件工具加强线性代数教学”的 ATLAST 计划，MIT 的 G.Strang 教授提出了“让线性代数向世界开放”的口号，听他的视频讲座的人数已超过一百万。在中国科技和经济高速发展的今天，普及线性代数也具备了更好的条件。本书就是为从事应用层面的技术人员和高校学生所编写的。

本书的书名反映了它的特色——“实用化”、“现代化”和“大众化”。“实用化”指的是本书以工科的后续课程及未来工程的需求为标准安排内容，附录 B 和 C 中列出的 60 个应用实例表明了本书的实用价值；“现代化”指的是用 MATLAB 来解决问题，不依靠笔算；“大众化”指的是书中采用了最少、最浅而又足够的理论，使推理能力不太强的学生和有实践经验但多年不接触数学的工程师都能接受，便于向大众普及。

二、改革方向和内容

作者不是数学教师，从 1953 年起，在机械、控制、电子领域执教了六十多年。1994 年退居二线以后，致力于在大学本科教学中推动 MATLAB 的机算应用。到 2004 年，作者编写了多本教材[12-14]，涉及本科十多门课程数百道例题。作者发现其中三分之一以上是用矩阵模型求解的线性代数问题，而学生对此类模型不熟悉，原因就是线性代数没学好。于是从 2005 年开始，作者对现有的国内外线性代数大纲和教材进行分析，提出了改革的思路。

传统线性代数的最大弱点是“片面强调理论，脱离机算实践”，作者 2005 年编写的《线性代数实践及 MATLAB 入门》[5]，主要就是针对这一点进行改革，读者对象是教师。2007 年作者与高淑萍、杨威合编了《工程线性代数(MATLAB 版)》[6]，读者对象是学生。虽然以强化建模和实践为主，但是考虑到学生考研，理论一点也不敢动。2009 年高教司指定由作者牵头，19 所大学参与，实施了“用 MATLAB 及建模实践改造工科线性代数”子项，上述两本书就是项目思想的载体。两年中，共有 200 多名教师、45 000 名学生在这项改革中受益，虽然在线性代数中使用计算机已是师生的共识，但传统大纲中的理论占了很多学时，使学生实践受到很大限制，一些学时少的学校的线性代数课处于半取消状态。

为了达到本书编写的目的，在现代化方面主要引进 MATLAB 软件并贯穿于全书；在实用化方面采用了约 50 个能覆盖各种应用的实例；在大众化方面做了简化理论的工作，这是最难和最具争议的部分。

想简化理论，就要弄清哪些理论是工科学生必学的。线性代数理论博大精深，一个工科教师犹如井底之蛙，不可能从顶向下地梳理清楚，但可以采用逆向思考的方法，把见过的后续课程和工程中的问题加以归纳，找到其最低限度所需要的理论。凡是后续课程需要的，就讲透；凡是找不到直接需求的，即予删除；凡是能找到简明证法的，均予采纳；有些牵扯太广的就不证了，毕竟工科(特别是应用型、技能型)人才是用数学的，与研究数学的要有区别。

从这些命题中归纳出对理论的需求，反映在本书中，为四方面的重大改革：

(1) 关于行列式的讲法。我们发现，在所有的应用命题中，除了求面积、体积和求特征方程的问题外，没有一个要计算行列式的，这是因为在用消元法解方程时，已经在不知不觉中使用了行列式。用主元连乘法同样可以容易地证明行列式的各种有用的性质，也是软件编程的依据。因此，本书对行列式的其他定义，只用低阶矩阵简述，摆脱了逆序数、代数余子式、伴随矩阵、行列式按行展开等繁琐的数学术语和推导，大大压缩了篇幅，避开了许多“拦路虎”。不讲这些概念，水平就低吗？那要看用不用。对于搞理论的，也许可以练练推公式，但对于搞应用的，水平和创新要体现在建模上。还可以举出两个佐证：一是国际领先的矩阵软件 MATLAB 中就没有这些术语及其子程序，全世界有几百万用户却都在用它求解大规模、高难度的线性代数问题，说明应用中确实不需要这些概念；二是国外名教授写的书。MIT 的 Strang 在教材[3]中只简介了二、三阶行列式，且在序言中说明，他把行列式移到第五章就是因为那些公式不能用来计算；Lay 在教材[2]中更做了历史的评述：“在柯西的年代，矩阵很小，行列式在数学中起过重要作用。而今天它在大矩阵运算中只有很小的价值”。可见经典的行列式理论，由于计算太繁，大矩阵无法使用。非数学类的教材理应扬弃这样的内容。

(2) 向量空间要讲透三维，减缩 n 维。帮助大学低年级学生建立立体概念是大学教学计划中的重要一环，为此有制图、画法几何、多变量微积分、物理中场的演示、数学中的场论、电工中的复信号、电机中的旋转磁场等多门课程。线性代数本应该有责任帮助学生建立空间概念，但现有教法却弱化三维，过分强调 n 维空间。全是公式，没法画图，不利于学生接受。国外的各种面向工科的线性代数的优秀教材，都是以三维空间为主，并且有大量的立体图辅助。本书强调二、三维，使例子形象化，并使图形作为建立概念的重要工具。不是说 n 维不重要，而是要循序渐进，先感性积累，后理性抽象，一年级学 n 维太早了。

(3) 弱化欠定，加强超定。欠定方程组是由于命题条件不足造成的，工程师可以拒绝处理，在强调解的唯一性的数学入门阶段，拿不出基础解的工程实例，学生很难理解其意义，也许只有研究生的数学规划课程才有用，在此让大学新生花很多学时是太超前了。超定方程则是工程上常见的问题，它来源于实践中不可避免的干扰和测量误差，而且正是数学家高斯提出的极漂亮的最小二乘解法，其证明又可加强向量空间概念，国外的教材都讲，只有我国的教材不讲，这是我国线性代数教学脱离工程的表现之一。

(4) 特征根和特征向量对大一学生就有些超前，只有两阶的好懂些，所以只讲到两阶为止，但实数和复数根都要讲。实际上三阶及以上的特征根，手工解是不行的，只有依靠计算机。高阶实二次型不但计算有难度，而且找不到工程应用。而复数特征根却是工程中很有用的，它是理解振动问题的基础，也是学生在日常经验中能够接受的。

用最小的学习成本获得最大的应用效果，这是本书取材的准则。这四项改革是针对以机电信控专业应用为目标的非数学系大学生和工程师提出的理论上的最低要求，不包括线性代数在更深层次和更高水平上的应用。此外，本书力图用工程语言来叙述概念，从具体到抽象，尽量少用数学定义，多用图形等来证明，不过分强调严密。微积分教材有两百年了，有不少适合工科的版本；线性代数历史短，与工科远未磨合好，教材基本上都还是数学系的模式，很难适应非数学系的需求和口味。

钱学森先生在 1989 年写道："今后对一个问题求解可以全部让电子计算机去干，不需要人去一点一点算。而直到今天，工科理科大学一二年级的数学课是构筑在人自己去算这一要求上的。……所以理工科的数学课必须改革，数学课不是为了学生学会自己去求解，而是为了学生学会让电子计算机去求解，学会理解电子计算机给出的答案……"。线性代数是数值计算的基础，是最该率先使用计算机的，本书也在朝这个方面努力。希望与读者互动，在学习本书时最好手边有装了 MATLAB 的计算机。

三、不同类型读者该如何使用本书

(1) 本书的对象首先是在职工程师。三十年前的大学是没有线性代数课的，近三十年来虽然开了课，因不用计算机，多数毕业生没有用过线性代数。对于这上千万的不知道如何用线性代数的庞大群体，需要的是从实用出发来补修。读者可以先翻翻第 6 章，看看和自己的领域相近的问题，线性代数是怎么用计算机来解决的，觉得有意思了，再下决心把本书从头看起。因为书中讲理论只有前 5 章，篇幅和难度都不大。

(2) 不以考研为目标的普通大学本科生可以拿本书作为教材，连附录 A 中"MATLAB 的矩阵代数和作图初步"，30 学时应该可以拿下来，注意多加一些上机实践。对于学时更少的高专、高职专业，第 4、5 两章的部分内容也可省略，重点学会用计算机解线性方程组和坐标变换，就能解决后续课及工程中大量的常见实际问题。我国高等教育正面临向职业教育转型的问题，要更多培养应用型、技能型的人才，其关键是课程改革问题，本书希望能为这一转型铺路。

(3) 由于传统考研的命题方向中许多正是本书删节的，而本书所强化的反而是不考的题目，本书不宜作为考研学生的基本教材。对于使用传统线性代数教材的读者，不妨将本书作为参考书。因为书中各章讲法与传统书有很多不同，理论上有不少互补的观点，特别是实践上能提供大量的感性概念和工程问题的计算机解法，有助于学生对理论理解的深化和实践能力的提高。

本书的程序集名为“实用大众线性代数程序集”，现放在西安电子科技大学出版社的网站(http://www.xduph.com)和作者的主页(http://chen.matlabedu.cn)中，供读者自行下载。

本书的第 7 章是“线性代数在工程中的应用实例”，它提供了难度更高的十多个例题。考虑到一般读者的共性需求没有那样高，不宜把书弄得太厚、太贵，我们决定把这一章的电子稿放在网上，供读者按各自的需求自行下载。

在本书成稿的过程中，秦裕瑗、游宏、张学山、陈利霞、高淑萍、刘炜等老师曾经阅读初稿，并提出了宝贵的建议，西安电子科技大学出版社的毛红兵等编辑给本书提供了很多帮助，中国教育数学学会对作者的线性代数大众化工作给予了长期的支持，在此谨表谢意。

我的电子邮箱是 hchchen1934@vip.163.com，欢迎使用本书的教师和同学提出宝贵的建议。我年事已高，不能参加第一线的教学活动。在此期待有青年教师接力，常和我联系，把这本书修改得更符合工科应用人才的需要！

陈怀琛
于西安电子科技大学
2014 年 7 月

目　　录

第 1 章　线性方程组与矩阵

1.1 概　　述

线性方程组在数学的各个分支，以及自然科学、工程技术、生产实际中经常遇到。由于现代科学、工程和经济规模愈来愈大，对系统的研究也愈来愈细，所以整个系统的模型往往有很多变量。这些变量间的关系错综复杂，人们通常把它们近似为最简单的线性关系，这就使得线性代数成为大学本科最基础的数学课程之一。

例 1.1　食品配方的应用问题。某食品厂收到某种食品的订单，要求这种食品由甲、乙、丙、丁四种原料做成，且该食品中含蛋白质、脂肪和碳水化合物的比例分别为 15%、5% 和 12%。而甲、乙、丙、丁原料中含蛋白质、脂肪和碳水化合物的百分比由表 1-1 给出。那么，如何用这四种原料配置出满足要求的食品呢？

表 1-1　食品配方表

	甲	乙	丙	丁
蛋白质/%	20	16	10	15
脂肪/%	3	8	2	5
碳水化合物/%	10	25	20	5

解　(1) 建立数学模型。

设所需要的甲、乙、丙、丁四种原料占该食品的百分比分别为 x_1、x_2、x_3、x_4，则根据题意可以得到四元方程组：

$$\begin{cases} x_1+x_2+x_3+x_4=1 \\ 20\%x_1+16\%x_2+10\%x_3+15\%x_4=15\% \\ 3\%x_1+8\%x_2+2\%x_3+5\%x_4=5\% \\ 10\%x_1+25\%x_2+20\%x_3+5\%x_4=12\% \end{cases} \Rightarrow \begin{cases} x_1+x_2+x_3+x_4=1 \\ 20x_1+16x_2+10x_3+15x_4=15 \\ 3x_1+8x_2+2x_3+5x_4=5 \\ 10x_1+25x_2+20x_3+5x_4=12 \end{cases} \tag{1.1.1}$$

方程组(1.1.1)左边后三个方程中的各项原来都带百分号，为了计算方便，将它们都乘以 100，就得到了右边简洁的具有同样解的方程组。每一个方程中，左端是变量 x_1、x_2、x_3、x_4 乘以常数后的叠加，也称为 x_1、x_2、x_3、x_4 的线性组合，右端是常数。这样的方程组称为线性方程组。对于本问题，所找到的方程组的解，必须满足 $x_i>0(i=1, 2, 3, 4)$。

(2) 分析方程组的解。

对于上述食品配置问题，我们需要研究线性方程组的下列几个问题：

① 方程组是否有解？有解时，解的个数是多少？如何解？也就是解的存在性和唯一性

问题。

② 有多解时，这些解之间的关系如何？所得的解针对实际问题是否合理？

③ 无解时，如何找出最接近实际问题的近似解？

对于一般的线性方程组，可以通过如图 1-1 所示的方框图来表述线性代数研究的问题。从工程角度看，在有解的情况下要找到合理的唯一解，在无精确的数学解时要找到近似解。

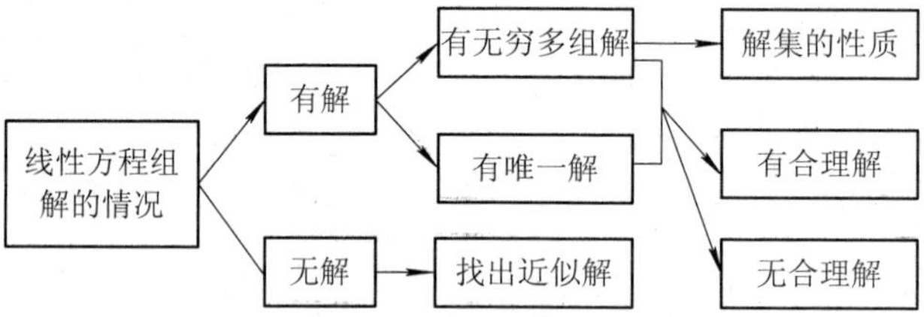

图 1-1　线性方程组的解的情况

1.2　二元和三元线性方程组解的几何意义

本节将讨论二元和三元线性方程组解的几何意义。

例 1.2　求解下列四个线性方程组：

(a) $\begin{cases} x_1 - 2x_2 = -1 \\ -x_1 + 3x_2 = 3 \end{cases}$；　　(b) $\begin{cases} x_1 - 2x_2 = -1 \\ -x_1 + 2x_2 = 3 \end{cases}$；

(c) $\begin{cases} x_1 - 2x_2 = -1 \\ -x_1 + 2x_2 = 1 \end{cases}$；　　(d) $\begin{cases} x_1 + x_2 = -1 \\ x_1 - x_2 = 3 \\ -x_1 + 2x_2 = -3 \end{cases}$。

解　方程组(a)～(c)都是由两个二元一次方程组成的，方程数等于变量数，容易用消元法求解。先解方程组(a)，将第二个方程加第一个方程，消去 x_1，得到 $x_2=2$，即原方程组变为 $\begin{cases} x_1 - 2x_2 = -1 \\ \quad\quad x_2 = 2 \end{cases}$，这是消元法的第一步，其结果是形成一个阶梯形的方程组。对于这样的方程组，可以从下而上求解：由第二个方程得知 $x_2=2$，把它代入第一个方程，得到 $x_1 = 2x_2 - 1 = 3$。这一过程称为回代。本例虽然是一个最简单的二元方程，但是这样规范的方法却可以用来解任意多未知元的方程组，并且可以编成程序，便于用户直接调用。

现在用图解法来理解线性方程组解的几何意义。方程组(a)的解为 $x_1 = 3$，$x_2 = 2$，它是由原始方程组表示的两条直线的交点，如图 1-2(a)所示。由两个方程恰好解出两个变量，这样的线性方程组称为适定方程组。消元过程把第二个方程变为 $x_2 = 2$，图形上成为一条水平线，但交点不变。

采用同样的步骤求解方程组(b)，将第二个方程加上第一个方程，得到的方程是

$0x_1+0x_2=2$，这是一个矛盾的无解方程组，也称为不相容的方程组。可以在平面上画出代表两个方程的两条直线，它们平行且不重合，因此没有交点，如图 1-2(b)所示。

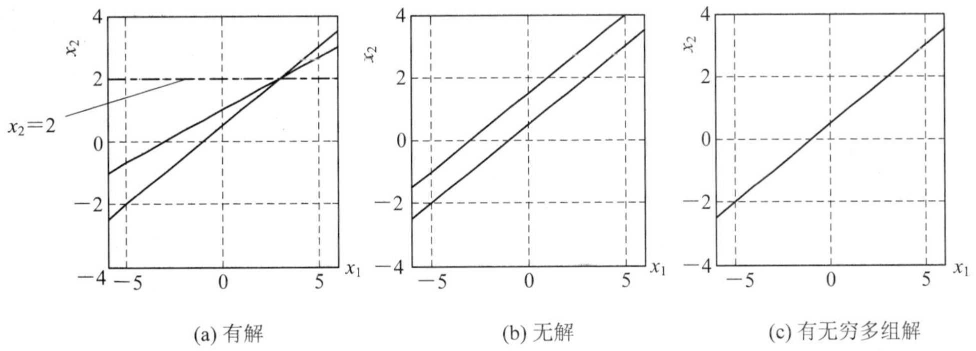

图 1-2　例 1.2 中方程组(a)~(c)解的情况

方程组(c)消元后的结果是 $0x_1+0x_2=0$，满足第一个方程的解必然也满足第二个方程。即这两个方程中的一个可由另一个导出，我们称它是不独立的。独立方程只有一个，少于变量数，这样的方程组称为欠定方程组，它有无穷多组解。从几何图形看，这两个方程所对应的直线重合，此直线上处处都是解，如图 1-2(c)所示。

方程组(d)有三个独立方程，只有两个变量。它们所对应的三条直线没有公共交点，因而无解，如图 1-3 所示。独立方程数目多于变量数目的方程组称为超定方程组，它是无解的。这里的无解应理解为没有精确地满足数学方程的解。因为工程实践上往往容许误差存在，所以寻找超定方程组的近似解也是实用线性代数必不可少的任务之一。第 4 章会求出点(0.71，−1.43)是方程组(d)的一个近似解。

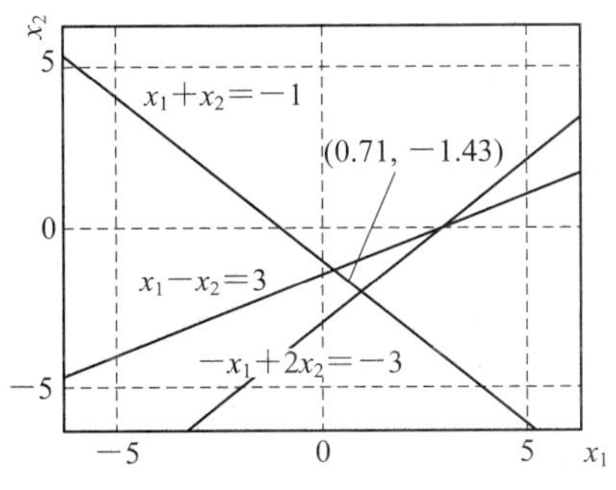

图 1-3　例 1.2 中方程组(d)解的图形

例 1.3　求解三元线性方程组：

$$\begin{cases} x+y-z=4 \\ 2x-3y+z=3 \\ -5x+2y-2z=1 \end{cases} \tag{1.2.1}$$

解　从第二个方程中减去第一个方程的 2 倍，得到 x 系数为零的新的第二方程；再从第三个方程中减去第一个方程的 −5 倍，得到 x 系数为零的新的第三个方程。此时，方程组(1.2.1)的后两式就化为消去了变元 x 的二元联立方程：

$$\begin{cases} x + y - z = 4 \\ \quad -5y + 3z = -5 \\ \quad 7y - 7z = 21 \end{cases} \tag{1.2.2}$$

再将第二个方程乘 7/5 与第三个方程相加，消去 y，于是又形成了阶梯形的结构：

$$\begin{cases} x + y - z = 4 \\ \quad -5y + 3z = -5 \\ \quad\quad -2.8z = 14 \end{cases} \tag{1.2.3}$$

接着开始回代。先由方程组(1.2.3)中的第三个方程知 $z = -5$，将其代入第二个方程，解得 $y = -2$；再将 z、y 代入第一个方程，解得 $x = 1$。

方程组(1.2.1)的三个方程对应于三维空间的三个平面，若这三个平面有公共交点，则该交点就是方程组的解，如图 1-4 所示。

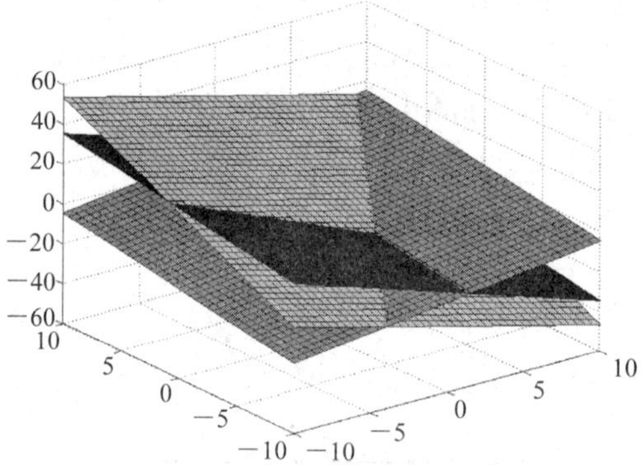

图 1-4　三阶线性方程组求解的图形

如果把方程组(1.2.1)中的第三个方程改为 $4x - y - z = 11$，则消元变换的过程如下(其中的 r_i 表示第 i 个方程，如 $r_2 - 2r_1$ 表示第二个方程减去第一个方程的 2 倍)：

$$\begin{cases} x + y - z = 4 \\ 2x - 3y + z = 3 \\ 4x - y - z = 11 \end{cases} \xrightarrow[r_3-4r_1]{r_2-2r_1} \begin{cases} x + y - z = 4 \\ \quad -5y + 3z = -5 \\ \quad -5y + 3z = -5 \end{cases} \xrightarrow{r_3-r_2} \begin{cases} x + y - z = 4 \\ \quad -5y + 3z = -5 \\ \quad\quad 0 = 0 \end{cases}$$

可见，原来的三个方程只有两个是独立的，方程数少于变量数，因此无法求得它们的唯一解。画出这三个方程的图形(见图 1-5)，可以看出，三个平面交于同一条直线而不是交于一个点，所以得不出唯一的解。这个方程组是欠定方程组，它有无穷多组解，这些解的集合是一条直线。

除了三个平面相交于同一条直线外，如有两个平面重合，也会出现解为一条直线的方程组。当两个平面平行，或者两个平面的交线与第三个平面平行时，三个平面也没有公共交点。图 1-6 给出了一些三个平面没有公共交点的例子，这些方程组都是无解或无唯一解的。

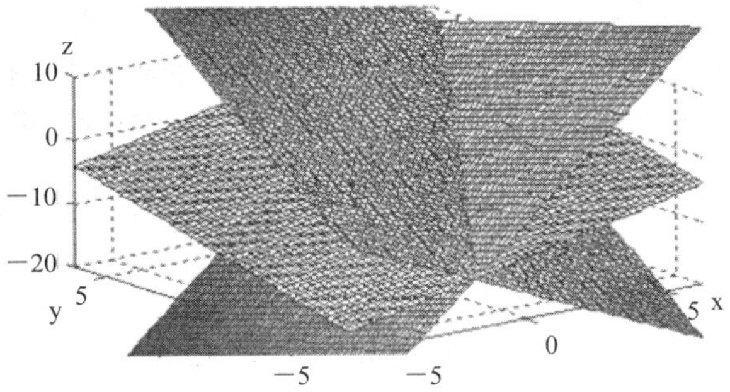

图 1-5　三个平面交于同一条直线的欠定情况

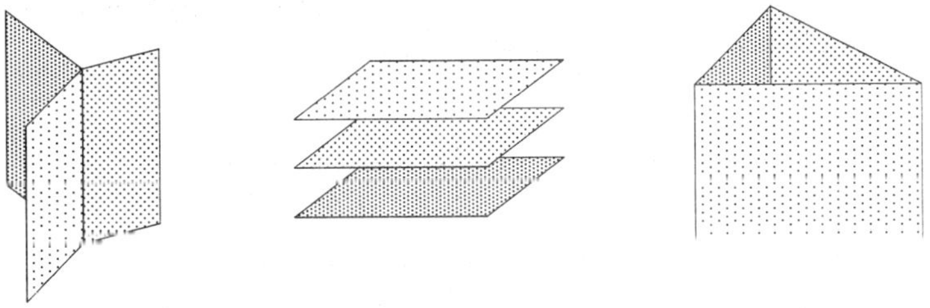

图 1-6　三阶方程组多解和无解时的几何解释

对于更多元的线性方程组，不可能想象出其空间的几何图形，但关于适定、不相容、欠定方程组的基本概念是一脉相承的。

1.3　高斯消元法与阶梯形方程组

本节将把对二元、三元一次方程组求解的方法，推广到 m 个方程、n 个变量的高阶多元线性方程组。原理上，它和中学的消元法或代入法本质上并无差别，但为了便于向高阶系统推广，一是系数的位置要清晰；二是计算的步骤要规范；三是能够编成由计算机执行的程序。这就要借助于 1.4 节引入的矩阵，用计算机解决高阶联立方程问题，这是线性代数与初等代数的最大区别。

线性方程组的一般形式如下：

$$\begin{cases} a_{11}x_1 + a_{12}x_2 + \cdots + a_{1n}x_n = b_1 \\ a_{21}x_1 + a_{22}x_2 + \cdots + a_{2n}x_n = b_2 \\ \quad\vdots \\ a_{m1}x_1 + a_{m2}x_2 + \cdots + a_{mn}x_n = b_m \end{cases} \tag{1.3.1}$$

式(1.3.1)称为 n 元线性方程组。其中：x_1，x_2，…，x_n 是 n 个变量；m 是方程的个数；a_{ij} $(i = 1, 2, \cdots, m;\ j = 1, 2, \cdots, n)$是方程组的系数；$b_i$ $(i = 1, 2, \cdots, m)$是方程组的常数项。系数 a_{ij} 表示第 i 个方程是变量 x_j 的系数。一般情况下，变量的个数 n 与方程的个数 m 不一定相等。

线性方程组(1.3.1)中解的全体称为它的解集合。解方程组就是求其全部解，亦即求出其解集合。如果两个方程组有相同的解集合，就称它们为同解方程组。存在解(包括一个解及无穷多组解)的方程组称为相容方程组，否则称为不相容方程组。

消元法的基本思想是：通过消元变换把方程组化为容易求解的阶梯形结构同解方程组。这种方法适用于解一般的线性方程组。下面通过一个三元方程组的例题来说明消元法的具体步骤。

例 1.4　求解线性方程组：

$$\begin{cases} 3x_1+2x_2-2x_3=-4 \\ 3x_1+3x_2-x_3=-5 \\ 2x_1+2x_2-x_3=4 \end{cases} \tag{1.3.2}$$

解　将方程组(1.3.2)中的第一个方程分别乘以 $-3/3(-a_{21}/a_{11})$ 及 $-2/3(-a_{31}/a_{11})$，加到第二、三个方程中，消去后两个方程中的变量 x_1，得

$$\begin{cases} 3x_1+2x_2-2x_3=-4 \\ \qquad\ \ x_2+x_3=-1 \\ \qquad\ \ \dfrac{2}{3}x_2+\dfrac{1}{3}x_3=\dfrac{20}{3} \end{cases} \tag{1.3.3}$$

将方程组(1.3.3)中的第二个方程乘以 $-2/3$，加到第三个方程中，消去 x_2，得

$$\begin{cases} 3x_1+2x_2-2x_3=-4 \\ \qquad\ \ x_2+x_3=-1 \\ \qquad\qquad -\dfrac{1}{3}x_3=\dfrac{22}{3} \end{cases} \tag{1.3.4}$$

形如式(1.3.4)的方程组称为行阶梯形方程组。这样的阶梯形方程组可以用回代法方便地逐个求出它的解。回代过程如下：由最后一个方程解出 $x_3=-22$，将其代入第二个方程，解得 $x_2=-1+22=21$，再将 x_2、x_3 代入第一个方程，解得 $x_1=(-4-2x_2+2x_3)/3=-30$。

回代过程也可以像消元一样进行，不过是自下而上、自右至左，把主对角线右上方的元素都消成零。把方程组(1.3.4)中的第三个方程分别乘以 -6、3，依次加到第一、二个方程中，消去前两个方程中 x_3 的系数，再将第二个方程乘以 -2，加到第一个方程中，得到仅含变量 x_1 的方程，方程组依次成为

$$\begin{cases} 3x_1+2x_2=-48 \\ \qquad\ \ x_2=21 \\ \quad -\dfrac{1}{3}x_3=-\dfrac{22}{3} \end{cases} \rightarrow \begin{cases} 3x_1=-90 \\ \qquad x_2=21 \\ \quad -\dfrac{1}{3}x_3=\dfrac{22}{3} \end{cases} \rightarrow \begin{cases} x_1=-30 \\ \quad x_2=21 \\ \qquad x_3=-22 \end{cases} \tag{1.3.5}$$

最后一步是把各方程分别乘以对角项系数的倒数，使行阶梯形方程组只保留了系数均为 1 的对角项。得到它就等于求出了方程组的解。此时，消元法的任务已经完成。

由方程组(1.3.2)用消元法变换为方程组(1.3.5)的过程，是通过对原方程组反复实行下列三种变换而得到：

① 互换两个方程的位置，称为交换变换；

② 用一个非零数 k 乘以某个方程，称为数乘变换；

③ 把一个方程的 k 倍加到另一个方程上，称为消元变换。

这三种变换称为线性方程组的同解变换。因为对方程组而言，这些变换不会改变方程组的解。为了得到行阶梯形结构，主要采用消元变换。交换变换用来改善消元法的精度，在商用程序中必不可少，但教学程序为使过程简化而很少用。数乘变换只在最后把对角变量的系数化成 1 时用一次。回代运算用的都是消元变换，故方程组(1.3.5)与原方程组(1.3.2)同解。

消元法是对线性方程组进行求解的一种最基本的方法，这个方法早在约公元前二百年就由中国人提出了。19 世纪德国数学家高斯重新发现并严格证明了它。因为这种方法规则刻板，容易程序化，所以可以利用计算机用简明的程序来实现。

1.4　矩阵及矩阵的初等变换

1.4.1　矩阵的概念及定义

重新观察例 1.4，可以发现，在从方程组(1.3.2)变换到方程组(1.3.5)的全过程中，方程组中的变量 x_1、x_2、x_3、x_4 并没有参与任何运算，参与运算的只是方程组的系数和常数。于是方程组(1.3.2)的等式左端的系数和右端常数可分别写成如下系数数表 $\boldsymbol{A}$ 和常数数表 $\boldsymbol{b}$，即

$$\boldsymbol{A}=\begin{bmatrix}3 & 2 & -2\\ 3 & 3 & -1\\ 2 & 2 & -1\end{bmatrix},\quad \boldsymbol{b}=\begin{bmatrix}-4\\ -5\\ 4\end{bmatrix}$$

其中，数表 $\boldsymbol{A}$ 的行号表示方程的序号，列号表示变量 $\boldsymbol{x}$ 的序号。这就可以很容易地由数表 $\boldsymbol{A}$、$\boldsymbol{b}$ 恢复出方程组原型。所以可以通过这两个数表来研究线性方程组。

如果问题所牵涉的数据是以表格形式出现的，那么这些数据常常可以用上述简化的矩形数表来表述。该矩形数表就称为**矩阵**。学习线性代数的主要目标就是要学会利用矩阵来描述系统，并用矩阵软件工具去解决各种问题。

定义 1.1　由 $m\times n$ 个数 $a_{ij}\,(i=1, 2, \cdots, m; j=1, 2, \cdots, n)$排成的 m 行 n 列的矩形数表

$$\boldsymbol{A}=\begin{bmatrix}a_{11} & a_{12} & \cdots & a_{1n}\\ a_{21} & a_{22} & \cdots & a_{2n}\\ \vdots & \vdots & & \vdots\\ a_{m1} & a_{m2} & \cdots & a_{mn}\end{bmatrix}\quad\left(\text{MATLAB中表示为}\boldsymbol{a}=\begin{bmatrix}\text{a}(1,1) & \text{a}(1,2) & \cdots & \text{a}(1,\text{n})\\ \text{a}(2,1) & \text{a}(2,2) & \cdots & \text{a}(2,\text{n})\\ \vdots & \vdots & & \vdots\\ \text{a}(\text{m},1) & \text{a}(\text{m},2) & \cdots & \text{a}(\text{m},\text{n})\end{bmatrix}\right)$$

称为 m 行 n 列**矩阵**，简称 $m\times n$(阶)**矩阵**，通常用黑体大写字母 $\boldsymbol{A}$，$\boldsymbol{B}$，$\boldsymbol{C}$，…来表示，有时也记作 $\boldsymbol{A}=\left(a_{ij}\right)_{m\times n}$。矩阵中的 $m\times n$ 个数称为矩阵 $\boldsymbol{A}$ 的元素，其中 a_{ij} 表示矩阵 $\boldsymbol{A}$ 的第 i 行第 j 列元素，在 MATLAB 中表示为 a(i, j)。元素全是实数的矩阵称为**实矩阵**；元素含复数的矩阵称为**复矩阵**。

1.4.2 几种特殊矩阵

下面介绍几种常见的特殊矩阵。

- 只有一行的矩阵 $\boldsymbol{\alpha}=\begin{bmatrix}a_1 & a_2 & \cdots & a_n\end{bmatrix}$，称为行矩阵，又称为行向量。

- 只有一列的矩阵 $\boldsymbol{\beta}=\begin{bmatrix}b_1\\ \vdots \\ b_m\end{bmatrix}$，称为列矩阵，又称为列向量。

- 如果两个矩阵的行数与列数相等，则称它们为同型矩阵。
- 若 $\boldsymbol{A}$、$\boldsymbol{B}$ 是同型矩阵，且所有对应位置的元素值均相等，则称矩阵 $\boldsymbol{A}$ 与矩阵 $\boldsymbol{B}$ 相等，记为 $\boldsymbol{A}=\boldsymbol{B}$。
- 元素都是零的矩阵称为零矩阵，记作 $\boldsymbol{O}$。
- 行数与列数相同的矩阵 $\boldsymbol{A}_{n\times n}$ 称为 n **阶方阵**，简记为 $\boldsymbol{A}_n$。
- 一个 n 阶方阵的左上角与右下角之间的连线称为它的主对角线。主对角线下方的元素全为零的方阵称为上三角矩阵，主对角线上方的元素全为零的方阵称为下三角矩阵，即

$$\text{上三角矩阵}\ \boldsymbol{A}_n=\begin{bmatrix}a_{11} & a_{12} & \cdots & a_{1n}\\ & a_{22} & \cdots & a_{2n}\\ & & \ddots & \vdots\\ \boldsymbol{O} & & & a_{nn}\end{bmatrix},\quad \text{下三角矩阵}\boldsymbol{A}_n=\begin{bmatrix}a_{11} & & & \boldsymbol{O}\\ a_{21} & a_{22} & & \\ \vdots & \vdots & \ddots & \\ a_{n1} & a_{n2} & \cdots & a_{nn}\end{bmatrix}$$

- 主对角线以外的元素全为零的方阵称为对角矩阵，常记为 $\boldsymbol{\Lambda}$ 或 $\mathrm{diag}\{a_{11},a_{22},\cdots,a_{nn}\}$。在对角矩阵中，主对角线以外的零元素可不必写出。
- 主对角线上全为 1 的 n 阶对角矩阵称为单位矩阵，记作 $\boldsymbol{I}_n$，即

$$\text{对角矩阵}\boldsymbol{\Lambda}_n=\begin{bmatrix}a_{11} & & & \\ & a_{22} & & \\ & & \ddots & \\ & & & a_{nn}\end{bmatrix},\quad \text{单位矩阵}\boldsymbol{I}_n=\begin{bmatrix}1 & & & \\ & 1 & & \\ & & \ddots & \\ & & & 1\end{bmatrix}_{n\times n}$$

从例 1.4 的求解过程中可以看出，用方程组的初等变换做消元时，只是对方程组的系数和常数项进行运算，并没有对变量和等号做任何运算，所以我们可以把线性方程组的系数和常数项“提取”出来，用矩阵的形式来描述线性方程组。这样线性方程组就和矩阵一一对应起来了。

由线性方程组所有系数所构成的矩阵，称为线性方程组的系数矩阵。系数矩阵为 n 阶方阵 $\boldsymbol{A}_n$ 的方程组也称为 n 阶方程组。三阶线性方程组(1.3.2)的系数矩阵为

$$\boldsymbol{A}=\begin{bmatrix}3 & 2 & -2\\ 3 & 3 & -1\\ 2 & 2 & -1\end{bmatrix},\quad \boldsymbol{b}=\begin{bmatrix}-4\\ -5\\ 4\end{bmatrix}$$

由线性方程组所有系数和常数项并列所构成的矩阵，称为增广矩阵，它可以反映线性方程组的全部特性。方程组(1.3.2)的增广矩阵为

$$\boldsymbol{C}=[\boldsymbol{A},\ \boldsymbol{b}]=\begin{bmatrix}3 & 2 & -2 & -4\\ 3 & 3 & -1 & -5\\ 2 & 2 & -1 & 4\end{bmatrix}$$

其中前三列表示线性方程组的系数，最后一列表示常数项 $\boldsymbol{b}$。知道了增广矩阵，就可以写出原来的线性方程组。

1.4.3　矩阵的初等行变换

定义 1.2　下面三种变换称为矩阵的初等行变换(以下的 r 是英文行(row)字的缩写)：

(1) 交换两行的位置(交换第 i，j 行，记作 $r_i \leftrightarrow r_j$)；

(2) 以非零数 k 乘某行(以 k 乘第 i 行，记作 kr_i)；

(3) 把某一行的 k 倍加到另一行上(把第 j 行的 k 倍加到第 i 行上，记作 r_i+kr_j)。

矩阵的这三种初等行变换就对应于方程组的三种初等变换。它们都是可逆的，且其逆变换是同一类型的初等变换：变换 $r_i \leftrightarrow r_j$ 的逆变换就是其本身；变换 kr_i 的逆变换为 r_i/k；变换 r_i+kr_j 的逆变换为 r_i-kr_j。因此，它可以保证变换前后解的一致等价性。由此可知，初等行变换是同解变换。

如果矩阵 $\boldsymbol{A}$ 经有限次初等行变换变成矩阵 $\boldsymbol{B}$，就称矩阵 $\boldsymbol{A}$ 与矩阵 $\boldsymbol{B}$ 等价。

上一节已经讨论了线性方程组的高斯消元法，即用初等行变换来化简线性方程组。线性方程组和它的增广矩阵是一一对应的，对线性方程组进行初等行变换就是对其增广矩阵进行初等行变换。于是解方程组(1.3.2)的过程可用矩阵的初等行变换来一一对照，即

$$\boldsymbol{C}=[\boldsymbol{A},\boldsymbol{b}]=\begin{bmatrix}3 & 2 & -2 & -4\\ 3 & 3 & -1 & -5\\ 2 & 2 & -1 & 4\end{bmatrix}\xrightarrow[r_3-2/3r_1]{r_2-r_1}\begin{bmatrix}3 & 2 & -2 & -4\\ 0 & 1 & 1 & -1\\ 0 & 2/3 & 1/3 & 20/3\end{bmatrix}\xrightarrow[r_3-2/3r_2]{}\begin{bmatrix}3 & 2 & -2 & -4\\ 0 & 1 & 1 & -1\\ 0 & 0 & -1/3 & 22/3\end{bmatrix}$$

这样得到了行阶梯形矩阵，它对应于方程组(1.3.4)。对该矩阵还可以继续进行初等行变换，它对应于消元法中的回代过程，即

$$\begin{bmatrix}3 & 2 & -2 & -4\\ 0 & 1 & 1 & -1\\ 0 & 0 & -1/3 & 22/3\end{bmatrix}\xrightarrow{\substack{r_1-6r_3\\ r_2+3r_3}}\begin{bmatrix}3 & 2 & 0 & -48\\ 0 & 1 & 0 & 21\\ 0 & 0 & -1/3 & 22/3\end{bmatrix}\xrightarrow{r_1-2r_2}\begin{bmatrix}3 & 0 & 0 & -90\\ 0 & 1 & 0 & 21\\ 0 & 0 & -1/3 & 22/3\end{bmatrix}$$

$$\xrightarrow[\substack{r_2\\ -3r_3}]{r_1/3}\begin{bmatrix}1 & 0 & 0 & -30\\ 0 & 1 & 0 & 21\\ 0 & 0 & 1 & -22\end{bmatrix}$$

回代后系数矩阵成为对角矩阵。最后一步是将各行都除以对角元素，使系数矩阵成为一个单位矩阵，其最右边一列就是方程组(1.3.2)的解。

归纳起来，所谓行阶梯形矩阵，是指满足下列两个条件的矩阵：

① 如果有全零行(元素全为零的行)，则全零行都位于该矩阵的下方；

② 把每个非全零行(元素不全为零的行)左边第一个非零元素称为**主元**，各行主元呈阶梯排列，即主元左边零元素的个数随行号的增加而增加。

当行阶梯形矩阵进一步满足：

③ 每行的主元取值都是 1；

④ 每行的主元所在列的其余元素都是零，

则称此矩阵为最简行阶梯形矩阵(简称行最简形)。注意变换为行最简形的最后一步用到了数乘变换，它把矩阵各行都乘以主元的倒数，所以全部主元都不等于零是方程组解存在的必要条件。

综上所述，用矩阵初等行变换方法解线性方程组的步骤如下：

(1) 写出线性方程组的增广矩阵，运用矩阵的初等行变换把它化为行阶梯形矩阵(或进一步化为行最简形)；

(2) 写出行阶梯形矩阵(或行最简形)所表示的方程组，对它进行求解。

前面说到，在进行行阶梯形变换时，有时需要进行第一类初等变换——行交换。这是因为消元时，处于对角位置元素 a_{11}，a_{22}，…的取值非常重要。比如以第一行为基准，要把第二行的第一列元素消为零，就要把第一行系数都乘以 $-a_{21}/a_{11}$，再加到第二行上，注意对角元素 a_{11} 出现在分母上。如果出现了 $a_{11}=0$ 的情况，消元法就进行不下去了。在实际消元计算中有时会出现某个主对角线元素为零的情况，这时“除以主元”将不能实行。在算法上可通过行交换把其他行换到主元行上来，不但使主元不为零，而且尽量使它的绝对值最大，这对计算精度最有利。为了应付这种情况，就需要进行行交换，把第一列绝对值最大的一行调换到第一行来，下面举例说明这一点。

例 1.5　将矩阵 $\boldsymbol{A}=\begin{bmatrix}0 & 1 & -2 & 6\\ 1 & 1 & 2 & -1\\ 2 & 3 & 2 & 4\end{bmatrix}$ 用初等行变换化为行阶梯形矩阵和行最简形。

解　因本题中的 $a_{11}=0$，故无法用它消元，于是交换第一行和第三行，使新的 $a_{11}=2$，这样就可以正常地进行消元了。当第二、三行的第一列元素都消成零后，下一步应该以 $a_{22}=-\dfrac{1}{2}$ 为基准对第二列消元，这是可以继续做下去的。不过商用程序会自动判别这一列下方绝对值最大的元素，并用行交换的方法把它调到 a_{22} 的位置。于是可以看到以下的计算机流程：

$$\boldsymbol{A}=\begin{bmatrix}0 & 1 & -2 & 6\\ 1 & 1 & 2 & -1\\ 2 & 3 & 2 & 4\end{bmatrix}\xrightarrow[\text{使}|a_{11}|\text{最大}]{r_1\leftrightarrow r_3}\begin{bmatrix}2 & 3 & 2 & 4\\ 1 & 1 & 2 & -1\\ 0 & 1 & -2 & 6\end{bmatrix}\xrightarrow[r_3+0r_1]{r_2-\frac{1}{2}r_1}\begin{bmatrix}2 & 3 & 2 & 4\\ 0 & -\dfrac{1}{2} & 1 & -3\\ 0 & 1 & -2 & 6\end{bmatrix}$$

$$\xrightarrow[\text{使}|a_{22}|\text{最大}]{r_2\leftrightarrow r_3}\begin{bmatrix}2 & 3 & 2 & 4\\ 0 & 1 & -2 & 6\\ 0 & -\dfrac{1}{2} & 1 & -3\end{bmatrix}\xrightarrow{r_3+\frac{1}{2}r_2}\begin{bmatrix}2 & 3 & 2 & 4\\ 0 & 1 & -2 & 6\\ 0 & 0 & 0 & 0\end{bmatrix}\xrightarrow{r_1-3r_2}\begin{bmatrix}2 & 0 & 8 & -14\\ 0 & 1 & -2 & 6\\ 0 & 0 & 0 & 0\end{bmatrix}$$

把最后的行阶梯形矩阵的第一行除以 2，即得到行最简形 $\begin{bmatrix} 1 & 0 & 4 & -7 \\ 0 & 1 & -2 & 6 \\ 0 & 0 & 0 & 0 \end{bmatrix}$。用行最简形可方便地判别方程组的特性。行最简形变成两行，说明原来的三个方程不独立，只相当于两个独立方程。行最简形是唯一的，但行阶梯形矩阵不具备唯一性。一个矩阵经过不同的初等行变换可以得到不同的行阶梯形矩阵。

1.5　行阶梯形矩阵的用途

1.5.1　用行阶梯形矩阵判断线性方程组的类型

当方程数 m 等于变量数 n 时，最简行阶梯形矩阵各行的主元都在主对角线上，每下移一行，主元也右移一列，如有 n 个主元，则只要行最简形满 n 行，就可确定方程组有唯一的解。有时即使用行交换仍找不到非零主元，行阶梯形矩阵主对角线上将出现主元空缺，底部出现全零行，其系数矩阵和增广矩阵可能的行阶梯形矩阵 U 和 U_c 如下(其中 * 号表示任意非零数，⊙ 为主元)：

$$\boldsymbol{U}=\begin{bmatrix} \odot & 0 & * & 0 \\ 0 & \odot & * & 0 \\ 0 & 0 & 0 & \odot \\ 0 & 0 & 0 & 0 \end{bmatrix},\quad \boldsymbol{U}_{\mathrm{c}}=\left[\begin{array}{cccc:c} \odot & 0 & * & 0 & * \\ 0 & \odot & * & 0 & * \\ 0 & 0 & 0 & \odot & * \\ 0 & 0 & 0 & 0 & * \end{array}\right] \tag{1.5.1}$$

矩阵 $\boldsymbol{U}$ 中自上而下，前三行含有主元，称为有效行；通常把有效行的数目定义为矩阵的**秩**，本例中秩 $r=3$，它表示了独立方程的数目；第四行系数为零而增广项是非零数*，意味着 $0=$ 非零数，称为矛盾行；如果其中所有 * 元素都为零，则该行是全零行。把各行除以主元，成为最简形 $\boldsymbol{U}_0$ 和 $\boldsymbol{U}_{0c}$。把简化结果的 $\boldsymbol{U}_0$ 和 $\boldsymbol{d}$ 分开来写，即

$$\boldsymbol{U}_{0\mathrm{c}}=\left[\begin{array}{cccc:c} 1 & 0 & * & 0 & d_1 \\ 0 & 1 & * & 0 & d_2 \\ 0 & 0 & 0 & 1 & d_3 \\ 0 & 0 & 0 & 0 & d_4 \end{array}\right]=[\boldsymbol{U}_0, \boldsymbol{d}] \tag{1.5.2}$$

当 $\boldsymbol{U}_0$ 中某行各变量系数全为零时，$\boldsymbol{d}$ 中的对应行也必须为零，否则就构成了等式左右不相等的矛盾方程，说明原方程组是无解的不相容方程组。因此，矩阵 $\boldsymbol{A}$ 和增广矩阵 $\boldsymbol{C}=[\boldsymbol{A}, \boldsymbol{b}]$的行阶梯形矩阵 $\boldsymbol{U}$ 和 $\boldsymbol{U}_{\mathrm{c}}$(或行最简形 $\boldsymbol{U}_0$ 和 $\boldsymbol{U}_{0\mathrm{c}}$)的秩应当相等，这是方程组有解的必要条件。如果矩阵 $\boldsymbol{U}$ 的秩比 $\boldsymbol{U}_{\mathrm{c}}$ 的秩小，则说明有矛盾方程出现，因而原方程组是不相容的。

例 1.5 变换为行最简形后，原来的三行中只剩下两个非全零行，故秩为二，亦即意味着三个方程中只有两个独立方程。一个全零行反映了原方程组中有一个不是独立方程，$\boldsymbol{U}_0$ 中有效的部分是 2×3 矩阵，就是有 2 个方程和 3 个变量。可以判定，这是一个欠定方程组。归纳起来，根据增广矩阵行最简形形式的特点，可以判断原方程组是适定、欠定或不相容的，规则如下：

(1) 适定方程组。行最简形系数矩阵 $\boldsymbol{U}_0$ 为 $n\times n$ 矩阵，它与增广矩阵 $\boldsymbol{U}_{0c}$ 的非全零行数(秩)相等，均为 n，表明其独立方程数等于变量数。因此其主元位于 $\boldsymbol{U}_0$ 的主对角线上，构成单位矩阵，见图 1-7(a)。适定方程组的解存在而且唯一。

$$\begin{bmatrix}1&0&0&0&\vdots&*\\0&1&0&0&\vdots&*\\0&0&1&0&\vdots&*\\0&0&0&1&\vdots&*\end{bmatrix}$$

(a) 适定方程组

$$\begin{bmatrix}1&0&*&0&\vdots&*\\0&1&*&0&\vdots&*\\0&0&0&1&\vdots&*\\0&0&0&0&\vdots&0\end{bmatrix}$$

x_i

(b) 欠定方程组

$$\begin{bmatrix}1&0&0&\vdots&*&-*x_i\\0&1&0&\vdots&*&-*x_i\\0&0&1&\vdots&*&0\\0&0&0&\vdots&0&0\end{bmatrix}$$

(c) 欠定方程组化为适定形式

图 1-7　适定和欠定方程组行阶梯形矩阵结构

(2) 欠定方程组。经行最简形变换后，主对角线上出现零主元，系数矩阵 $\boldsymbol{U}_0$ 与增广矩阵 $\boldsymbol{U}_{0c}$ 的秩相等，均为 r。由于 $r<n$，故其有效的系数矩阵是扁宽形的，系数矩阵中有些列不包含主元，见图 1-7(b)中的阴影部分。它的解法类似于适定方程组，只要把其不含主元的列移到等式右端(见图 1-7(c))即可，注意它包含着未标出的该列变量 x_i，x_i 是可以任意赋值的自由变量。欠定方程组有解存在但不唯一。

(3) 不相容方程组。经行最简形变换后，左端系数矩阵 $\boldsymbol{U}_0$ 的秩小于增广矩阵 $\boldsymbol{U}_{0c}$ 的秩，见图 1-8(a)，属于不相容方程组，它的解不存在。

超定方程组是不相容方程组的一种，特点是方程数多于变量数，其原始系数矩阵是高 m 大于宽 n 的"高矩阵"，这使得化简后的行最简形结构如图 1-8(b)所示。它的精确解也不存在，但可以求出近似解(最小二乘解)，这在工程中非常有用，在第 4 章中将会介绍其解法。

$$\begin{bmatrix}1&0&*&0&\vdots&*\\0&1&*&0&\vdots&*\\0&0&0&1&\vdots&*\\0&0&0&0&\vdots&*\end{bmatrix}$$

(a) 不相容方程组

$$\begin{bmatrix}1&0&0&\vdots&*\\0&1&0&\vdots&*\\0&0&1&\vdots&*\\0&0&0&\vdots&*\end{bmatrix}$$

(b) 超定方程组

图 1-8　不相容和超定方程组的行阶梯形矩阵结构

*1.5.2　行阶梯形变换的计算速度和精度问题

工程上除了要求理论正确之外，还必须非常重视计算的可实现性，因为它决定了方法是否可用。下面分析把矩阵化简为行阶梯形所需的运算次数，通常只计乘法次数。把第一个主元下方第 k 个元素消为零，需要把主元行的 $n-1$ 个元素乘以 $-a_{k1}/a_{11}$ 再与第 k 行相加，第一个主元下方共有 $n-1$ 个元素要消掉，因此乘法次数为$(n-1)^2$。依此类推，对第二个主元下方元素消元需要的乘法次数为$(n-2)^2$，…… 最后变换为三角形行阶梯形的乘法次数为

$$(n-1)^2+(n-2)^2+\cdots+2^2+1=\sum_{k=1}^{n-1}k^2=\frac{1}{3}(n-1)^3+\frac{1}{2}(n-1)^2+\frac{1}{6}(n-1)<\frac{n^3}{3} \tag{1.5.3}$$

带 * 号的段落，在第一遍阅读时可以跳过不读。

回代过程需要的乘法次数约为 $n^2/2$，在 n 较大时比式(1.5.3)少得多，所以用行阶梯法解一个 n 阶线性代数方程时所需的乘法次数大约是 $n^3/3$。按照这样的步骤来处理一个 4×5 的增广矩阵，把它变成行阶梯形矩阵，需要做约 30 次乘法和加法。实际问题中矩阵的阶数要高得多。如果是 10 阶方阵，就要做 330 次乘法；100 阶的方阵就要做 33 万次乘法。这用手工做实在是无法接受的。因此，要想真正解决工程和经济问题，计算机就成为必不可少的工具。

除了计算速度外，在计算中要考虑的另一个问题是计算精度。在化简为行阶梯形矩阵中，主元行和主元的选择十分重要，通常要保证主元的绝对值尽量大，以减小数值计算的误差。其方法是进行行交换或再进行列交换，这在前面已经谈到，此处不再重复。

1.5.3　MATLAB 中的行阶梯形变换程序

用 MATLAB 语言表达行变换是很简洁的。例如矩阵 a 的第 i 行全行可写成 a(i, :)，i 行第 j 个元素可写成 a(i, j)，则三种行初等变换可以表达如下(读者也可以用数字的例子进行试验)：

(1) 将矩阵的第 i, j 两行进行交换的语句为

a([i, j], :) = a([j, i], :)

这里的等号不是数学的等号，而是赋值，即把等号右边的计算结果赋值给左边的变量。

(2) 将矩阵的第 j 行乘以常数 k 的语句为

a(j, :) = k*a(j, :)

同样，等号必须理解为赋值。等式右、左的 a(j, :)不同，它们分别是赋值前、后行向量的值。

(3) 将矩阵的第 i 行乘以常数 k 加到第 j 行的运算语句为

a(j, :) = a(j, :) + k*a(i, :)

消元过程从左上角开始，先取 a(1, 1)为主元，第一行为基准，目标是把第一列主元下方各元素 a(:, 1)都消成零。比如，先将第二行第一个元素 a(2, 1)消掉，则应当执行以下语句：

a(2, :) = a(2, :) - a(2, 1)/a(1, 1)*a(1, :)

不难验证，这个运算保证了消元的成功，即新的第二行中的 a(2, 1)=0。

依此类推，以矩阵的第 i 行为基准，a(i, i)为主元，要将其下方(j > i)的元素 a(j, i)消为零，就要把整个基准行 a(i, :)乘以待消元素 a(j, i)与负主元 a(i, i)的比数 –a(j, i)/a(i, i)加到第 j 行，作为第 j 行的新值，可以采用语句

a(j, :) = a(j, :) – a(j, i)/a(i, i)*a(i, :)　　(1.5.4)

准确而简明地表述。

以这几条语句为核心，就可以编写出完整的消元子程序，进而编写出完整的行阶梯形变换程序。编程的要点在于抽象出其规律性，安排好循环次序，使程序简练。

MATLAB 把“最简行阶梯形式(reduced row echelon form)”的计算过程集成为一个子程序，程序名为上述英文术语首字母的缩写 rref(A)。它的输入变元 A 可以是线性方程组的系数矩阵或其增广矩阵，输出变元是其最简行阶梯形矩阵 $\mathbf{U}_0$ 或 $\mathbf{U}_{0c}$，还可给出主元列的列号数组 ip。

例 1.6　用计算机求解线性代数方程组：

$$\begin{cases}2x_1-2x_2+2x_3+6x_4=-16\\2x_1-x_2+2x_3+4x_4=-10\\3x_1-x_2+4x_3+4x_4=-11\\x_1+x_2-x_3+3x_4=-12\end{cases}$$

解　键入程序 pla106：

```
A=[2, -2, 2, 6; 2, -1, 2, 4; 3, -1, 4, 4; 1, 1, -1, 3],
b=[-16; -10; -11; -12]                %给系数矩阵 A, b 赋值
[U0c, ip]=rref([A, b])
```

系统立即给出

$$U_{0c}=\begin{bmatrix}1&0&0&0&11\\0&1&0&0&-8\\0&0&1&0&-6\\0&0&0&1&-7\end{bmatrix}$$

ip =　1　　2　　3　　4

U_{0c} 中的最后一列 [11; −8; −6; −7] 就是 [x1; x2; x3; x4] 的解。此系数矩阵 A 和增广矩阵 [A, b] 的秩都是 4，方程组是适定的。在矩阵比较大时，数组 ip 很有用，可以省掉逐个寻找主元的不便。

为了教学的方便，本书另编写了两个求中间结果的子程序。U1c = ref1([A, b])得出的是把 A 的主元下方元素全消为零的上三角矩阵；即行阶梯形矩阵；U2c = ref2([A, b])得出的是把 A 的主元对角矩阵格式化后的矩阵。这两个函数没有把主元归一化，而另有用处。在本例的程序中加了这两条语句后，可以得到行阶梯形变换的中间结果，如果用的是 format rat(有理分式格式)，则可得到

U_{1c} =

3	−1	4	4	−11
0	−4/3	−2/3	10/3	−26/3
0	0	−3	5	−17
0	0	0	−1/3	7/3

U_{2c} =

3	0	0	0	33
0	−4/3	0	0	32/3
0	0	−3	0	18
0	0	0	−1/3	7/3

从这个结果可以看出，消元后得到的行阶梯形矩阵和对角矩阵主对角线上的主元是完全相同的，说明回代过程不影响主元的值。实际上，如果化简中采用了不同的行交换方法，最后得到的行阶梯形主元可能会不同。MATLAB 中的 rref 程序以及本书开发的 ref1、ref2 程序都采用了用行交换获取绝对值最大的主元的方法。如果不用行交换，则本题的结果将是

U_{1c}=

2	−2	2	6	−16
0	1	0	−2	6
0	0	1	−1	1
0	0	0	2	−14

U_{2c}=

2	0	0	0	22
0	1	0	0	−8
0	0	1	0	−6
0	0	0	2	−14

U_{0c}=

1	0	0	0	11
0	1	0	0	−8
0	0	1	0	−6
0	0	0	1	−7

可见其行阶梯形可能不同，但最简形矩阵是相同的。还要注意，其行阶梯形主元的连乘积

在两种情况下都是 4。第 3 章将介绍这个主元连乘积，它是方阵 $\boldsymbol{A}$ 的行列式。

例 1.7　设一个线性方程组的系数矩阵 $\boldsymbol{A}$、$\boldsymbol{b}$ 分别为

$$\boldsymbol{A}=\begin{bmatrix}-2 & -2 & 2 & -2 & 2\\ 1 & -5 & 1 & -1 & -3\\ -1 & 2 & -5 & 5 & 6\\ -1 & 2 & 1 & -1 & 0\end{bmatrix},\ \boldsymbol{b}=\begin{bmatrix}-2\\ -1\\ 2\\ 0\end{bmatrix}$$

判断它解的性质及 $\boldsymbol{A}$ 的秩。

解　在 format rat 条件下，键入程序 pla107：

```
A=[-2, -2, 2, -2, 2; 1, -5, 1, -1, -3; -1, 2, -5, 5, 6; -1, 2, 1, -1, 0]
b=[-2; -1; 2; 0],
[U0c, ip]=rref([A, b])
```

得到

```
U0c = 1    0    0    0    0    2/9
      0    1    0    0    0    2/9
      0    0    1   -1    0   -2/3
      0    0    0    0    1   -1/3
ip=   1    2    3    5
```

ip 的长度为 4，说明有 4 个主元和主元行，即矩阵 $\boldsymbol{A}$ 的秩 $r=4$。由于系数矩阵 $\boldsymbol{A}$ 与增广矩阵 $[\boldsymbol{A}, \boldsymbol{b}]$ 具有同样的秩，故方程组是相容的。它有四个方程和五个变量，故方程组又是欠定的，其中 x_4 是可以任选的自由变量，取不同的值就有不同的解，故有无穷多组解。把 U_{0c} 中的第四列乘以 x_4，移项反号后加到增广列上去，使系数矩阵成为

$$\boldsymbol{A}=\begin{bmatrix}1 & 0 & 0 & 0\\ 0 & 1 & 0 & 0\\ 0 & 0 & 1 & 0\\ 0 & 0 & 0 & 1\end{bmatrix},\quad \boldsymbol{b}=\begin{bmatrix}-2/9\\ 2/9\\ -2/3 \quad + \quad x_4\\ -1/3\end{bmatrix}$$

按适定方程组那样求解，可以得到

$$x_1=-\frac{2}{9},\quad x_2=\frac{2}{9},\quad x_3=-\frac{2}{3}+x_4,\quad x_5=-\frac{1}{3}$$

其中 x_4 可以任意赋值，可设为常数 $x_4=c$，于是 $x_3=-2/3+c$，所以方程组有无穷多组解。

1.6 应用实例

1.6.1 计算插值多项式

例 1.8　表 1-2 给出函数 $f(t)$ 上 4 个点的值，试求三次插值多项式 $p(t)=a_0+a_1t+a_2t^2+a_3t^3$，并求 $f(1.5)$ 的近似值。

解　因为三次插值多项式为 $p(t)=a_0+a_1t+a_2t^2+a_3t^3$，经过表 1-2 中的 4 个点，故将 t

和 $f(t)$代入，可以得到以下四元线性方程组：

$$\begin{cases} a_0 & & & & = 3 \\ a_0 & + a_1 & + a_2 & + a_3 & = 0 \\ a_0 & +2a_1 & +4a_2 & + 8a_3 & = -1 \\ a_0 & +3a_1 & +9a_2 & +27a_3 & = 6 \end{cases}$$

表 1-2　各插值点的坐标表

t	0	1	2	3
$f(t)$	3	0	−1	6

现用计算机求解，程序 pla108 如下：

```
A=[1, 0, 0, 0; 1, 1, 1, 1; 1, 2, 4, 8; 1, 3, 9, 27]
b=[3; 0; -1; 6], U0=rref([A, b])
```

得到

```
U0 = 1    0    0    0    3
     0    1    0    0   -2
     0    0    1    0   -2
     0    0    0    1    1
```

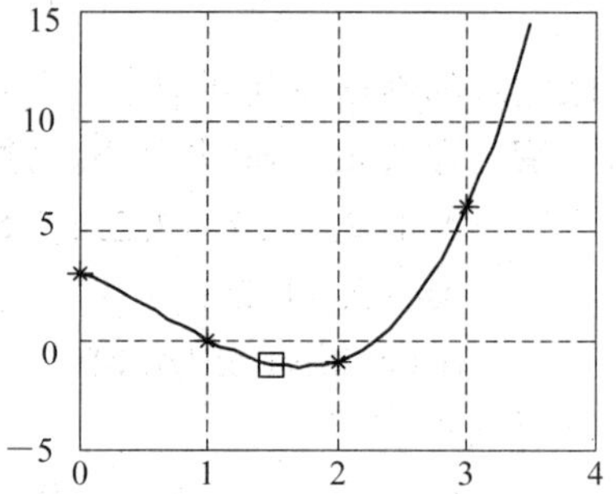

图 1-9　用三次多项式插值四点

这是适定方程组，解得 $a_0 = 3$，$a_1 = -2$，$a_2 = -2$，$a_3 = 1$，故三次插值多项式为 $p(t) = 3 - 2t - 2t^2 + t^3$ 。将 $t = 1.5$ 代入，得 $p(1.5) = 3 - 2\times1.5 - 2\times1.5^2 + 1.5^3 = -1.125$，它是 $f(1.5)$的近似值。例 1.8 的插值曲线见图 1-9。

在一般情况下，当给出函数 $f(t)$ 在 $n+1$ 个点 $t_i(i=1,2,\cdots,n+1)$ 上的值 $f(t_i)$ 时，就可以用 n 次多项式 $p(t) = a_0 + a_1t + a_2t^2 + \cdots + a_nt^n$ 对 $f(t)$ 进行插值。

1.6.2　计算平板的稳态温度

例 1.9　薄金属板的热传导问题。已知该平板的周边温度如图 1-10 所示，单位为“℃”，现在要确定铁板中间四个点 a～d 处的温度。假定其热传导过程已经达到稳态，因此在均匀的网格点上，各点的温度是其上、下、左、右四个点温度的平均值。

解　根据已知条件，可以对 a～d 这四个点列出如下方程组：

$$\begin{cases} x_a = (10+20+x_b+x_c)/4 \\ x_b = (20+40+x_a+x_d)/4 \\ x_c = (10+30+x_a+x_d)/4 \\ x_d = (40+30+x_b+x_c)/4 \end{cases}$$

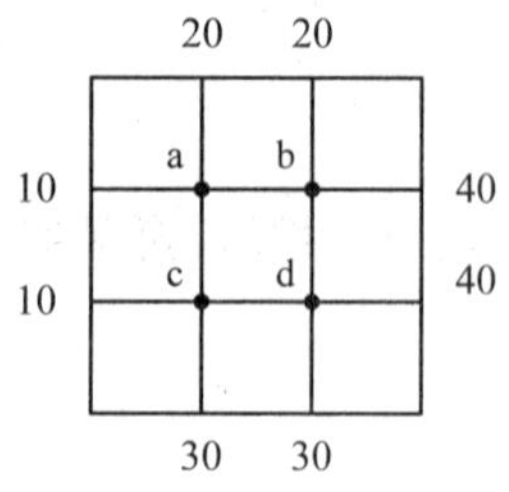

图 1-10　平板的温度分布

移项整理为

$$\begin{cases} x_a & -0.25x_b & -0.25x_c & 0 & = 7.5 \\ -0.25x_a & +x_b & 0 & -0.25x_d & = 15 \\ -0.25x_a & 0 & +x_c & -0.25x_d & = 10 \\ 0 & -0.25x_b & -0.25x_c & +x_d & = 17.5 \end{cases}$$

现用计算机求解程序 pla109 如下：

```
A=[1, -0.25, -0.25, 0; -0.25, 1, 0, -0.25; -0.25, 0, 1, -0.25; 0, -0.25, -0.25, 1]
```

```
b=[7.5; 15; 10; 17.5],
U0=rref([A, b])
```

得到

U0 =	1.0000	0	0	0	20.0000
	0	1.0000	0	0	27.5000
	0	0	1.0000	0	22.5000
	0	0	0	1.0000	30.0000

这是适定方程组，解得 $x_a = 20$℃，$x_b = 27.5$℃，$x_c = 22.5$℃，$x_d = 30$℃。

锅炉、汽车、飞行器及其他薄壁容器的蒙皮温度，通常采用此种模型。边界条件复杂时，其测量计算的点数取得很多很密，因此线性方程组的阶数和计算量大大增加。

1.6.3 分析交通流量

例 1.10 某城市有两组单行道，构成了一个包含四个节点 A～D 的十字路口，如图 1-11 所示。汽车进出十字路口的流量(每小时的车流数)标于图上。现要求计算每两个节点之间路段上的交通流量 x_1、x_2、x_3、x_4(假设针对每个节点进入和离开的车数相等)。

解 根据已知条件可以得到四个节点的流通方程分别为

节点 A: $x_1 + 450 = x_2 + 610$

节点 B: $x_2 + 520 = x_3 + 480$

节点 C: $x_3 + 390 = x_4 + 600$

节点 D: $x_4 + 640 = x_1 + 310$

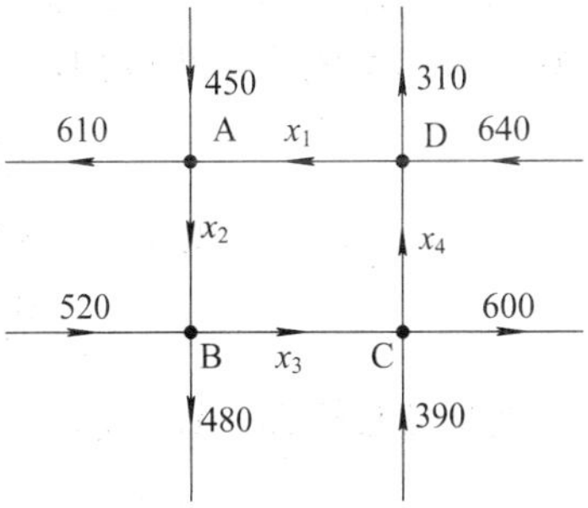

图 1-11 单行线交通流图

将其整理为方程组，得

$$\begin{cases} x_1 - x_2 = 160 \\ x_2 - x_3 = -40 \\ x_3 - x_4 = 210 \\ -x_1 + x_4 = -330 \end{cases}$$

现用计算机求解，程序 pla110 如下：

```
A=[1, -1, 0, 0; 0, 1, -1, 0; 0, 0, 1, -1; -1, 0, 0, 1]
b=[160; -40; 210; -330]
U0=rref([A, b])
```

可以得出其最简行阶梯形矩阵为

U0=	1	0	0	-1	330
	0	1	0	-1	170
	0	0	1	-1	210
	0	0	0	0	0

由于 U0 的最后一行为全零，四个方程中实际上只有三个独立方程，方程个数比变量个数少，所以该方程组为欠定方程组，它存在无穷多组解。若设自由变量 x_4 为任意常数 c，则方程组的解可以表示为

$$\begin{aligned} x_1 &= x_4 + 330 = 330 + c \\ x_2 &= x_4 + 170 = 170 + c \\ x_3 &= x_4 + 210 = 210 + c \\ x_4 &= \qquad\qquad\quad\; c \end{aligned} \quad \text{或写成} \quad \begin{bmatrix} x_1 \\ x_2 \\ x_3 \\ x_4 \end{bmatrix} = \begin{bmatrix} 330 \\ 170 \\ 210 \\ 0 \end{bmatrix} + c\begin{bmatrix} 1 \\ 1 \\ 1 \\ 1 \end{bmatrix}$$

最右端那项说明，如果有一些车围绕十字路口的矩形区反时针绕行，则流量 x_1、x_2、x_3、x_4 都会增加，但并不影响出入十字路口的流量，其仍满足方程组。这就是方程组有无穷多组解的原因。

1.6.4 配平化学方程

例 1.11 化学方程描述了被消耗和新生成的物质之间的定量关系。例如丙烷燃烧时将消耗氧气并产生二氧化碳和水，其化学反应方程式为

$$(x_1)C_3H_8 + (x_2)O_2 \to (x_3)CO_2 + (x_4)H_2O$$

试平衡这个方程，即找到适当的 x_1、x_2、x_3、x_4，使得反应式左右的碳、氢、氧元素相匹配。

解 平衡化学方程的标准方法是建立一个方程组，每个方程分别：描述一种原子在反应前后的数目。在化学反应方程式中，有碳、氢、氧三种元素需要平衡，构成了三个方程。而有四种物质，其数量用四个变量 x_1、x_2、x_3、x_4 来表示。将每种物质分子中的元素原子数按碳、氢、氧的次序排成列，可以写出

$$C_3H_8\text{：}\begin{bmatrix} 3 \\ 8 \\ 0 \end{bmatrix}\text{，}O_2\text{：}\begin{bmatrix} 0 \\ 0 \\ 2 \end{bmatrix}\text{，}CO_2\text{：}\begin{bmatrix} 1 \\ 0 \\ 2 \end{bmatrix}\text{，}H_2O\text{：}\begin{bmatrix} 0 \\ 2 \\ 1 \end{bmatrix}$$

要使方程平衡，x_1、x_2、x_3、x_4 必须满足

$$x_1 \cdot \begin{bmatrix} 3 \\ 8 \\ 0 \end{bmatrix} + x_2 \cdot \begin{bmatrix} 0 \\ 0 \\ 2 \end{bmatrix} = x_3 \cdot \begin{bmatrix} 1 \\ 0 \\ 2 \end{bmatrix} + x_4 \cdot \begin{bmatrix} 0 \\ 2 \\ 1 \end{bmatrix}$$

将所有项移到左端，并写成方程组的系数矩阵，就有

$$\boldsymbol{A} = \begin{bmatrix} 3 & 0 & -1 & 0 \\ 8 & 0 & 0 & -2 \\ 0 & 2 & -2 & -1 \end{bmatrix},\ \boldsymbol{b} = \begin{bmatrix} 0 \\ 0 \\ 0 \end{bmatrix}$$

对矩阵 ***A*** 进行行阶梯形变换，键入程序：

```
format rat, A=[3, 0, –1, 0; 8, 0, 0, –2; 0, 2, –2, –1], U0=rref(A)
```

得到

```
U0=   1.00      0        0         –1/4
        0      1.00      0         –5/4
        0       0       1.00       –3/4
```

注意这四个列对应于四个变量的系数，所以三行系数对应的方程是

$$\begin{aligned} x_1 \qquad\qquad & - x_4/4=0 \\ x_2 \qquad & -5x_4/4=0 \\ x_3 & -3x_4/4=0 \end{aligned}$$

在这三个方程中，x_4 可任选。因此，x_1、x_2、x_3 有无数个解。此时，必须补充一个条件才能有确定解，那就是化学学科的规定：配平方程的系数必须取最小的正整数。此处可令 $x_4=4$，则 x_1、x_2、x_3 均有最小整数解，即 $x_1=1$，$x_2=5$，$x_3=3$，因而平衡后的化学反应方程式为

$$C_3H_8+5O_2 \rightarrow 3CO_2+4H_2O$$

若要平衡有多种元素和物质参与的比较复杂的化学反应方程式，则需要解相当高阶的线性方程组。

1.7　复习要求及习题

1.7.1　本章要求掌握的概念和计算

(1) 二阶和三阶方程在笛卡尔坐标中的图形？三类联立方程组解的几何意义。

(2) 高阶线性方程组经过怎样的消元过程后变为上三角型？

(3) 消元法如何使主元 $\boldsymbol{A}(i, i)$下方的各元素 $\boldsymbol{A}(j, i)(j>i)$等于零？

(4) 消元过程为何主元不得为零？如果出现零，而它的下方有一个非零元素，如何进行修正？

(5) 如果无法修正，则此系统的独立方程(秩)将减少，属欠定方程，无解或有无数解。

(6) 上三角系统如何用回代法变成对角系统？对角线主元都不为零是方程组解存在的充要条件。

(7) 秩表明独立方程的个数。系数矩阵与增广矩阵的秩相等是方程解存在的必要条件。

(8) MATLAB 实践：掌握各类随机阵的生成，矩阵及其分块的提取，行消元运算，适定、欠定方程组的求解。

(9) MATLAB 函数：randintr、rref、rrefdemo、rrefdemo1、ref1、ref2、ones、zeros。

1.7.2　计算题

1.1　本书提供了一个生成随机整数矩阵的程序 A=randintr(m, n, k, r), 输入变元 m 为行数，n 为列数(缺省值为 m)，k 为元素最大绝对值(缺省值为 9)，r 为矩阵的秩(缺省值为 m)。请利用这个程序自行生成各种所需的矩阵。

(a) 生成一个 4×5 的一位整数的随机增广矩阵，用 ref1 及 rref 函数求出它的行阶梯形及最简行阶梯形矩阵，并求其解；

(b) 生成一个元素绝对值最大为 20 的 5×6 的随机矩阵，并以它为增广矩阵求解方程组。

1.2　用 MATLAB 语句列出下列方程组的增广矩阵，保留其中第一个方程，用初等行变换将后面方程的变量 x_1 消元，并列出每一步所用的 MATLAB 消元语句。

(a) $\begin{cases} x_1+\ \ x_2=-1 \\ 4x_1-3x_2=3 \end{cases}$；　　(b) $\begin{cases} x_1+x_2+x_3=0 \\ x_1-x_2-x_3=0 \end{cases}$；

(c) $\begin{cases} x_1+3x_2+x_3=3 \\ 2x_1-2x_2+x_3=8 \\ 3x_1+x_2+2x_3=-1 \end{cases}$；　(d) $\begin{cases} x_1+x_2+x_3+x_4=0 \\ 2x_1+x_2-x_3+3x_4=0 \\ x_1-2x_2+x_3+x_4=0 \end{cases}$。

1.3　本书设计了两个行阶梯形化简演示程序来帮助读者复习高斯消元法。其中 U=rrefdemo(C)是不进行行交换的，U=rrefdemo1(C)是为找最大主元进行行交换的。调用方法为 d=rrefdemo(C)，程序首先会提示我们是否要显示详细过程，如果键入 y，则进行分阶动作，即每按一次回车键，程序会告诉我们这一步执行了何种运算及其结果；如果不键入 y 而直接按回车键，则显示方程组的解 d。

(a) 用这个程序来解题 1.2，检验你的计算；

(b) 用这个程序来检验例 1.6，看所得结果与例题叙述是否相符。

1.4　列出下列方程组的增广矩阵 $\boldsymbol{C}$，用 U1 = ref1(C)及U2 = ref 2(C) 对它进行化简，解释所得结果的意义，并将算出的结果与用 rref 函数所得的最简行阶梯形式的结果进行比较。

(a) $\begin{cases} 2x_1+3x_2+x_3=1 \\ x_1+x_2+x_3=3 \\ 3x_1+4x_2+2x_3=4 \end{cases}$；　(b) $\begin{cases} x_1+x_2+x_3=3 \\ 2x_1+3x_2-x_3=2 \\ 3x_1+2x_2+x_3=5 \end{cases}$；

(c) $\begin{cases} x_1+3x_2+x_3+x_4=3 \\ 2x_1-2x_2+x_3+2x_4=8 \\ x_1-5x_2+x_4=5 \end{cases}$；　(d) $\begin{cases} -x_1+2x_2-x_3=2 \\ -2x_1+2x_2+x_3=4 \\ 3x_1+2x_2+2x_3=5 \\ -3x_1+8x_2+5x_3=17 \end{cases}$。

1.5　解下列方程组：

(a) $\begin{cases} 3x_1-2x_2-5x_3+x_4=3 \\ 2x_1-3x_2+x_3+5x_4=-3 \\ x_1+2x_2-4x_4=-3 \\ x_1-x_2-4x_3+9x_4=22 \end{cases}$；　(b) $\begin{cases} 2x_1-2x_2+x_4+3=0 \\ 2x_1+3x_2+x_3-3x_4+6=0 \\ 3x_1+4x_2-x_3+2x_4=0 \\ x_1+3x_2+x_3-x_4-2=0 \end{cases}$；

(c) $\begin{cases} x_1+x_2-6x_3-4x_4=6 \\ 3x_1-x_2-6x_3-4x_4=2 \\ 2x_1+3x_2+9x_3+2x_4=6 \\ 3x_1+2x_2+3x_3+8x_4=-7 \end{cases}$。

1.6　设题 1.6 图所示的是某地区的公路交通图，所有道路都是单行道，且道上不能停车，通行方向用箭头标明，数字代表某时段进出交通网络的车辆数。假设进入每一个交叉点的车辆数等于离开该交叉点的车辆数。请求出该时段经过各路线的车辆数。

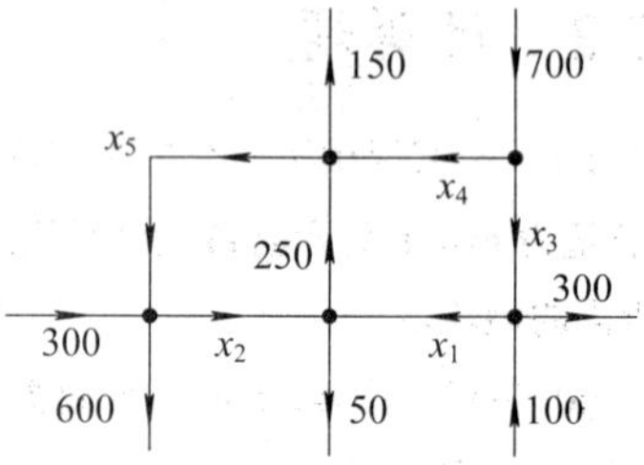

题 1.6 图　交通流量图

1.7　求一个三次多项式 $f(x)=a_3x^3+a_2x^2+a_1x+a_0$，使 $f(-2)=2$，$f(-1)=0$，$f(1)=-4$，$f(2)=6$。

1.8　一个矿业公司有两个矿井。1# 矿井每天生产 20 吨铜矿石和 550 公斤银矿石，2# 矿井每天生产 30 吨铜矿石和 500 公斤银矿石，令 $\boldsymbol{v}_1=\begin{bmatrix}20\\550\end{bmatrix}$，$\boldsymbol{v}_2=\begin{bmatrix}30\\500\end{bmatrix}$，于是 $\boldsymbol{v}_1$ 和 $\boldsymbol{v}_2$ 分别表示 1# 和 2# 矿井每天的产出向量。

(a) 向量 $5\boldsymbol{v}_1$ 具有何种物理意义？

(b) 设公司让 1# 矿井开工 x_1 天，让 2# 矿井开工 x_2 天，以天数为变量，列出使两个矿井生产出 150

吨铜矿石和 2825 公斤银矿石的方程。

(c) 解这个方程。

1.9　薄铁板四周温度已知，如题 1.9 图所示(单位为℃)。设在铁板中间的所有网格节点温度都为相邻四个节点温度的平均值。求图中 1、2、3、4、5、6 点的温度。

1.10　用整数格式的 x_1、x_2、x_3、x_4、x_5、x_6 来配平下列化学反应方程式：

$$(x_1)PbN_6+(x_2)CrMn_2O_8\rightarrow(x_3)Pb_3O_4+(x_4)Cr_2O_3+(x_5)MnO_2+(x_6)NO$$

1.11　一幢大型公寓楼可以有三种安排各层建筑结构的类型。类型甲可以在一层上安排 18 个单元：3 个三室一厅、7 个两室一厅和 8 个一室一厅；类型乙可以在一层上安排 20 个单元：4 个三室一厅、4 个两室一厅和 12 个一室一厅；类型丙可以在一层上安排 18 个单元：5 个三室一厅、3 个两室一厅和 10 个一室一厅。现在要求整个公寓楼恰好有 66 个三室一厅、74 个两室一厅和 136 个一室一厅，问应该怎样选择各类型的层数？

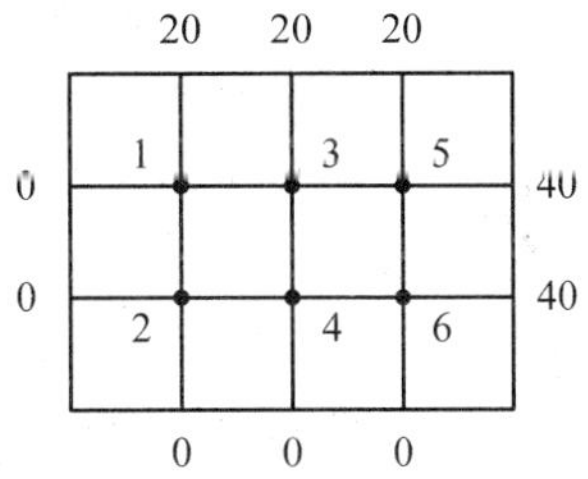

题 1.9 图　铁板温度计算

第 2 章 矩阵运算及其应用

2.1 矩阵的加、减、乘法

第 1 章介绍了单个线性系统的求解方法。把多个线性系统相互联接，构成更大、更复杂的系统，是线性代数要完成的重要任务，这就需要建立矩阵代数的理论和算法。作为数表，矩阵可以有规则地组织大量的数据。比如 1000 行 1000 列的矩阵，包含了 100 万个元素，这种数据组织的方法，特别适合于计算机的存储器硬件。同时，计算机是对海量数据进行成批处理的，它不像笔算或计算器那样，靠两个数之间运算得出第三个数。因此我们要为矩阵的运算建立一些规则，使得两个矩阵的运算得出另一个更大的有特定意义的矩阵。熟悉了这些规则，就可以方便地对实际问题建模。将这类运算编成子程序，甚至按照矩阵的运算法则来设计计算机硬件。从而大大提高编程和计算的效率。

尽管矩阵表达式很简明，然而在没有计算工具的时候，要把它手算出来仍然要还原为单个数的运算，发挥不了矩阵的优势。在有了计算软件的今天，直接打个算式就可以完成这千万次笔算，这就是矩阵代数和计算机结合的巨大威力。

2.1.1 矩阵的加法

例 2.1 四个超市在上半年销售大米、面粉、食油的数量如表 2-1 所示，而下半年这四个超市的销售情况由表 2-2 给出。请用矩阵来表示全年的总销售情况。

表 2-1 上半年销售情况表 吨

超市序号	大米	面粉	食油
超市一	150	250	50
超市二	250	500	100
超市三	300	700	120
超市四	450	850	80

表 2-2 下半年销售情况表 吨

超市序号	大米	面粉	食油
超市一	180	350	60
超市二	300	550	120
超市三	350	850	150
超市四	500	850	100

解 用矩阵 $\boldsymbol{A}$ 和矩阵 $\boldsymbol{B}$ 分别描述上半年和下半年的销售情况，即

$$\boldsymbol{A}=\begin{bmatrix}150 & 250 & 50\\ 250 & 500 & 100\\ 300 & 700 & 120\\ 450 & 850 & 80\end{bmatrix},\quad \boldsymbol{B}=\begin{bmatrix}180 & 350 & 60\\ 300 & 550 & 120\\ 350 & 850 & 150\\ 500 & 850 & 100\end{bmatrix}$$

显然，这四个超市在全年里的销售情况所对应的矩阵 $\boldsymbol{C}$ 应该由矩阵 $\boldsymbol{A}$ 和矩阵 $\boldsymbol{B}$ 的所有对应元素之和组成，即

$$\boldsymbol{C}=\begin{bmatrix}150+180 & 250+350 & 50+60\\ 250+300 & 500+550 & 100+120\\ 300+350 & 700+850 & 120+150\\ 450+500 & 850+850 & 80+100\end{bmatrix}=\begin{bmatrix}330 & 600 & 110\\ 550 & 1050 & 220\\ 650 & 1550 & 270\\ 950 & 1700 & 180\end{bmatrix}$$

希望将它写成 $\boldsymbol{C}=\boldsymbol{A}+\boldsymbol{B}$，由此引入矩阵加法的定义。

定义 2.1　设有两个同型的 $m\times n$ 矩阵 $\boldsymbol{A}=(a_{ij})_{m\times n}$，$\boldsymbol{B}=(b_{ij})_{m\times n}$，矩阵 $\boldsymbol{A}$ 与矩阵 $\boldsymbol{B}$ 的和记作 $\boldsymbol{A}+\boldsymbol{B}$，规定为

$$\boldsymbol{A}+\boldsymbol{B}=\begin{bmatrix}a_{11}+b_{11} & a_{12}+b_{12} & \cdots & a_{1n}+b_{1n}\\ a_{21}+b_{21} & a_{22}+b_{22} & \cdots & a_{2n}+b_{2n}\\ \vdots & \vdots & & \vdots\\ a_{m1}+b_{m1} & a_{m2}+b_{m2} & \cdots & a_{mn}+b_{mn}\end{bmatrix} \tag{2.1.1}$$

若 $\boldsymbol{A}=(a_{ij})_{m\times n}$，则把 $(-a_{ij})_{m\times n}$ 记作 $-\boldsymbol{A}$，称为 $\boldsymbol{A}$ 的负矩阵。显然有：$\boldsymbol{A}+(-\boldsymbol{A})=\boldsymbol{0}$。由此可定义矩阵的减法为

$$\boldsymbol{A}-\boldsymbol{B}=\boldsymbol{A}+(-\boldsymbol{B})$$

2.1.2　矩阵的数乘

例 2.2　甲、乙、丙三位同学在期末考试中，4 门课程的成绩由表 2-3 给出，而他们的平时成绩则由表 2-4 给出。若期末考试成绩占总成绩的 90%，而平时成绩占 10%，请用矩阵运算来表述这三名同学的总成绩。

表 2-3　期末考试成绩

	英语	高数	普物	线代
甲	85	85	65	98
乙	75	95	70	95
丙	80	70	76	92

表 2-4　平时成绩

	英语	高数	普物	线代
甲	90	70	80	92
乙	80	90	82	92
丙	85	75	90	90

解　用矩阵 $\boldsymbol{A}$ 来表示期末成绩，即

$$\boldsymbol{A}=\begin{bmatrix}85 & 85 & 65 & 98\\ 75 & 95 & 70 & 95\\ 80 & 70 & 76 & 92\end{bmatrix}$$

用矩阵 $\boldsymbol{B}$ 来表示平时成绩，即

$$\boldsymbol{B}=\begin{bmatrix}90 & 70 & 80 & 92\\ 80 & 90 & 82 & 92\\ 85 & 75 & 90 & 90\end{bmatrix}$$

根据题意知，每位同学的总成绩为期末成绩乘以 0.9 再加上期中成绩乘以 0.1，即

$$\boldsymbol{C}=0.9\begin{bmatrix}85&85&65&98\\75&95&70&95\\80&70&76&92\end{bmatrix}+0.1\begin{bmatrix}90&70&80&92\\80&90&82&92\\85&75&90&90\end{bmatrix}=\begin{bmatrix}85.5&83.5&66.5&97.4\\75.5&94.5&71.2&94.7\\80.5&70.5&77.4&91.8\end{bmatrix}$$

希望将它写成 $\boldsymbol{C}=0.9\boldsymbol{A}+0.1\boldsymbol{B}$，由此引出矩阵数乘的定义。

定义 2.2　数 λ 与矩阵 $\boldsymbol{A}=(a_{ij})_{m\times n}$ 的乘积，简称**数乘**，记作 $\lambda\boldsymbol{A}$ 或 $\boldsymbol{A}\lambda$，规定为

$$\lambda\boldsymbol{A}=\boldsymbol{A}\lambda=\begin{bmatrix}\lambda a_{11}&\lambda a_{12}&\cdots&\lambda a_{1n}\\\lambda a_{21}&\lambda a_{22}&\cdots&\lambda a_{2n}\\\vdots&\vdots&&\vdots\\\lambda a_{m1}&\lambda a_{m2}&\cdots&\lambda a_{mn}\end{bmatrix}\tag{2.1.2}$$

矩阵的加法和数乘统称为矩阵的线性运算，它和普通数的运算规律相同。设 $\boldsymbol{A}$、$\boldsymbol{B}$、$\boldsymbol{C}$ 是同型矩阵，λ、μ 是数，则以下规则成立：

(1) 加法交换律 $\boldsymbol{A}+\boldsymbol{B}=\boldsymbol{B}+\boldsymbol{A}$

(2) 加法结合律 $(\boldsymbol{A}+\boldsymbol{B})+\boldsymbol{C}=\boldsymbol{A}+(\boldsymbol{B}+\boldsymbol{C})$

(3) $(\lambda\mu)\boldsymbol{A}=\lambda(\mu\boldsymbol{A})=\mu(\lambda\boldsymbol{A})$

(4) $(\lambda+\mu)\boldsymbol{A}=\lambda\boldsymbol{A}+\mu\boldsymbol{A}$

(5) 数乘分配律 $\lambda(\boldsymbol{A}+\boldsymbol{B})=\lambda\boldsymbol{A}+\lambda\boldsymbol{B}$

2.1.3　矩阵的乘法

例 2.3　有甲、乙、丙、丁 4 个服装厂，一个月的产量情况由表 2-5 给出，若甲厂生产 8 个月，乙厂生产 10 个月，丙厂生产 5 个月，而丁厂生产 9 个月，则共生产帽子、衣服、裤子各多少？用矩阵来描述。

表 2-5　服装厂的月产量　　万件

	甲厂	乙厂	丙厂	丁厂
帽子	20	4	2	7
衣服	10	18	5	6
裤子	5	7	16	3

解　四个服装厂的月产量情况可以用矩阵 $\boldsymbol{A}$ 来表示，其中不同行表示不同的服装种类，不同列表示不同的服装厂。而四个厂的生产时间由单列矩阵 $\boldsymbol{b}$ 来表示，即

$$\boldsymbol{A}=\begin{bmatrix}20&4&2&7\\10&18&5&6\\5&7&16&3\end{bmatrix},\quad \boldsymbol{b}=\begin{bmatrix}8\\10\\5\\9\end{bmatrix}$$

根据题意，四个服装厂总共生产的三类产品的情况，可以用矩阵 $\boldsymbol{C}$ 来表示。我们希望它能表示为两者的乘积，它的第一、二和三行分别表示四个厂生产的帽子总数、衣服总数

和裤子总数。则计算规则应当是：

$$C=\begin{bmatrix}20\times8+4\times10+2\times5+7\times9\\10\times8+18\times10+5\times5+6\times9\\5\ \times8+7\ \times10+16\times5+3\times9\end{bmatrix}=\begin{bmatrix}273\\339\\217\end{bmatrix}$$

按照这个规则，$\boldsymbol{C}$ 的各行为 $\boldsymbol{A}$ 的对应行与 $\boldsymbol{b}$ 列的各元素依次相乘后相加，由实践的需要产生了矩阵乘法的定义。

定义 2.3　设 $\boldsymbol{A}$ 是 $m\times s$ 矩阵，$\boldsymbol{B}$ 是 $s\times n$ 矩阵，那么矩阵 $\boldsymbol{A}$ 和矩阵 $\boldsymbol{B}$ 的乘积是一个 $m\times n$ 的矩阵 $\boldsymbol{C}$，其中 $\boldsymbol{C}$ 的各个元素为

$$c_{ij}=\sum_{k=1}^{s}a_{ik}b_{kj}=a_{i1}b_{1j}+a_{i2}b_{2j}+\cdots+a_{is}b_{sj}\qquad(i=1,2,\cdots,m;\ j=1,2,\cdots,n)\tag{2.1.3}$$

记作 $\boldsymbol{C}=\boldsymbol{AB}$。

称第一个矩阵的列数和第二个矩阵的行数为内阶数。由定义知，只有当它们的内阶数相等时，两个矩阵才能相乘。乘积矩阵的第(i,j)个元素等于前一个矩阵的第 i 行各元素与后一个矩阵的第 j 列相应元素乘积之和，即

$$\begin{bmatrix}a_{11}&a_{12}&\cdots&a_{1s}\\\vdots&\vdots&&\vdots\\a_{i1}&a_{i2}&\cdots&a_{is}\\\vdots&\vdots&&\vdots\\a_{m1}&a_{m1}&\cdots&a_{ms}\end{bmatrix}\begin{bmatrix}b_{11}&\cdots&b_{1j}&\cdots&b_{1n}\\b_{21}&\cdots&b_{2j}&\cdots&b_{2n}\\\vdots&&\vdots&&\vdots\\b_{s1}&\cdots&b_{sj}&\cdots&b_{sn}\end{bmatrix}=\begin{bmatrix}c_{11}&\cdots&c_{1j}&\cdots&c_{1n}\\\vdots&&\vdots&&\vdots\\c_{i1}&\cdots&c_{ij}&\cdots&c_{in}\\\vdots&&\vdots&&\vdots\\c_{m1}&\cdots&c_{mj}&\cdots&c_{mn}\end{bmatrix}$$

注意：在这样的定义下，矩阵乘法不符合交换律。比如

$$\boldsymbol{A}=\begin{bmatrix}1&2&3\\4&5&6\end{bmatrix},\quad\boldsymbol{B}=\begin{bmatrix}7\\8\\9\end{bmatrix}$$

则

$$\boldsymbol{AB}=\begin{bmatrix}1\times7+2\times8+3\times9\\4\times7+5\times8+6\times9\end{bmatrix}=\begin{bmatrix}50\\122\end{bmatrix}$$

矩阵 $\boldsymbol{A}$ 左乘 $\boldsymbol{B}$ 之所以能成立，是因为 $\boldsymbol{A}$ 有三列，$\boldsymbol{B}$ 有三行，两者的内阶数相等。但把乘数左右交换一下写成 $\boldsymbol{BA}$，就没有定义，因为它们的内阶数分别为 1 和 2，两者不相等。可见把乘数放在左边和右边是两回事，即使 $\boldsymbol{A}$ 和 $\boldsymbol{B}$ 都是 3×3 的矩阵，$\boldsymbol{AB}$ 和 $\boldsymbol{BA}$ 也不一定相等。因此在谈及乘法时，就有 $\boldsymbol{A}$ 左乘 $\boldsymbol{B}$ 与 $\boldsymbol{A}$ 右乘 $\boldsymbol{B}$ 之分。

例 2.4　已知 $\boldsymbol{A}_1=\begin{bmatrix}1&0&0\\2&0&0\\3&0&0\end{bmatrix}$，$\boldsymbol{A}_2=\begin{bmatrix}1&0&0\\0&2&0\\0&0&3\end{bmatrix}$，$\boldsymbol{A}_3=\begin{bmatrix}1&2&3\\0&0&0\\0&0&0\end{bmatrix}$，$\boldsymbol{B}=\begin{bmatrix}b_1\\b_2\\b_3\end{bmatrix}$，求以下的

矩阵乘积 $\boldsymbol{A}_1\boldsymbol{B}$、$\boldsymbol{A}_2\boldsymbol{B}$、$\boldsymbol{A}_3\boldsymbol{B}$，并总结一些规律。

解
$$\boldsymbol{A}_1\boldsymbol{B}=\begin{bmatrix} b_1 \\ 2b_1 \\ 3b_1 \end{bmatrix},\quad \boldsymbol{A}_2\boldsymbol{B}=\begin{bmatrix} b_1 \\ 2b_2 \\ 3b_3 \end{bmatrix},\quad \boldsymbol{A}_3\boldsymbol{B}=\begin{bmatrix} b_1+2b_2+3b_3 \\ 0 \\ 0 \end{bmatrix}$$

定义 2.4　对于变量 $y_1, y_2, \cdots, y_m$，若它们都能由变量 $x_1, x_2, \cdots, x_n$ 线性表示，即有

$$\begin{cases} y_1=a_{11}x_1+a_{12}x_2+\cdots+a_{1n}x_n \\ y_2=a_{21}x_1+a_{22}x_2+\cdots+a_{2n}x_n \\ \qquad\vdots \\ y_m=a_{m1}x_1+a_{m2}x_2+\cdots+a_{mn}x_n \end{cases} \tag{2.1.4}$$

则称此关系式为变量 $x_1, x_2, \cdots, x_n$ 到变量 $y_1, y_2, \cdots, y_m$ 的**线性变换**。它可以写成输出向量 $\boldsymbol{Y}$ 等于系数矩阵 $\boldsymbol{A}$ 左乘输入向量 $\boldsymbol{X}$，即

$$\boldsymbol{Y}=\begin{bmatrix} y_1 \\ y_2 \\ \vdots \\ y_m \end{bmatrix}=\begin{bmatrix} a_{11} & a_{12} & \cdots & a_{1n} \\ a_{21} & a_{22} & \cdots & a_{2n} \\ \vdots & \vdots & & \vdots \\ a_{m1} & a_{m2} & \cdots & a_{mn} \end{bmatrix}\begin{bmatrix} x_1 \\ x_2 \\ \vdots \\ x_n \end{bmatrix}=\boldsymbol{AX} \tag{2.1.5}$$

例 2.5　式(2.1.6)给出变量 x_1, x_2, x_3 到变量 y_1, y_2 的线性变换；式(2.1.7)给出变量 t_1, t_2 到变量 x_1, x_2, x_3 的线性变换。请写出变量 t_1, t_2 到变量 y_1, y_2 的线性变换。

$$\begin{cases} y_1=a_{11}x_1+a_{12}x_2+a_{13}x_3 \\ y_2=a_{21}x_1+a_{22}x_2+a_{23}x_3 \end{cases} \tag{2.1.6}$$

$$\begin{cases} x_1=b_{11}t_1+b_{12}t_2 \\ x_2=b_{21}t_1+b_{22}t_2 \\ x_3=b_{31}t_1+b_{32}t_2 \end{cases} \tag{2.1.7}$$

解　方法一：代换法。将式(2.1.7)代入式(2.1.6)得

$$\begin{cases} y_1=(a_{11}b_{11}+a_{12}b_{21}+a_{13}b_{31})t_1+(a_{11}b_{12}+a_{12}b_{22}+a_{13}b_{32})t_2 \\ y_2=(a_{21}b_{11}+a_{22}b_{21}+a_{23}b_{31})t_1+(a_{21}b_{12}+a_{22}b_{22}+a_{23}b_{32})t_2 \end{cases} \tag{2.1.8}$$

方法二：矩阵运算法。根据矩阵乘法的定义，可以分别把式(2.1.6)和式(2.1.7)写为矩阵等式，即

$$\boldsymbol{Y}=\begin{bmatrix} y_1 \\ y_2 \end{bmatrix}=\begin{bmatrix} a_{11} & a_{12} & a_{13} \\ a_{21} & a_{22} & a_{23} \end{bmatrix}\begin{bmatrix} x_1 \\ x_2 \\ x_3 \end{bmatrix}=\boldsymbol{AX} \tag{2.1.9}$$

$$X=\begin{bmatrix}x_1\\x_2\\x_3\end{bmatrix}=\begin{bmatrix}b_{11}&b_{12}\\b_{21}&b_{22}\\b_{31}&b_{32}\end{bmatrix}\begin{bmatrix}t_1\\t_2\end{bmatrix}=BT \tag{2.1.10}$$

把式(2.1.10)代入式(2.1.9)中，得

$$Y=\begin{bmatrix}a_{11}&a_{12}&a_{13}\\a_{21}&a_{22}&a_{23}\end{bmatrix}\begin{bmatrix}b_{11}&b_{12}\\b_{21}&b_{22}\\b_{31}&b_{32}\end{bmatrix}\begin{bmatrix}t_1\\t_2\end{bmatrix}=ABT \tag{2.1.11}$$

将式(2.1.11)按矩阵乘法规则展开，结果将和式(2.1.8)一样。通过这个例子，可以看出矩阵乘法在线性变换中的运用。采用矩阵乘法的定义后，就可以把一般的线性方程组写为矩阵形式：$\boldsymbol{AX}=\boldsymbol{b}$，其中

$$A=\begin{bmatrix}a_{11}&a_{12}&\cdots&a_{1n}\\a_{21}&a_{22}&\cdots&a_{2n}\\\vdots&\vdots&&\vdots\\a_{m1}&a_{m2}&\cdots&a_{mn}\end{bmatrix},\quad X=\begin{bmatrix}x_1\\x_2\\\vdots\\x_n\end{bmatrix},\quad b=\begin{bmatrix}b_1\\b_2\\\vdots\\b_m\end{bmatrix} \tag{2.1.12}$$

$\boldsymbol{A}$ 表示系数矩阵，$\boldsymbol{X}$ 表示由变量构成的向量，$\boldsymbol{b}$ 表示由常数项所构成的向量。用矩阵等式来表示线性方程组是一个非常简单明了的方法。这种表示法将在本书中贯穿始终，可以说，它是线性代数研究的核心。

例 2.6　已知 $A=\begin{bmatrix}1&2&-1\\3&4&0\\-2&5&6\end{bmatrix}$，$B=\begin{bmatrix}10&20\\-10&30\\-5&8\end{bmatrix}$，求 $\boldsymbol{AB}$ 和 $\boldsymbol{BA}$。

解　根据矩阵乘法定义，有

$$AB=\begin{bmatrix}1&2&-1\\3&4&0\\-2&5&6\end{bmatrix}\begin{bmatrix}10&20\\-10&30\\-5&8\end{bmatrix}$$

$$=\begin{bmatrix}1\times10+2\times(-10)+(-1)\times(-5)&1\times20+2\times30+(-1)\times8\\3\times10+4\times(-10)+0\times(-5)&3\times20+4\times30+0\times8\\(-2)\times10+5\times(-10)+6\times(-5)&(-2)\times20+5\times30+6\times8\end{bmatrix}=\begin{bmatrix}-5&72\\-10&180\\-100&158\end{bmatrix}$$

由于矩阵 $\boldsymbol{B}$ 有两列，矩阵 $\boldsymbol{A}$ 有三行，所以 $\boldsymbol{B}$ 不能左乘 $\boldsymbol{A}$。

例 2.7　已知 $A=[1,\ \ 2,\ \ 3]$，$B=\begin{bmatrix}4\\5\\6\end{bmatrix}$，求 $\boldsymbol{AB}$ 和 $\boldsymbol{BA}$。

解　$\boldsymbol{A}$ 是 1×3 矩阵，$\boldsymbol{B}$ 是 3×1 矩阵，矩阵 $\boldsymbol{A}$ 的列数等于矩阵 $\boldsymbol{B}$ 的行数，所以 $\boldsymbol{A}$ 可以左乘 $\boldsymbol{B}$，乘积矩阵 $\boldsymbol{AB}$ 应该具有矩阵 $\boldsymbol{A}$ 的行数，矩阵 $\boldsymbol{B}$ 的列数，即是 1×1 矩阵，如下

$$\boldsymbol{AB}=\begin{bmatrix}1 & 2 & 3\end{bmatrix}\begin{bmatrix}4\\5\\6\end{bmatrix}=1\times4+2\times5+3\times6=32$$

当矩阵只有一行一列时，它退化为一个数，可省去括号，称此矩阵为标量。

$\boldsymbol{B}$ 是 3×1 矩阵，$\boldsymbol{A}$ 是 1×3 矩阵，矩阵 $\boldsymbol{B}$ 的列数等于矩阵 $\boldsymbol{A}$ 的行数，所以 $\boldsymbol{B}$ 也可以左乘 $\boldsymbol{A}$，乘积矩阵 $\boldsymbol{BA}$ 应该具有矩阵 $\boldsymbol{B}$ 的行数，矩阵 $\boldsymbol{A}$ 的列数，即是 3×3 矩阵，如下

$$\boldsymbol{BA}=\begin{bmatrix}4\\5\\6\end{bmatrix}\begin{bmatrix}1, & 2, & 3\end{bmatrix}=\begin{bmatrix}4\times1 & 4\times2 & 4\times3\\5\times1 & 5\times2 & 5\times3\\6\times1 & 6\times2 & 6\times3\end{bmatrix}=\begin{bmatrix}4 & 8 & 12\\5 & 10 & 15\\6 & 12 & 18\end{bmatrix}$$

由矩阵乘法的定义和前面的例题可以看出：

(1) 矩阵乘法不满足交换律，即在一般情况下 $\boldsymbol{AB}\neq\boldsymbol{BA}$。

(2) 不能由 $\boldsymbol{AB}=\boldsymbol{O}$，推出 $\boldsymbol{A}=\boldsymbol{O}$ 或 $\boldsymbol{B}=\boldsymbol{O}$。比如，$\boldsymbol{A}=\begin{bmatrix}2 & 4\\-1 & -2\end{bmatrix}$，$\boldsymbol{B}=\begin{bmatrix}2\\-1\end{bmatrix}$，

$\boldsymbol{A}\times\boldsymbol{B}=\begin{bmatrix}2\times2-4\\-1\times-1+2\end{bmatrix}=\begin{bmatrix}0\\0\end{bmatrix}=\boldsymbol{O}$。

(3) 不能由 $\boldsymbol{AC}=\boldsymbol{AB}$，$\boldsymbol{A}\neq\boldsymbol{O}$，推出 $\boldsymbol{B}=\boldsymbol{C}$。如(2)中的例子，若设 $\boldsymbol{C}=\begin{bmatrix}6\\-3\end{bmatrix}$，同样有

$\boldsymbol{AC}=\begin{bmatrix}0\\0\end{bmatrix}=\boldsymbol{O}$，且 $\boldsymbol{B}\neq\boldsymbol{C}$。

要注意的是，有许多我们习惯的标量运算的公式，其中隐含地包含了乘法交换律，这些公式在矩阵运算中也不能使用。比如，在一般情况下，下式的左右两端是不相等的，即

$$(\boldsymbol{A}+\boldsymbol{B})^2\neq\boldsymbol{A}^2+2\boldsymbol{AB}+\boldsymbol{B}^2$$
$$(\boldsymbol{A}+\boldsymbol{B})(\boldsymbol{A}-\boldsymbol{B})\neq\boldsymbol{A}^2-\boldsymbol{B}^2$$

读者可自设任意随机矩阵来检验。

矩阵乘法满足下列运算规律：

(1) $(\boldsymbol{AB})\boldsymbol{C}=\boldsymbol{A}(\boldsymbol{BC})$。

(2) $\boldsymbol{A}(\boldsymbol{B}+\boldsymbol{C})=\boldsymbol{AB}+\boldsymbol{AC}$，$(\boldsymbol{A}+\boldsymbol{B})\boldsymbol{C}=\boldsymbol{AC}+\boldsymbol{BC}$。

(3) $\lambda(\boldsymbol{AB})=(\lambda\boldsymbol{A})\boldsymbol{B}=\boldsymbol{A}(\lambda\mathbf{B})$，$\lambda$ 为数。

(4) $\boldsymbol{A}_{m\times n}\boldsymbol{I}_n=\boldsymbol{I}_m\boldsymbol{A}_{m\times n}=\boldsymbol{A}_{m\times n}$。

(5) 设 $\boldsymbol{A}$、$\boldsymbol{B}$ 均为下(上)三角方阵，则 $\boldsymbol{C}=\boldsymbol{AB}$ 也是下(上)三角方阵，且 $\boldsymbol{C}$ 的对角主元逐项等于 $\boldsymbol{A}$ 和 $\boldsymbol{B}$ 的对角主元的乘积。用 MATLAB 语句表示为 diag(C)=diag(A).*diag(B)。例如：

$$A=\begin{bmatrix}1&2&3\\0&4&5\\0&0&6\end{bmatrix},\ B=\begin{bmatrix}9&8&7\\0&6&5\\0&0&4\end{bmatrix}，\ 则 C=AB=\begin{bmatrix}9&20&29\\0&24&40\\0&0&24\end{bmatrix}。$$

这一规则具有普遍性，可由矩阵乘法定义证明。取两个四阶上三角矩阵 $\boldsymbol{AB}$ 相乘，乘积为 $\boldsymbol{C}$，有

$$\begin{bmatrix}a_{11}&a_{12}&a_{13}&a_{14}\\0&a_{22}&a_{23}&a_{24}\\0&0&a_{33}&a_{34}\\0&0&0&a_{44}\end{bmatrix}\begin{bmatrix}b_{11}&b_{12}&b_{13}&b_{14}\\0&b_{22}&b_{23}&b_{24}\\0&0&b_{33}&b_{34}\\0&0&0&b_{44}\end{bmatrix}=\begin{bmatrix}c_{11}&c_{12}&c_{13}&c_{14}\\c_{21}&c_{22}&c_{23}&c_{24}\\c_{31}&c_{32}&c_{33}&c_{34}\\c_{41}&c_{42}&c_{43}&c_{44}\end{bmatrix}$$

分别计算 $C_{i,j}$ 在 $i<j$(上三角区)，$i<j$(下三角区)，$i=j$(对角区)的值如下：

① $c_{ij}(i<j)\neq 0$，例如：$c_{23}=a_{21}b_{13}+a_{22}b_{23}+a_{23}b_{33}+a_{24}b_{43}=a_{22}b_{23}+a_{23}b_{33}\neq 0$。

② $c_{ij}(i>j)=0$，例如：$c_{32}=a_{31}b_{12}+a_{32}b_{22}+a_{33}b_{32}+a_{34}b_{43}=0$，因为 $a_{31}=a_{32}=b_{32}-b_{43}=0$。

③ $c_{ij}(i=j)=a_{ii}b_{ii}$，例如：$c_{22}=a_{21}b_{12}+a_{22}b_{22}+a_{23}b_{32}+a_{24}b_{42}=a_{22}b_{22}$，因为 $a_{21}=b_{32}=b_{42}=0$。

由此得知 $\boldsymbol{C}$ 是一个上三角矩阵，其对角元素分别为 $\boldsymbol{A}$，$\boldsymbol{B}$ 矩阵相应对角元素的乘积。

2.2 矩 阵 的 逆

前面我们介绍了矩阵的加法，也介绍了矩阵的乘法运算。减法是加法的逆运算。那么自然会提出一个问题，矩阵有没有除法呢？其乘法的逆运算又是如何定义的呢？

2.2.1 逆矩阵的定义

引例　已知变量 x_1,x_2,x_3 到变量 y_1,y_2,y_3 的线性变换为

$$\begin{cases}y_1=2x_1+3x_2-x_3\\y_2=3x_1-2x_2+x_3\\y_3=5x_1+8x_2+x_3\end{cases}\Rightarrow\begin{bmatrix}y_1\\y_2\\y_3\end{bmatrix}=\begin{bmatrix}2&3&-1\\3&-2&1\\5&8&1\end{bmatrix}\begin{bmatrix}x_1\\x_2\\x_3\end{bmatrix}\Rightarrow \boldsymbol{Y}=\boldsymbol{AX}\qquad(2.2.1)$$

现在要研究它的逆运算，即变量 y_1, y_2, y_3 到变量 x_1, x_2, x_3 的线性变换。

$$\boldsymbol{X}=\boldsymbol{VY}\qquad(2.2.2)$$

称 $\boldsymbol{V}$ 为 $\boldsymbol{A}$ 的逆矩阵。对于数的乘法 $y=ax$，想用变量 y 来表示变量 x，当 $a\neq 0$ 时，可写成 $x=a^{-1}y$。自然地联想到，是否可以把式(2.2.1)中的系数矩阵 $\boldsymbol{A}$ 也“搬”到等式的另一边，从而得到该式的逆变换，即

$$\boldsymbol{A}^{-1}\boldsymbol{Y}=\boldsymbol{X}\qquad(2.2.3)$$

逆矩阵 $\boldsymbol{V}=\boldsymbol{A}^{-1}$ 是否存在？如果存在，又该如何求得？这是一个极为重要的问题。

定义 2.7　设 $\boldsymbol{A}$ 为 n 阶方阵，若存在 n 阶方阵 $\boldsymbol{V}$，使得 $\boldsymbol{AN}=\boldsymbol{VA}=\boldsymbol{I}_n$，其中 $\boldsymbol{I}_n$ 为 n 阶单

位矩阵，则称 $\boldsymbol{A}$ 为可逆矩阵或 $\boldsymbol{A}$ 是可逆的，并称 $\boldsymbol{V}$ 为 $\boldsymbol{A}$ 的逆矩阵。

如果 $\boldsymbol{A}$ 的逆矩阵为 $\boldsymbol{V}$，记 $\boldsymbol{A}^{-1}=\boldsymbol{V}$，显然，也可得出 $\boldsymbol{V}$ 的逆矩阵为 $\boldsymbol{A}$，记 $\boldsymbol{V}^{-1}=\boldsymbol{A}$，我们也称矩阵 $\boldsymbol{A}$ 和矩阵 $\boldsymbol{V}$ 互逆。

例 2.8　设 $\boldsymbol{A}=\begin{bmatrix}1&2\\1&3\end{bmatrix}$，$\boldsymbol{B}=\begin{bmatrix}3&-2\\-1&1\end{bmatrix}$，$\boldsymbol{C}=\begin{bmatrix}3&&\\&-6&\\&&9\end{bmatrix}$，$\boldsymbol{D}=\begin{bmatrix}1/3&&\\&-1/6&\\&&1/9\end{bmatrix}$，分析矩阵 $\boldsymbol{A}$ 和矩阵 $\boldsymbol{B}$、矩阵 $\boldsymbol{C}$ 和矩阵 $\boldsymbol{D}$ 是否互为逆矩阵。

解　$\boldsymbol{AB}=\begin{bmatrix}1&2\\1&3\end{bmatrix}\begin{bmatrix}3&-2\\-1&1\end{bmatrix}=\boldsymbol{I}_2$，$\boldsymbol{BA}=\begin{bmatrix}3&-2\\-1&1\end{bmatrix}\begin{bmatrix}1&2\\1&3\end{bmatrix}=\begin{bmatrix}1&0\\0&1\end{bmatrix}=\boldsymbol{I}_2$

$$\boldsymbol{CD}=\begin{bmatrix}3&&\\&-6&\\&&9\end{bmatrix}\begin{bmatrix}1/3&&\\&-1/6&\\&&1/9\end{bmatrix}=\begin{bmatrix}1&&\\&1&\\&&1\end{bmatrix}=\boldsymbol{DC}=\boldsymbol{I}_3$$

所以，矩阵 $\boldsymbol{A}$ 和矩阵 $\boldsymbol{B}$ 互为逆矩阵。同样矩阵 $\boldsymbol{C}$ 和矩阵 $\boldsymbol{D}$ 也互为逆矩阵。

2.2.2　逆矩阵的性质

性质 1　如果矩阵 $\boldsymbol{A}$ 可逆，则 $\boldsymbol{A}$ 的逆矩阵唯一。

证　设 $\boldsymbol{B}$、$\boldsymbol{C}$ 都是 $\boldsymbol{A}$ 的逆矩阵，即有 $\boldsymbol{AB}=\boldsymbol{BA}=\boldsymbol{I}$ 和 $\boldsymbol{AC}=\boldsymbol{CA}=\boldsymbol{I}$，则有

$$\boldsymbol{B}=\boldsymbol{BI}=\boldsymbol{B}(\boldsymbol{AC})=(\boldsymbol{BA})\boldsymbol{C}=\boldsymbol{IC}=\boldsymbol{C}$$

故 $\boldsymbol{A}$ 的逆矩阵是唯一的。

性质 2　若 $\boldsymbol{A}$ 和 $\boldsymbol{B}$ 为同阶可逆方阵，且满足 $\boldsymbol{AB}=\boldsymbol{I}$，则 $\boldsymbol{BA}=\boldsymbol{I}$，即矩阵 $\boldsymbol{A}$ 和 $\boldsymbol{B}$ 互逆。

证　在等式 $\boldsymbol{AB}=\boldsymbol{I}$ 两边同左乘以 $\boldsymbol{B}$，得

$$\boldsymbol{B}(\boldsymbol{AB})=(\boldsymbol{BA})\boldsymbol{B}=\boldsymbol{B}$$

再同右乘以 $\boldsymbol{B}^{-1}$，得 $\boldsymbol{BA}=\boldsymbol{I}$。

性质 3　若 $\boldsymbol{A}$ 可逆，则 $\boldsymbol{A}^{-1}$ 也可逆，且 $(\boldsymbol{A}^{-1})^{-1}=\boldsymbol{A}$。

性质 4　若 $\boldsymbol{A}$ 可逆，数 $\lambda\neq 0$，则 $\lambda\boldsymbol{A}$ 可逆，且 $(\lambda\boldsymbol{A})^{-1}=\dfrac{1}{\lambda}\boldsymbol{A}^{-1}$。

以上两条性质，可以直接用定义证明。

性质 5　若 $\boldsymbol{A}$、$\boldsymbol{B}$ 均为 n 阶可逆方阵，则 $\boldsymbol{AB}$ 可逆，且

$$(\boldsymbol{AB})^{-1}=\boldsymbol{B}^{-1}\boldsymbol{A}^{-1} \tag{2.2.4}$$

证　因为 $\boldsymbol{A}$、$\boldsymbol{B}$ 均可逆，所以存在 $\boldsymbol{A}^{-1}$、$\boldsymbol{B}^{-1}$，且有

$$(\boldsymbol{AB})(\boldsymbol{B}^{-1}\boldsymbol{A}^{-1})=\boldsymbol{A}(\boldsymbol{BB}^{-1})\boldsymbol{A}^{-1}=\boldsymbol{AIA}^{-1}=\boldsymbol{AA}^{-1}=\boldsymbol{I}$$

本性质可以推广到多个可逆矩阵连乘的情况，若 $\boldsymbol{A}_1$，$\boldsymbol{A}_2$，…，$\boldsymbol{A}_k$ 为同阶可逆方阵，则

$$(\boldsymbol{A}_1\boldsymbol{A}_2\cdots\boldsymbol{A}_k)^{-1}=\boldsymbol{A}_k^{-1}\boldsymbol{A}_{k-1}^{-1}\cdots\boldsymbol{A}_1^{-1} \tag{2.2.5}$$

逆矩阵的求法：直观的办法是按定义来求，设二阶方阵 $\boldsymbol{A}$ 的逆阵为 $\boldsymbol{V}$，

$$\boldsymbol{AV}=\begin{bmatrix}a & b\\ c & d\end{bmatrix}\begin{bmatrix}v_{11} & v_{12}\\ v_{21} & v_{22}\end{bmatrix}=\begin{bmatrix}1 & 0\\ 0 & 1\end{bmatrix}$$

由乘法规则展开，对应四个乘积元素，可以得到四个关于未知数 v_{ij} 的线性方程，即

$$av_{11}+bv_{21}=1,\ cv_{11}+dv_{21}=0,\ av_{12}+bv_{22}=0,\ cv_{12}+dv_{22}=1$$

从中解出

$$v_{11}=\frac{d}{ad-bc},\ v_{12}=\frac{-c}{ad-bc},\ v_{21}=\frac{-b}{ad-bc},\ v_{22}=\frac{a}{ad-bc}$$

故有

$$\boldsymbol{V}=\boldsymbol{A}^{-1}=\frac{1}{ad-bc}\begin{bmatrix}d & -c\\ -b & a\end{bmatrix} \tag{2.2.6}$$

但这个求逆方法太复杂，二阶矩阵要解四个联立方程，三阶矩阵就要解 9 个联立方程，依次类推。计算量最少的矩阵求逆方法是高斯消元法，将在 2.4 节介绍。

2.2.3　把求逆矩阵看做矩阵除法

MATLAB 中对逆矩阵的计算提供了多种内部函数，工程中只需调用，不必自己编程。下面列举几种函数或运算符，它增强了编程的灵活性。调用时注意，A 必须是 n 阶方阵。

(1) 逆函数 V = inv(A)。

(2) 负指数 V = A^−1。

(3) 左除 V = A\eye(n)。$A^{-1}B$ 可写成算式 A\B，B 可以不是方阵，但其行数要等于 n。

(4) 右除 V = eye(n)/A。BA^{-1} 可写成算式 B/A，B 可以不是方阵，但其列数要等于 n。

特别有趣的是，尽管矩阵理论中没有矩阵除法的定义，但 MATLAB 创新地把“乘以逆阵”看作除法，因为有左乘和右乘的不同，所以运算符也有左除“\”和右除“/”的差别。

2.3　矩阵的转置和分块

2.3.1　矩阵的转置

定义 2.5　设 $\boldsymbol{A}=\left(a_{ij}\right)$ 是一个 $m\times n$ 矩阵，将矩阵 $\boldsymbol{A}$ 中所有 i 行 j 列的元素 $a(i, j)$ 换到 j 行 i 列位置，得到的一个 $n\times m$ 矩阵，称为 $\boldsymbol{A}$ 的转置矩阵，记作 $\boldsymbol{A}^{\mathrm{T}}$，在 MATLAB 中记作 $\boldsymbol{A}'$。①

例如，$\boldsymbol{A}=\begin{bmatrix}1 & 5 & 3\\ 2 & 9 & 4\end{bmatrix}$，则 $\boldsymbol{A}^{\mathrm{T}}=\begin{bmatrix}1 & 2\\ 5 & 9\\ 3 & 4\end{bmatrix}$。

---

① 按 MATLAB 的运算符，$\boldsymbol{A}'$是 $\boldsymbol{A}$ 的共轭转置矩阵，只有当 $\boldsymbol{A}$ 是实数矩阵时，$\boldsymbol{A}$ 的共轭才是它自身，$\boldsymbol{A}'$ 才是 $\boldsymbol{A}$ 的转置矩阵。

矩阵转置满足以下运算规律，读者可自行用定义验证。

(1) $(\boldsymbol{A}^{\mathrm{T}})^{\mathrm{T}}=\boldsymbol{A}$。

(2) $(\boldsymbol{A}+\boldsymbol{B})^{\mathrm{T}}=\boldsymbol{A}^{\mathrm{T}}+\boldsymbol{B}^{\mathrm{T}}$。

(3) $(\lambda\boldsymbol{A})^{\mathrm{T}}=\lambda\boldsymbol{A}^{\mathrm{T}}$ 。

(4) $(\boldsymbol{AB})^{\mathrm{T}}=\boldsymbol{B}^{\mathrm{T}}\boldsymbol{A}^{\mathrm{T}}$。

(5) 方阵转置后，其主对角线上的元素不变。

定义 2.6　如果 n 阶方阵 $\boldsymbol{A}$ 满足 $\boldsymbol{A}^{\mathrm{T}}=\boldsymbol{A}$，则称 $\boldsymbol{A}$ 为对称矩阵。

判别对称矩阵的依据是其元素满足 $a_{ij}=a_{ji}$ 。例如，$\begin{bmatrix}-2 & 3 & -1\\ 3 & -6 & 7\\ -1 & 7 & 10\end{bmatrix}$是对称矩阵。

2.3.2　矩阵的分块

对于高阶矩阵，常常采用矩阵分块的方法将其简化为较低阶的矩阵运算。用若干条纵线和横线将矩阵 $\boldsymbol{A}$ 分为若干个小矩阵，每一个小矩阵称为 $\boldsymbol{A}$ 的子块，以子块为元素的矩阵 $\boldsymbol{A}$，称为分块矩阵。

分成子块的方法很多，比如可将 4×3 矩阵 $\boldsymbol{A}$ 分为：

$$\boldsymbol{A}=\left[\begin{array}{c|cc}1 & 7 & 0\\ 2 & 3 & 9\\ \hline 3 & 8 & 1\\ 4 & -1 & 6\end{array}\right]\quad\left[\begin{array}{c|c|c}1 & 7 & 0\\ 2 & 3 & 9\\ 3 & 8 & 1\\ 4 & -1 & 6\end{array}\right]\quad\left[\begin{array}{cc|c}1 & 7 & 0\\ \hline 2 & 3 & 9\\ 3 & 8 & 1\\ \hline 4 & -1 & 6\end{array}\right]\quad\left[\begin{array}{c|c|c}1 & 7 & 0\\ 2 & 3 & 9\\ \hline 3 & 8 & 1\\ 4 & -1 & 6\end{array}\right]$$

它们可分别表示为：

$$\begin{bmatrix}\boldsymbol{A}_{11} & \boldsymbol{A}_{12}\\ \boldsymbol{A}_{21} & \boldsymbol{A}_{22}\end{bmatrix}\qquad\begin{bmatrix}\boldsymbol{A}_1 & \boldsymbol{A}_2 & \boldsymbol{A}_3\end{bmatrix}\qquad\begin{bmatrix}\boldsymbol{A}_{11} & \boldsymbol{A}_{12}\\ \boldsymbol{A}_{21} & \boldsymbol{A}_{22}\\ \boldsymbol{A}_{31} & \boldsymbol{A}_{32}\end{bmatrix}\qquad\begin{bmatrix}\boldsymbol{A}_{11} & \boldsymbol{A}_{12} & \boldsymbol{A}_{13}\\ \boldsymbol{A}_{21} & \boldsymbol{A}_{22} & \boldsymbol{A}_{23}\end{bmatrix}$$

在第一种分法中，$\boldsymbol{A}_{11}=\begin{bmatrix}1\\2\end{bmatrix}$，$\boldsymbol{A}_{12}=\begin{bmatrix}7 & 0\\ 3 & 9\end{bmatrix}$，$\boldsymbol{A}_{21}=\begin{bmatrix}3\\4\end{bmatrix}$，$\boldsymbol{A}_{22}=\begin{bmatrix}8 & 1\\ -1 & 6\end{bmatrix}$，其他可类推。

最有用的分块方法是按行和按列分块。如下所示：

$$\boldsymbol{A}=\begin{bmatrix}a_{11},\cdots,a_{1n}\\ \vdots\quad\ \vdots\\ a_{m1},\cdots,a_{mn}\end{bmatrix}=\begin{bmatrix}\boldsymbol{\alpha}_1\\ \vdots\\ \boldsymbol{\alpha}_m\end{bmatrix}=\begin{bmatrix}a_{11},\cdots,a_{1n}\\ \vdots\quad\ \vdots\\ a_{m1},\cdots,a_{mn}\end{bmatrix}=[\boldsymbol{\beta}_1,\cdots,\boldsymbol{\beta}_n]\tag{2.3.1}$$

其中 $\boldsymbol{\alpha}_1=[a_{11},a_{12},\cdots,a_{1m}]$，$\boldsymbol{\alpha}_2=[a_{21},a_{22},\cdots,a_{2m}]$，$\cdots$，$\boldsymbol{\alpha}_n=[a_{n1},a_{n2},\cdots,a_{nm}]$ 为 n 个行向量，而 $\boldsymbol{\beta}_1=\begin{bmatrix}a_{11}\\ \vdots\\ a_{n1}\end{bmatrix}$，$\boldsymbol{\beta}_2=\begin{bmatrix}a_{12}\\ \vdots\\ a_{n2}\end{bmatrix}$，$\cdots$，$\boldsymbol{\beta}_n=\begin{bmatrix}a_{1n}\\ \vdots\\ a_{nm}\end{bmatrix}$为 m 个列向量。矩阵 $\boldsymbol{A}$ 既可看做行向量 $\boldsymbol{\alpha}_i$ 的组合，也可以看做列向量 $\boldsymbol{\beta}_j$ 的组合，如式(2.3.1)所示。

矩阵分块以后，其加、减、数乘、乘法、转置等四则运算规则仍然适用。所以分块矩阵相加时，两个矩阵及其子矩阵必须保持同型。相乘时，左乘矩阵及其子矩阵的列数必须等于右乘矩阵及其子矩阵的行数。设 $\boldsymbol{A}$ 为 $m\times l$ 矩阵，$\boldsymbol{B}$ 为 $l\times n$ 矩阵，将它们分别分块成

$$\boldsymbol{A}=\begin{bmatrix}\boldsymbol{A}_{11} & \boldsymbol{A}_{12} & \cdots & \boldsymbol{A}_{1t}\\ \boldsymbol{A}_{21} & \boldsymbol{A}_{22} & \cdots & \boldsymbol{A}_{2t}\\ \vdots & \vdots & & \vdots\\ \boldsymbol{A}_{r1} & \boldsymbol{A}_{r2} & \cdots & \boldsymbol{A}_{rt}\end{bmatrix},\quad \boldsymbol{B}=\begin{bmatrix}\boldsymbol{B}_{11} & \boldsymbol{B}_{12} & \cdots & \boldsymbol{B}_{1s}\\ \boldsymbol{B}_{21} & \boldsymbol{B}_{22} & \cdots & \boldsymbol{B}_{2s}\\ \vdots & \vdots & & \vdots\\ \boldsymbol{B}_{t1} & \boldsymbol{B}_{t2} & \cdots & \boldsymbol{B}_{ts}\end{bmatrix} \tag{2.3.2}$$

式中，$\boldsymbol{A}_{i1},\boldsymbol{A}_{i2},\cdots,\boldsymbol{A}_{it}$ 的列数分别等于 $\boldsymbol{B}_{1j},\boldsymbol{B}_{2j},\cdots,\boldsymbol{B}_{tj}$ 的行数 $(i=1,2,\cdots r;\ j=1,2,\cdots,s)$，即 $\boldsymbol{A}_{ik}$ 可以左乘 $\boldsymbol{B}_{kj}$ $(i=1,2,\cdots r;j=1,2,\cdots,s;k=1,2,\cdots,t)$。则有

$$\boldsymbol{AB}=\begin{bmatrix}\boldsymbol{C}_{11} & \boldsymbol{C}_{12} & \cdots & \boldsymbol{C}_{1s}\\ \boldsymbol{C}_{21} & \boldsymbol{C}_{22} & \cdots & \boldsymbol{C}_{2s}\\ \vdots & \vdots & & \vdots\\ \boldsymbol{C}_{r1} & \boldsymbol{C}_{r2} & \cdots & \boldsymbol{C}_{rs}\end{bmatrix} \tag{2.3.3}$$

式中

$$\boldsymbol{C}_{ij}=\boldsymbol{A}_{i1}\boldsymbol{B}_{1j}+\boldsymbol{A}_{i2}\boldsymbol{B}_{2j}+\cdots+\boldsymbol{A}_{it}\boldsymbol{B}_{tj}=\sum_{k=1}^{t}\boldsymbol{A}_{ik}\boldsymbol{B}_{kj} \tag{2.3.4}$$

例 2.9　利用分块矩阵的概念，把下列线性方程组写成向量等式。

$$\begin{cases}2x_1 - 2x_2 \quad\quad\quad + 6x_4 = -2\\ 2x_1 - x_2 + 2x_3 + 4x_4 = -2\\ 3x_1 - x_2 + 4x_3 + 4x_4 = -3\end{cases}$$

解　线性方程组的矩阵可看做四个列矩阵(列向量)乘以四个行元素，即

$$\begin{bmatrix}2 & -2 & 0 & 6\\ 2 & -1 & 2 & 4\\ 3 & -1 & 4 & 4\end{bmatrix}\begin{bmatrix}x_1\\ x_2\\ x_3\\ x_4\end{bmatrix}=\begin{bmatrix}-2\\ -2\\ -3\end{bmatrix}\Rightarrow\begin{bmatrix}2\\ 2\\ 3\end{bmatrix}x_1+\begin{bmatrix}-2\\ -1\\ -1\end{bmatrix}x_2+\begin{bmatrix}0\\ 2\\ 4\end{bmatrix}x_3+\begin{bmatrix}6\\ 4\\ 4\end{bmatrix}x_4=\begin{bmatrix}-2\\ -2\\ -3\end{bmatrix}$$

此时可把线性方程组写成向量等式 $x_1\boldsymbol{\alpha}_1+x_2\boldsymbol{\alpha}_2+x_3\boldsymbol{\alpha}_3+x_4\boldsymbol{\alpha}_4=\boldsymbol{b}$。解方程组就成为求四个向量 $\boldsymbol{\alpha}_i(i=1, 2, 3, 4)$能否线性合成为第五个向量 $\boldsymbol{b}$。在第 4 章中将从这个角度讨论问题。

2.4　初 等 矩 阵

2.4.1　用矩阵乘法实现行初等变换

在第 1 章中，讨论了线性方程组的初等变换及与之等价的矩阵的初等行变换。在这一节中，将用矩阵的乘法运算来描述矩阵的初等变换，进而介绍用初等变换求逆矩阵的方法，

这将可以大大扩展矩阵运算的功能。先看下面的引例。

引例　方程组的三种初等变换可以用三种初等矩阵左乘系数矩阵 $\boldsymbol{A}$ 来实现。设 $\boldsymbol{A}$ 是 $3\times n$ 矩阵，可以用其行向量 $\boldsymbol{\alpha}_i$ 的组合式(2.3.1)来表示，则初等矩阵左乘 $\boldsymbol{A}$ 后各行所发生的变化如下：

(1) 消元变换阵 $\boldsymbol{E}_{21}=\begin{bmatrix}1&0&0\\e_{21}&1&0\\0&0&1\end{bmatrix}$，它左乘 $\boldsymbol{A}$ 得 $\boldsymbol{E}_{21}\boldsymbol{A}=\begin{bmatrix}1&0&0\\e_{21}&1&0\\0&0&1\end{bmatrix}\begin{bmatrix}\boldsymbol{\alpha}_1\\\boldsymbol{\alpha}_2\\\boldsymbol{\alpha}_3\end{bmatrix}=\begin{bmatrix}\boldsymbol{\alpha}_1\\e_{21}\boldsymbol{\alpha}_1+\boldsymbol{\alpha}_2\\\boldsymbol{\alpha}_3\end{bmatrix}$，

即将 $\boldsymbol{A}$ 的第一行 $\boldsymbol{\alpha}_1$ 乘以 e_{21} 加到第二行 $\boldsymbol{\alpha}_2$，构成新的 $\boldsymbol{\alpha}_2$。当取 $e_{21}=-a_{21}/a_{11}$ 时，新的 a_{21} 就可以消元为零，所以称其为消元变换。

(2) 交换变换 $\boldsymbol{P}_{23}=\begin{bmatrix}1&0&0\\0&0&1\\0&1&0\end{bmatrix}$，它左乘 $\boldsymbol{A}$ 得 $\boldsymbol{P}_{23}\boldsymbol{A}=\begin{bmatrix}1&0&0\\0&0&1\\0&1&0\end{bmatrix}\begin{bmatrix}\boldsymbol{\alpha}_1\\\boldsymbol{\alpha}_2\\\boldsymbol{\alpha}_3\end{bmatrix}=\begin{bmatrix}\boldsymbol{\alpha}_1\\\boldsymbol{\alpha}_3\\\boldsymbol{\alpha}_2\end{bmatrix}$，其结果是将 $\boldsymbol{A}$ 的第二行 $\boldsymbol{\alpha}_2$ 与第三行 $\boldsymbol{\alpha}_3$ 交换，等价于方程位置的交换。

(3) 数乘变换 $\boldsymbol{D}_2=\begin{bmatrix}1&0&0\\0&d_2&0\\0&0&1\end{bmatrix}$，它左乘 $\boldsymbol{A}$ 得到 $\boldsymbol{D}_2\boldsymbol{A}=\begin{bmatrix}1&0&0\\0&d_2&0\\0&0&1\end{bmatrix}\begin{bmatrix}\boldsymbol{\alpha}_1\\\boldsymbol{\alpha}_2\\\boldsymbol{\alpha}_3\end{bmatrix}=\begin{bmatrix}\boldsymbol{\alpha}_1\\d_2\boldsymbol{\alpha}_2\\\boldsymbol{\alpha}_3\end{bmatrix}$，其结果是将 $\boldsymbol{A}$ 的第二行 $\boldsymbol{\alpha}_2$ 乘以数 d_2。

这三种初等变换矩阵是可逆的，$\boldsymbol{E}=\begin{bmatrix}1&0&0\\0&1&0\\e&0&1\end{bmatrix}$，$\boldsymbol{P}_{23}=\begin{bmatrix}1&0&0\\0&0&1\\0&1&0\end{bmatrix}$，$\boldsymbol{D}_2=\begin{bmatrix}1&0&0\\0&k&0\\0&0&1\end{bmatrix}$ 的逆阵分别为：$\boldsymbol{E}^{-1}=\begin{bmatrix}1&0&0\\0&1&0\\-e&0&1\end{bmatrix}$，$\boldsymbol{P}_{23}^{-1}=\begin{bmatrix}1&0&0\\0&0&1\\0&1&0\end{bmatrix}$，$\boldsymbol{D}_2^{-1}=\begin{bmatrix}1&0&0\\0&1/k&0\\0&0&1\end{bmatrix}$，这不难用笔算验证。

m 阶的初等矩阵生成方法如下：(1) 取 m 阶单位矩阵 $\boldsymbol{I}_m$ 为基础矩阵；(2) 在其下三角区域内任意$(i, j,\ i>j)$位置放一个消元乘数 e_{ij} 可构成消元变换矩阵 $\boldsymbol{E}_{ij}$；(3) 把(i, i)和(j, j)两个位置上的元素 1 与(i, j)和(j, i)两个位置的元素 0 互换可构成交换变换矩阵 $\boldsymbol{P}_{ij}$；(4) 把(i, i)位置上的元素 1 换成 k 构成数乘变换矩阵 $\boldsymbol{D}_i$。其逆阵构成规则为：$\boldsymbol{E}$ 的逆阵是将 $\boldsymbol{E}$ 中的元素 e 换成 $-e$。$\boldsymbol{P}$ 的逆阵是 $\boldsymbol{P}$ 自身，$\boldsymbol{D}$ 的逆阵是将 $\boldsymbol{D}$ 中的 k 换成 $1/k$，读者可自行生成高阶的初等变换矩阵，然后用 MATLAB 进行验证。

把以上三种初等矩阵统称为 $\boldsymbol{Q}$，总结出以下两个定理。

定理 2.1　设 $\boldsymbol{A}$ 是一个 $m\times n$ 矩阵，对 $\boldsymbol{A}$ 施行一次初等行变换，其结果等于在 $\boldsymbol{A}$ 的左边乘以相应的 m 阶初等矩阵 $\boldsymbol{Q}$。

这是根据矩阵乘法定义确定的，上面已经对三阶矩阵做了证明。

定理 2.2　设 $\boldsymbol{A}$ 为 n 阶方阵，那么下面各命题等价，互为充要条件：

① **A** 是可逆矩阵；

② 线性方程组 $\boldsymbol{Ax}=\boldsymbol{0}$ 只有零解；

③ $\boldsymbol{A}$ 可以经过有限次初等行变换化为单位矩阵 $\boldsymbol{I}_n$；

④ $\boldsymbol{A}$ 可以表示为有限个初等矩阵的乘积。

证明　(1) ①→②。若 $\boldsymbol{A}$ 是可逆矩阵，则存在 $\boldsymbol{A}^{-1}$，用 $\boldsymbol{A}^{-1}$ 同时左乘线性方程组 $\boldsymbol{Ax}=\boldsymbol{0}$ 的等式两边，有 $\boldsymbol{A}^{-1}\boldsymbol{Ax}=\boldsymbol{A}^{-1}\boldsymbol{0}$，则 $\boldsymbol{x}=\boldsymbol{0}$，即线性方程组 $\boldsymbol{Ax}=\boldsymbol{0}$ 只有零解。

(2) ②→③。线性方程组 $\boldsymbol{Ax}=\boldsymbol{0}$ 只有零解，说明系数矩阵 $\boldsymbol{A}$ 经过若干次初等行变换后，其行最简形必然是单位矩阵 $\boldsymbol{I}_n$，即 $\boldsymbol{A}$ 可以经过有限次初等行变换化为单位矩阵 $\boldsymbol{I}_n$。

(3) ③→④。$\boldsymbol{A}$ 可以经过有限次初等行变换化为单位矩阵 $\boldsymbol{I}_n$。由于矩阵的初等变换是可逆的，故 $\boldsymbol{I}_n$ 也可以经过有限次初等行变换化为 $\boldsymbol{A}$。再由定理 2.1 知，存在初等矩阵 $\boldsymbol{Q}_1,\boldsymbol{Q}_2,\cdots,\boldsymbol{Q}_s$，使得：$\boldsymbol{Q}_1\boldsymbol{Q}_2\cdots\boldsymbol{Q}_s\boldsymbol{I}_n=\boldsymbol{A}$，即得：$\boldsymbol{A}=\boldsymbol{Q}_1\boldsymbol{Q}_2\cdots\boldsymbol{Q}_s$。

(4) ④→①。$\boldsymbol{A}=\boldsymbol{Q}_1\boldsymbol{Q}_2\cdots\boldsymbol{Q}_s$，而初等矩阵 $\boldsymbol{Q}_1,\boldsymbol{Q}_2,\cdots,\boldsymbol{Q}_s$ 是可逆的，又根据逆矩阵的性质知，可逆矩阵的乘积也可逆，故 $\boldsymbol{A}$ 是可逆矩阵，即 $\boldsymbol{A}^{-1}=(\boldsymbol{Q}_1\boldsymbol{Q}_2\cdots\boldsymbol{Q}_s)^{-1}=\boldsymbol{Q}_s^{-1}\cdots\boldsymbol{Q}_2^{-1}\boldsymbol{Q}_1^{-1}$。

请读者自行证明其余和逆向等价的关系，此处不一一列举。

2.4.2　用最简行阶梯形变换求逆矩阵

矩阵化为行最简形的变换过程，可以看成初等矩阵的连乘。把 n 阶方阵变换为行最简形需要把对角元素左下方的元素消为零，所以要左乘 $n(n-1)(n-2)/2$ 个消元变换矩阵 $\boldsymbol{E}$。为了使主元尽量大，消元过程中还要乘数目不定的交换矩阵 $\boldsymbol{P}$，最后再乘以 n 次数乘矩阵 $\boldsymbol{D}$。如果原始的方阵是 $\boldsymbol{A}$，化成的最简行阶梯形是 $\boldsymbol{U}_0$，总共乘了 s 次初等矩阵 $\boldsymbol{Q}_i$，则可以写成：

$$\boldsymbol{U}_0=\left(\boldsymbol{Q}_1\boldsymbol{Q}_2\cdots\boldsymbol{Q}_s\right)^{-1}\boldsymbol{A}=\boldsymbol{VA}=\boldsymbol{I}_n \tag{2.4.1}$$

将括号内 s 次初等矩阵的连乘积表示为 $\boldsymbol{V}$，它等价于将 $\boldsymbol{A}$ 变换为行最简形 $\boldsymbol{U}_0$ 的运算过程，用 MATLAB 函数可表示为：VA=rref(A)，故 $\boldsymbol{V}=\left(\boldsymbol{Q}_1\boldsymbol{Q}_2\cdots\boldsymbol{Q}_s\right)^{-1}\boldsymbol{I}_n$ 就是 $\boldsymbol{A}$ 的逆矩阵。

根据上述定理可以得到一种求逆矩阵的方法。利用分块矩阵的概念，将 $\boldsymbol{A}$ 和 $\boldsymbol{I}_n$ 合并表示为：

$$(\boldsymbol{Q}_1\boldsymbol{Q}_2\cdots\boldsymbol{Q}_s)^{-1}(\boldsymbol{A}\vdots\boldsymbol{I}_n)=\mathrm{rref}(\boldsymbol{A}\vdots\boldsymbol{I}_n)=(\boldsymbol{I}_n\vdots\boldsymbol{A}^{-1}) \tag{2.4.2}$$

对矩阵 $[\boldsymbol{A}\vdots\boldsymbol{I}_n]$ 作行最简形变换，当子块 $\boldsymbol{A}$ 化为单位矩阵 $\boldsymbol{I}_n$ 时，子块 $\boldsymbol{I}_n$ 就成为 $\boldsymbol{A}$ 的逆阵 $\boldsymbol{A}^{-1}$。

例 2.10　用上述方法编写 MATLAB 程序求四阶初等矩阵 $\boldsymbol{E}$，$\boldsymbol{D}$，$\boldsymbol{P}$ 的逆阵。

解　用计算机来求逆阵，矩阵 $\boldsymbol{E},\boldsymbol{D},\boldsymbol{P}$ 后的数字说明其作用的行列编号，程序 pla210 如下：

```
syms e k,                                        %将 e 及 k 设为符号变量
E42=[1, 0, 0, 0; 0, 1, 0, 0; 0, 0, 1, 0; 0, e, 0, 1],    %直接输入矩阵 E
P13=eye(4); P([1, 3], : )=P([3, 1], : )          %将单位矩阵 1, 3 两行对调生成 P
D4=diag([1, 1, 1, k])                            %D(4, 4)=k 的对角矩阵生成
%对它们与单位矩阵的组合矩阵求行最简形
UE42=rref([E42, eye(4)]), UP13=rref([P13, eye(4)]), UD4=rref([D4, eye(4)])
```

%取出 U 的后四列 U(: , [5:8])子块，就是所求的逆阵。

VE42=UE42(:, [5:8]), VP13=UP13(:, [5:8]), VD4=UD4(: , [5：8])

程序运行的结果为：

```
E42= 1  0  0  0     P13= 0  0  1  0     D4= 1  0  0  0
     0  1  0  0          0  1  0  0         0  1  0  0
     0  0  1  0          1  0  0  0         0  0  1  0
     0  e  0  1          0  0  0  1         0  0  0  k
```

它们对应的逆矩阵分别为：

```
VE42= 1  0  0  0     VP13= 0  0  1  0     VD4= 1  0  0  0
      0  1  0  0           0  1  0  0          0  1  0  0
      0  0  1  0           1  0  0  0          0  0  1  0
      0 -e  0  1           0  0  0  1          0  0  0  1/k
```

例 2.11　设 $\boldsymbol{A}=\begin{bmatrix}1 & 3 & -2\\-3 & -6 & 5\\1 & 1 & -1\end{bmatrix}$，$\boldsymbol{B}=\begin{bmatrix}3 & 6 & 2\\2 & 4 & 1\\1 & 2 & 1\end{bmatrix}$，判断 $\boldsymbol{A}$、$\boldsymbol{B}$ 是否可逆，如果可逆，求其逆矩阵。

解　用 MATLAB 验证。程序为：

A=[1, 3, –2; –3, –6, 5; 1, 1, –1], C=[A, eye(3)], Uc=rref(C)

B=[3, 6, 2; 2, 4, 1; 1, 2, 1] , D=[B, eye(3)], Ud=rref(D)

程序运行结果为：

```
C=[A,I]=  1   3  -2   1   0   0        Uc=1  0  0  1  1  3
         -3  -6   5   0   1   0 ,         0  1  0  2  1  1 = [I, A^-1]
          1   1  -1   0   0   1           0  0  1  3  2  3
```

由 A 能化为 I，可知矩阵 $\boldsymbol{A}$ 可逆，且其逆为 Uc 的后三列。

又有，

```
D=[B,I]=3  6  2  1  0  0     Ud=1  2  1  0   0   1
        2  4  1  0  1  0 ,      0  0  1  0  -1   2  ≠ [I, B^-1]
        1  2  1  0  0  1        0  0  0  1  -1  -1
```

矩阵 B 通过初等行变换后，得知其秩为 2，故其不能化为单位矩阵，由定理 2.2 可知，它不可逆。

最后还要强调，在教材上介绍的是原理，使用 rref 命令有时会难于适应各种特殊情况。在工程实践中，最简单可靠的，既可用于数字矩阵又能用于符号矩阵的求逆方法，还是商用软件中的专用求逆函数，在 MATLAB 中，那就是调用 V=inv(A)函数。

2.5　行阶梯形变换等价于矩阵乘法——LU 分解

在行阶梯形变换中，如果不变换成行最简形 $\boldsymbol{U}_0$，只变换成行阶梯形矩阵 $\boldsymbol{U}$，也就是把式(2.4.1)中的所有数乘变换矩阵 $\boldsymbol{D}_k$ 都去掉，只保留消元变换 $\boldsymbol{E}$ 和行交换矩阵 $\boldsymbol{P}$，则式(2.4.1)可写成：

$$\boldsymbol{U}=(\text{行阶梯变换中所有 }\boldsymbol{P}\text{ 及 }\boldsymbol{E}\text{ 的连乘积})\times\boldsymbol{A} \tag{2.5.1}$$

由于初等变换矩阵 $\boldsymbol{P}$ 和 $\boldsymbol{E}$ 的逆矩阵存在，其乘积也是可逆的，故可令行阶梯形变换中所有 $\boldsymbol{P}$ 和 $\boldsymbol{E}$ 的连乘积矩阵的逆矩阵为 $\boldsymbol{L}$，即

$$(\text{行阶梯变换中所有 }\boldsymbol{P}\text{ 及 }\boldsymbol{E}\text{ 的连乘积})^{-1}=\boldsymbol{L}$$

在式(2.5.1)两端同左乘以 $\boldsymbol{L}$，可写成

$$\boldsymbol{LU}=\boldsymbol{A} \tag{2.5.2}$$

这种把矩阵 $\boldsymbol{A}$ 通过初等矩阵左乘分解为一个对角元素全为 1 的下三角矩阵和一个上三角矩阵乘积的变换称为 LU 变换。MATLAB 提供了矩阵的三角分解函数 lu，其调用格式为：

```
[L, U]=lu(A)
```

它返回的结果是一个含有行交换的下三角矩阵 $\boldsymbol{L}$ 和一个上三角矩阵 $\boldsymbol{U}$。这个变换程序实质上是高斯消元法的另一种形式。

例 2.12　用例 1.4 中矩阵 $\boldsymbol{A}$，$\boldsymbol{b}$ 的数据，用矩阵乘法求其行阶梯形变换的解。

解　该题的增广矩阵为：$\boldsymbol{C}=[\boldsymbol{A},\boldsymbol{b}]=\begin{bmatrix}3 & 2 & -2 & -4\\3 & 3 & -1 & -5\\2 & 2 & -1 & 4\end{bmatrix}$，按该例题解题过程可知三次消元所需的消元元素 e 应为 $e(2,1)=-3/3$，$e(3,1)=-2/3$ 及 $e(3,2)=-2/3$，相应的初等消元矩阵为：

$$\boldsymbol{E}_1=\begin{bmatrix}1 & 0 & 0\\-1 & 1 & 0\\0 & 0 & 1\end{bmatrix},\quad \boldsymbol{E}_2=\begin{bmatrix}1 & 0 & 0\\0 & 1 & 0\\-2/3 & 0 & 1\end{bmatrix},\quad \boldsymbol{E}_3=\begin{bmatrix}1 & 0 & 0\\0 & 1 & 0\\0 & -2/3 & 1\end{bmatrix}$$

用矩阵乘法可求出

$$\boldsymbol{E}_1\boldsymbol{A}=\begin{bmatrix}1 & 0 & 0\\-1 & 1 & 0\\0 & 0 & 1\end{bmatrix}\begin{bmatrix}3 & 2 & -2 & -4\\3 & 3 & -1 & -5\\2 & 2 & -1 & 4\end{bmatrix}=\begin{bmatrix}3 & 2 & -2 & -4\\0 & 1 & 1 & -1\\2 & 2 & -1 & 4\end{bmatrix}$$

$$\boldsymbol{E}_2(\boldsymbol{E}_1\boldsymbol{A})=\begin{bmatrix}1 & 0 & 0\\0 & 1 & 0\\-2/3 & 0 & 1\end{bmatrix}\begin{bmatrix}3 & 2 & -2 & -4\\0 & 1 & 1 & -1\\2 & 2 & -1 & 4\end{bmatrix}=\begin{bmatrix}3 & 2 & -2 & -4\\0 & 1 & 1 & -1\\0 & 2/3 & 1/3 & 20/3\end{bmatrix}$$

$$\boldsymbol{E}_3(\boldsymbol{E}_2\boldsymbol{E}_1\boldsymbol{A})=\begin{bmatrix}1 & 0 & 0\\0 & 1 & 0\\0 & -2/3 & 1\end{bmatrix}\begin{bmatrix}3 & 2 & -2 & -4\\0 & 1 & 1 & -1\\0 & 2/3 & 1/3 & 20/3\end{bmatrix}=\begin{bmatrix}3 & 2 & -2 & -4\\0 & 1 & 1 & -1\\0 & 0 & -1/3 & 20/3\end{bmatrix}=\boldsymbol{U}$$

这些矩阵相乘的结果可与式(1.3.2)～(1.3.5)的系数相对照。按式(2.5.1)可求出行阶梯形变换诸矩阵连乘积的逆阵 $\boldsymbol{L}$(注意矩阵连乘求逆时各逆阵的排列次序要颠倒)，即

$$L=\mathrm{inv}(E_3E_2E_1)=\mathrm{inv}(E_1)\mathrm{inv}(E_2)\mathrm{inv}(E_3)=\begin{bmatrix}1&0&0\\1&1&0\\2/3&2/3&1\end{bmatrix}$$

列出这些矩阵相乘的结果，主要是为读者做笔算时提供参考，读者最好用软件来检验这些结果，学完这本书后就不要再用笔算了！像这道题，可直接调用 lu 分解函数，键入语句：[L1, U1]=lu(A)即可，也可执行程序 pla212 进行细致的检验。

此处还要说明一下 $\boldsymbol{L}$ 为什么是下三角矩阵。由 2.4 节可知，消元矩阵 $\boldsymbol{E}$ 及其逆阵 $\boldsymbol{E}^{-1}$ 都是下三角矩阵，例 2.12 的行阶梯形变换中只用到 $\boldsymbol{E}$，根据矩阵相乘的规则(5)可知，它们的连乘积也必定是下三角矩阵。但商用软件中还要多次用行交换矩阵 $\boldsymbol{P}$ 来保证消元法的精度。这会使得最后的下三角矩阵 $\boldsymbol{L}$ 不那么标准，各行有些颠倒，故称之为准下三角矩阵。

例 2.13　把矩阵 $\boldsymbol{A}=\begin{bmatrix}2&-2&0&6\\2&-1&2&4\\3&-1&4&4\\1&1&1&8\end{bmatrix}$ 进行 LU 分解，求出其行阶梯形 $\boldsymbol{U}$ 及变换矩阵 L。

解　输入矩阵 $\boldsymbol{A}$ 及 format rat，再键入[L, U]=lu(A)，得出：

```
A= 2  -2   0   6      L= 2/3   1    0   0      U= 3   -1     4     4
   2  -1   2   4         2/3   1/4  *   1         0  -4/3  -8/3  10/3
   3  -1   4   4         1     0    0   0         0   0    -3    10
   1   1   1   8         1/3  -1    1   0         0   0     0    1/2
```

可见 L 是一个准下三角型阵，必须把 L 的各行进行交换，才能成为下三角矩阵。L 中有一个元素是 * 号，那是在 rat 格式下表示极小数的符号，键入 L(2, 3)即可显示它的值。

MATLAB 给出了另一种调用 lu 命令的格式：[L1, U1, P1]=lu(A)，此时得出：

```
P1=0   0   1   0      L1= 1     0    0   0      U1=3  -1     4     4
   1   0   0   0          2/3   1    0   0         0  -4/3  -8/3  10/3
   0   0   0   1          1/3  -1    1   0         0   0    -3    10
   0   1   0   0          2/3   1/4  *   1         0   0     0    1/2
```

它们之间的关系是 L1*U1=P1*A，交换矩阵 P1 的作用可以看做对 A 的各行进行交换，从而相应地把准下三角矩阵 L 中的第一行换到第二行{P(2, 1) = 1}，第二行换到第四行{P(4, 2) = 1}，第三行换到第一行{P(1, 3)=1}，第四行换到第三行{P(3, 4)=1}，使得出的 L1 成为一个真正的下三角矩阵。

2.6 应用实例

2.6.1 成本核算问题

例 2.14　某厂生产三种产品，每件产品的成本及每季度生产件数如表 2-6 及表 2-7 所示。试提供该厂每季度的总成本分类表。

表 2-6　每件产品分类成本

成本/元	产品 A	产品 B	产品 C
原材料	0.10	0.30	0.15
劳动	0.30	0.40	0.25
企业管理费	0.10	0.20	0.15

表 2-7　每季度产品分类件数

产　品	夏	秋	冬	春
A	4000	4500	4500	4000
B	2000	2800	2400	2200
C	5800	6200	6000	6000

解　用矩阵来描述此问题。设产品分类成本矩阵为 $\boldsymbol{M}$，季度产量矩阵为 $\boldsymbol{P}$，则有：

$$\boldsymbol{M}=\begin{bmatrix}0.10 & 0.30 & 0.15\\0.30 & 0.40 & 0.25\\0.10 & 0.20 & 0.15\end{bmatrix},\quad \boldsymbol{P}=\begin{bmatrix}4000 & 4500 & 4500 & 4000\\2000 & 2800 & 2400 & 2200\\5800 & 6200 & 6000 & 6000\end{bmatrix}$$

设 $\boldsymbol{Q}=\boldsymbol{MP}$，则 $\boldsymbol{Q}$ 的第一行第一列元素为：

$$\boldsymbol{Q}(1,1)=0.1\times4000+0.3\times2000+0.15\times5800=1870$$

不难看出，它表示了夏季消耗的原材料总成本，$\boldsymbol{Q}$ 中其他元素的意义可类推。

将 $\boldsymbol{M}$ 和 $\boldsymbol{P}$ 赋值，键入 $\boldsymbol{Q}=\boldsymbol{M}*\boldsymbol{P}$，得出的 $\boldsymbol{Q}$ 是分类和分季成本。为了进一步计算矩阵 $\boldsymbol{Q}$ 的每一行(分类)和每一列(分季)的成本和，可以用 sum 命令。它的作用是对矩阵按列求和。若要对矩阵 $\boldsymbol{Q}$ 按行求和，需要先将 $\boldsymbol{Q}$ 转置。欲求矩阵中所有元素的总和，可连用两次 sum 命令。所以除 $\boldsymbol{M}$，$\boldsymbol{P}$ 赋值语句以外，程序 pla214 的核心语句为：

```
Q=M*P, X=sum(Q'), Y= sum(Q), Z=sum(sum(Q))
```

根据以上计算结果，可以完成每季度总成本分类表，如表 2-8 所示。

表 2-8　每季度总成本分类表

成本/元	夏	秋	冬	春	全　年
原材料	1870	2220	2070	1960	8120
劳动	3450	4020	3810	3580	14 860
企业管理费	1670	1940	1830	1740	7180
总成本/元	6990	8180	7710	7280	30 160

2.6.2　特殊矩阵的生成

例 2.15　在 MATLAB 环境下生成矩阵 $\boldsymbol{X}$。

$$X_{10\times21}=\begin{bmatrix}-10 & -9 & \cdots & 0 & \cdots & 9 & 10\\ -10 & -9 & \cdots & 0 & \cdots & 9 & 10\\ \vdots & \vdots & & \vdots & & \vdots & \vdots\\ -10 & -9 & \cdots & 0 & \cdots & 9 & 10\end{bmatrix}$$

矩阵 $\boldsymbol{X}$ 有相同的 10 行，每一行都是差为 1 的等差数列。

解　一个一个元素输入显然是不可取的。如何快捷地输入呢？这时就可以用到单列阵与单行阵的乘法运算。令 $\boldsymbol{v}_1=[-10,-9,\cdots,9,10],\boldsymbol{v}_2=[\underbrace{1,1,\cdots,1,1}_{10}]$，则 $\boldsymbol{X}=\boldsymbol{v}_2^{\mathrm{T}}\boldsymbol{v}_1$ 是一个 10×21 的矩阵，就可用其方便地实现 210 个元素的赋值。程序 pla215 为：

```
v1= -10：10;
v2=ones(1, 10)
X=v2 ' *v1
```

*例 2.16　在 MATLAB 环境下生成范德蒙矩阵。

解　这里除了用列向量乘行向量之外，还用了 MATLAB 的符号运算功能。程序 pla216 为：

```
syms x1 x2 x3 x4 real
syms x1 x2 x3 x4 real           %定义实符号变量
x=[x1, x2, x3, x4]; y=0:3;      %生成符号行矩阵 x 和数字行矩阵 y
A= x'*ones(1, 4)                %列乘行生成方阵 A
B= ones(4, 1)*y                 %列乘行生成方阵 B
V=A.^B                          %两个方阵作元素群求幂
```

程序的运行结果为:

```
A= x1  x1  x1  x1     B= 0  1  2  3     V= 1  x1  x1^2  x1^3
   x2  x2  x2  x2        0  1  2  3        1  x2  x2^2  x2^3
   x3  x3  x3  x3        0  1  2  3        1  x3  x3^2  x3^3
   x4  x4  x4  x4        0  1  2  3        1  x4  x4^2  x4^3
```

MATLAB 有内置的范德蒙矩阵生成函数 vander.，它只能产生数值矩阵，不能生成符号矩阵。

2.6.3　逆矩阵的求法

例 2.17　设 $\boldsymbol{A}=\begin{bmatrix}3 & 0 & 3 & -6\\ 5 & -1 & 1 & -5\\ -3 & 1 & 4 & -9\\ 1 & -3 & 4 & -4\end{bmatrix}$，试求其逆阵 $\boldsymbol{V}=\boldsymbol{A}^{-1}$。

解　当矩阵的阶数较高时，利用计算机求逆阵就尤显重要。用 MATLAB 来求矩阵的逆，其方法很多，程序 pla217 采用了以下五种方法：

方法 1：V1=A^-1;

方法 2：V2=inv(A);

方法 3：V3=eye(4)/A;

方法 4：V4=A\eye(4)

方法 5：U0=rref([A, eye(4)]), V5= U0(: , 5：8)

将 A 按题赋值后，这五个方法运行结果一样，可用 V*A = I 检验。V 都为：

V =	0.2323	−0.0101	−0.1313	−0.0404
	0.5354	−0.3131	−0.0707	−0.2525
	0.5859	−0.4747	−0.1717	0.1010
	0.2424	−0.2424	−0.1515	0.0303

2.6.4　图及其矩阵表述

图论是应用数学的一个重要分支，它被非常广泛地用于几乎所有的应用科学中，例如信号流、物流、控制流、信息流等，可以形象地帮助建模。

设图上有 n 个顶点 V_1，V_2，…，V_n，在每两个顶点之间以线段相连接，这些线段可以是单向的，用箭头表示；也可以是双向的，因而可画出双向箭头。如果图上线段都是双向的，也可不画箭头。这样的图，可以用 $n\times n$ 矩阵来表示，行和列分别表示这些顶点的编号。行号表示出发顶点，列号表示到达顶点，任何一根有向线段，在矩阵中用一个数值为 1 的元素表示。如果是双向的线段，在矩阵中就得用两个相互转置的位置上的元素 1 表示。这样的矩阵称为邻接矩阵。

例 2.18　图 2-1 为 1、2、3、4 四个城市之间的空运航线，用有向图表示。则该图可以用下列航路矩阵表示：

$$\boldsymbol{A}_1=\begin{bmatrix}0&0&1&1\\1&0&0&0\\0&1&0&0\\1&0&1&0\end{bmatrix}$$

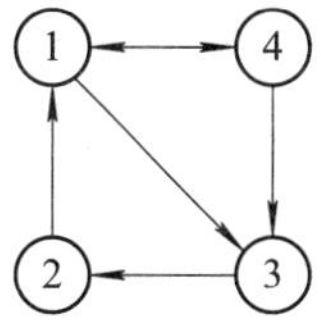

图 2-1　航线图

其中第一行为由第一个城市出发的航班，分别可以到城市 3、4，因此在 3、4 两列处的元素为 1，其余为零。以此类推可以写出其他各行的元素，构成邻接矩阵 $\boldsymbol{A}_1$。注意图中 1、4 两城市间有双向航线，因此在矩阵中的 $\boldsymbol{A}(1, 4)$和 $\boldsymbol{A}(4, 1)$两个转置位置的元素均为 1。对单向线段，其 1 元素位置就没有转置的关系。将此矩阵用 MATLAB 语句输入：

A1 = [0, 0, 1, 1; 1, 0, 0, 0; 0, 1, 0, 0; 1, 0, 1, 0]

如果要分析经过一次转机(也就是坐两次航班)能到达的城市，则可以将邻接矩阵与自己相乘，即由 $\boldsymbol{A}_2=\boldsymbol{A}_1^2$ 来求得。实际意义就是把第一次航班的终点再作为起点，求下一个航班的终点。

$$\boldsymbol{A}_2=\boldsymbol{A}_1\boldsymbol{A}_1=\begin{bmatrix}0&0&1&1\\1&0&0&0\\0&1&0&0\\1&0&1&0\end{bmatrix}\begin{bmatrix}0&0&1&1\\1&0&0&0\\0&1&0&0\\1&0&1&0\end{bmatrix}=\begin{bmatrix}1&1&1&0\\0&0&1&1\\1&0&0&0\\0&1&1&1\end{bmatrix}$$

经过两次以内转机能够到达的航路矩阵应为：

$$A = A_1 + A_2 = \begin{bmatrix} 0 & 0 & 1 & 1 \\ 1 & 0 & 0 & 0 \\ 0 & 1 & 0 & 0 \\ 1 & 0 & 1 & 0 \end{bmatrix} + \begin{bmatrix} 1 & 1 & 1 & 0 \\ 0 & 0 & 1 & 1 \\ 1 & 0 & 0 & 0 \\ 0 & 1 & 1 & 1 \end{bmatrix} = \begin{bmatrix} 1 & 1 & 2 & 1 \\ 1 & 0 & 1 & 1 \\ 1 & 1 & 0 & 0 \\ 1 & 1 & 2 & 1 \end{bmatrix}$$

在航路矩阵中出现两个数值为 2 的元素，意味着有两条不同的航路可以从城市 1 到达城市 3，以及从城市 4 到达城市 3。两次转机(三个航班)的可达矩阵可计算如下：

A3=A1^3, A=A1+A1^2+A1^3

结果为

$$A = \begin{bmatrix} 2 & 2 & 3 & 2 \\ 2 & 1 & 2 & 1 \\ 1 & 1 & 1 & 1 \\ 3 & 2 & 3 & 1 \end{bmatrix}$$

矩阵元素中数字 2，3 的意义可由上述意义推得。依此类推，可以求多次转机时的航路矩阵。

2.6.5 网络的矩阵分割和连接

在电路设计中，经常要把复杂的电路分割为局部电路，每一个电路都用一个网络“黑盒子”来表示。“黑盒子”的输入为 u_1、i_1，输出为 u_2、i_2，都有两个变量，因此其输入/输出关系可用 2 × 2 矩阵 $\boldsymbol{A}$ 来表示(如图 2-2 所示)：

$$\begin{bmatrix} u_2 \\ i_2 \end{bmatrix} = \boldsymbol{A} \begin{bmatrix} u_1 \\ i_1 \end{bmatrix}$$

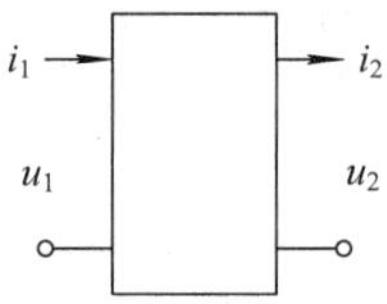

图 2-2　单个子网络模型

A 被称为该电路的传输矩阵。传输矩阵的元素可以用理论计算得到，也可用实验测试的方法取得。把复杂的电路分成许多串接局部电路，分别求出或测出它们的传输矩阵，再相乘起来，得到总的传输矩阵，可以使分析和测量电路的工作简化。

例 2.19　按图 2-3 所示，把两个电阻组成的分压电路分成两个串接的子网络。第一个子网络包含电阻 R_1，第二个子网络包含电阻 R_2，列出第一个子网络的电路方程为：

$$i_2 = i_1,\ u_2 = u_1 - i_1 R_1$$

写成矩阵方程为：

$$\begin{bmatrix} u_2 \\ i_2 \end{bmatrix} = \begin{bmatrix} 1 & -R_1 \\ 0 & 1 \end{bmatrix} \cdot \begin{bmatrix} u_1 \\ i_1 \end{bmatrix} = \boldsymbol{A_1} \begin{bmatrix} u_1 \\ i_1 \end{bmatrix}$$

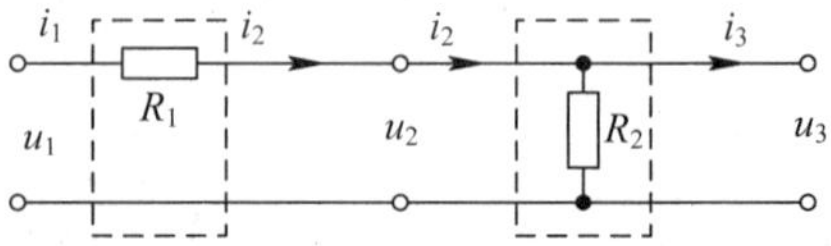

图 2-3　两个子网络串联模型

同样可列出第二个子网络的电路方程，即

$$i_3 = i_2 - u_2 / R_2,\quad u_3 = u_2$$

写成矩阵方程为：

$$\begin{bmatrix} u_3 \\ i_3 \end{bmatrix} = \begin{bmatrix} 1 & 0 \\ -1/R_2 & 1 \end{bmatrix} \cdot \begin{bmatrix} u_2 \\ i_2 \end{bmatrix} = \boldsymbol{A}_2 \begin{bmatrix} u_2 \\ i_2 \end{bmatrix} = \boldsymbol{A}_2 \boldsymbol{A}_1 \begin{bmatrix} u_1 \\ i_1 \end{bmatrix}$$

从上分别得到两个子网络的传输矩阵，即

$$\boldsymbol{A}_1 = \begin{bmatrix} 1 & -R_1 \\ 0 & 1 \end{bmatrix},\quad \boldsymbol{A}_2 = \begin{bmatrix} 1 & 0 \\ -1/R_2 & 1 \end{bmatrix}$$

整个电路的传输矩阵为两者的乘积(注意乘法不满足交换律)

$$\boldsymbol{A} = \boldsymbol{A}_2 \boldsymbol{A}_1 = \begin{bmatrix} 1 & 0 \\ -1/R_2 & 1 \end{bmatrix} \begin{bmatrix} 1 & -R_1 \\ 0 & 1 \end{bmatrix} = \begin{bmatrix} 1 & -R_1 \\ -1/R_2 & 1+R_1/R_2 \end{bmatrix}$$

实际应用中通常对比较复杂的网络进行分段，既便于分析，又便于实验测试。对于这样简单的电路是不需要分段的，这里只是一个示例。

2.6.6　微分矩阵和积分矩阵互逆

例 2.20　已知矩阵乘式

$$\begin{bmatrix} y_1 \\ y_2 \\ y_3 \end{bmatrix} = \begin{bmatrix} 1 & 0 & 0 \\ -1 & 1 & 0 \\ 0 & -1 & 1 \end{bmatrix} \begin{bmatrix} x_1 \\ x_2 \\ x_3 \end{bmatrix} = \begin{bmatrix} x_1 - 0 \\ x_2 - x_1 \\ x_3 - x_2 \end{bmatrix} = \begin{bmatrix} \Delta x_1 \\ \Delta x_2 \\ \Delta x_3 \end{bmatrix}$$

解　上述矩阵乘式可表示成

$$\boldsymbol{Y} = \boldsymbol{AX}$$

向量 $\boldsymbol{X}$ 左乘 $\boldsymbol{A}$ 后所得的 $\boldsymbol{Y}$ 实际上是 x 元素的增量(除第一点外)，所以用矩阵 $\boldsymbol{A}$ 左乘相当于差分运算。如果 $\boldsymbol{X}$ 向量取得很密，差分就会趋向于微分。

这个矩阵算式其实表示了由 x 求 y 的方程组，如果由 y 求 x，则可以得到如下的关系式：

$$\begin{cases} y_1 = x_1 - 0 \\ y_2 = x_2 - x_1 \\ y_3 = x_3 - x_2 \end{cases} \Rightarrow \begin{cases} x_1 = y_1 \\ x_2 = y_2 + x_1 \\ x_3 = y_3 + x_2 \end{cases} \Rightarrow \begin{cases} x_1 = y_1 \\ x_2 = y_1 + y_2 \\ x_3 = y_1 + y_2 + y_3 \end{cases} \Rightarrow \boldsymbol{X} = \boldsymbol{BY}$$

不难看出，$\boldsymbol{B}$ 是一个下三角矩阵，即 $\boldsymbol{B} = \begin{bmatrix} 1 & 0 & 0 \\ 1 & 1 & 0 \\ 1 & 1 & 1 \end{bmatrix}$，用下式检验：

$$\boldsymbol{BA} = \begin{bmatrix} 1 & 0 & 0 \\ 1 & 1 & 0 \\ 1 & 1 & 1 \end{bmatrix} \begin{bmatrix} 1 & 0 & 0 \\ -1 & 1 & 0 \\ 0 & -1 & 1 \end{bmatrix} = \begin{bmatrix} 1 & 0 & 0 \\ 0 & 1 & 0 \\ 0 & 0 & 1 \end{bmatrix}$$

B 是差分矩阵 **A** 的逆。因为 $\boldsymbol{AB}=\boldsymbol{BA}=\boldsymbol{I}_3$，所以 $\boldsymbol{B}=\boldsymbol{A}^{-1}$ 也可称为积分矩阵。从上式可以看出，**B** 作用于 **Y** 就是把 **Y** 中各个元素累加起来，达到了积分的效果。

2.7 复习要求及习题

2.7.1 本章要求掌握的概念和计算

(1) 矩阵乘法(包括分块乘法)的定义，特别是要弄懂三种初等矩阵与按行分块矩阵的乘积。

(2) 行初等变换和左乘初等矩阵的等价性，高斯消元法与 LU 分解的等价性。

(3) 如何用单列 $m\times1$ 向量乘单行 $1\times n$ 向量构成 $m\times n$ 矩阵以简化矩阵赋值。

(4) 弄清增广矩阵 $[\boldsymbol{A},\boldsymbol{I}]$ 经 rref 函数行化简后求逆矩阵的原理；掌握矩阵求逆函数 inv(A)。

(5) 掌握逆矩阵的定义及用逆矩阵求方程组解的方法，特别是左除和右除的概念和用法。

(6) LU 分解将 **A** 分解为下三角矩阵 **L** 乘上三角矩阵 **U**，弄清 **L** 和 **U** 的特点。

(7) 矩阵乘积的逆与逆矩阵的乘积次序要颠倒，inv(A*B)=inv(B)*inv(A)，转置也是如此。

(8) MATLAB 实践：矩阵的四则运算和元素群运算，分块运算，用矩阵乘法求解方程组，LU 分解。

(9) MATLAB 函数：eye、triu、tril、diag、lu、inv、sum；矩阵运算符：^、\ (左除)、/ (右除)。

2.7.2 计算题

2.1　MATLAB 提供了上三角、下三角、对角矩阵的生成函数 triu, tril 和 diag，读者可试用它们及 randintr 函数来生成随机的特殊矩阵。

(a) 生成两个 4×4 的上三角随机方阵 **T**1 和 **T**2，求 **T**1***T**2 及 **T**2***T**1，说明为何上三角矩阵的乘积仍为上三角矩阵；为什么矩阵乘法不满足交换律；其对角线元素的乘积为何等于乘积的对角线元素。并说明这些规则是否适用于下三角矩阵，是否适用于任意方阵。

(b) 求上述两个上三角方阵 **T**1 和 **T**2 的转置 **T**3 = **T**1′和 **T**4 = **T**2′；说明其为何成为下三角矩阵；验证 (**T**1***T**2)' = **T**1'***T**2'是否成立？若不成立，则应该是什么关系式？求 **T**1 和 **T**2 的逆阵 **V**1 和 **V**2，验证其乘积的逆阵与逆阵的乘积应满足何种关系。

2.2　构建一个 4×4 的随机正整数矩阵 **A**，取三次不同的 **A**，检验下式是否满足：

$$(\boldsymbol{A}+\boldsymbol{I})(\boldsymbol{A}-\boldsymbol{I})=\boldsymbol{A}^2-\boldsymbol{I}$$

再生成三个 4×4 的随机正整数矩阵 **B**。然后检验下式是否满足：

$$(\boldsymbol{A}+\boldsymbol{B})(\boldsymbol{A}-\boldsymbol{B})=\boldsymbol{A}^2-\boldsymbol{B}^2$$

检验的方法可以靠读数比较。而更好的方法是列出“左端-右端”的语句，看结果是否为零。

2.3　试证明 $\begin{bmatrix} a_{11} & 0 & \cdots & 0 \\ a_{21} & a_{22} & \cdots & 0 \\ \vdots & \vdots & & \vdots \\ a_{m1} & a_{m2} & \cdots & a_{mm} \end{bmatrix}\begin{bmatrix} b_{11} & 0 & \cdots & 0 \\ b_{21} & b_{22} & \cdots & 0 \\ \vdots & \vdots & & \vdots \\ b_{m1} & b_{m2} & \cdots & b_{mm} \end{bmatrix}=\begin{bmatrix} a_{11}b_{11} & 0 & \cdots & 0 \\ * & a_{22}b_{22} & \cdots & 0 \\ \vdots & \vdots & & \vdots \\ * & * & \cdots & a_{mm}b_{mm} \end{bmatrix}$，即两下三角矩阵的乘积仍为下三角矩阵，乘积的对角元素为两矩阵对应元素的乘积。消元初等矩阵 **E** 也有类似特性，设 **E** 为消元初等矩阵，说明 $\boldsymbol{L}=\text{inv}\left(\boldsymbol{E}_3\boldsymbol{E}_2\boldsymbol{E}_1\right)$ 为什么为下三角矩阵。

2.4　用题 2.3 的结论说明消元回代时矩阵主对角线上的元素为何不变，即 U1=ref1(A)和 U2=ref2(A)的对角元素相同。用 MATLAB 生成 5 阶随机方阵来验证这一点。

2.5　设 $\boldsymbol{A}=\begin{bmatrix}8 & 7 & 6\\ 8 & -8 & -9\\ -2 & -3 & -7\end{bmatrix}$，则什么样的 $\boldsymbol{E}_{21}$ 和 $\boldsymbol{E}_{31}$ 能使乘积 $\boldsymbol{E}_{21}\boldsymbol{A}$ 的(2, 1)和 $\boldsymbol{E}_{31}\boldsymbol{A}$ 的(3, 1)处生成零？找出一个 $\boldsymbol{E}=\boldsymbol{E}_{21}\boldsymbol{E}_{31}$，使得 $\boldsymbol{EA}$ 能同时在第一列下方生成两个零。

2.6　用分块乘积法可把第一列的下方消元为零：$\boldsymbol{EA}=\begin{bmatrix}\boldsymbol{I} & \boldsymbol{0}\\ -c/a & \boldsymbol{I}\end{bmatrix}\begin{bmatrix}a & b\\ c & d\end{bmatrix}=\begin{bmatrix}a & b\\ \boldsymbol{0} & d-cb/a\end{bmatrix}$，对于上题所示矩阵 $\boldsymbol{A}$，对应本题中的 a、b、c、d 和 $d-cb/a$ 都是什么值？试用 MATLAB 检验其正确性。

2.7　设方阵 $\boldsymbol{A}=\begin{bmatrix}1 & 0 & 3\\ 2 & 4 & 2\\ 2 & 1 & 4\end{bmatrix}$，$\boldsymbol{B}=\begin{bmatrix}3 & 3 & 0\\ 1 & 2 & 1\\ 5 & 3 & -2\end{bmatrix}$，用列乘行分块乘法 $\boldsymbol{AB}=\begin{bmatrix}1\\ 2\\ 2\end{bmatrix}\begin{bmatrix}3 & 3 & 0\end{bmatrix}+\cdots$ 计算乘积 $\boldsymbol{AB}$，并对结果进行检验。读者也可自行生成四阶随机方阵进行检验。

2.8　随机生成三个 3 × 3 同阶整数方阵 $\boldsymbol{A}$，$\boldsymbol{B}$，$\boldsymbol{C}$，验证公式：(a) $\boldsymbol{A}(\boldsymbol{B}+\boldsymbol{C})=\boldsymbol{AB}+\boldsymbol{AC}$；(b) $(\boldsymbol{AB})\boldsymbol{C}=\boldsymbol{A}(\boldsymbol{BC})$；(c) $(\boldsymbol{ABC})^{\mathrm{T}}=\boldsymbol{C}^{\mathrm{T}}\boldsymbol{B}^{\mathrm{T}}\boldsymbol{A}^{\mathrm{T}}$；(d) $(\boldsymbol{ABC})^{-1}=\boldsymbol{C}^{-1}\boldsymbol{B}^{-1}\boldsymbol{A}^{-1}$。

2.9　设 $f(x)=x^5+4x^4-3x^3+2x-7$，矩阵 $\boldsymbol{A}=\begin{bmatrix}1 & 2 & 3 & 1\\ 2 & 3 & 4 & 1\\ 3 & 4 & 5 & 1\\ 4 & 5 & 6 & 1\end{bmatrix}$，求 $f(\boldsymbol{A})$。

2.10　表 2-9 为某高校 2005 和 2006 年入学新生人数统计表。(1) 求 2006 年与 2005 年相比，对应类别入学人数的增加情况。(2) 若 2007 年与 2006 年入学相比，其增长人数比 2006 年相对于 2005 年入学的增长人数上再增加 10%，求 2007 年入学新生的人数分布情况。

表 2-9　题 2.10 的数据表

2005 年新生人数统计表					
类别	一系	二系	三系	四系	五系
本科	200	200	150	150	180
硕士	25	20	30	20	18
2006 年新生人数统计表					
类别	一系	二系	三系	四系	五系
本科	220	210	200	160	200
硕士	35	28	30	26	28

2.11　设 $\boldsymbol{A}=\begin{bmatrix}2 & 1 & 0\\ 0 & 4 & 2\\ 6 & 3 & 5\end{bmatrix}$，则用什么样的 $\boldsymbol{E}$ 乘以 $\boldsymbol{A}$ 能使 $\boldsymbol{A}$ 变成上三角形式 $\boldsymbol{U}$？将 $\boldsymbol{A}$ 分解为 $\boldsymbol{LU}$ 中的 $\boldsymbol{L}$ 与 $\boldsymbol{E}$ 有何关系？

2.12　图 2-4 为五个城市之间的空运航线，用有向图表示。问：

(1) 从城市 2 出发，最多经过 4 次转机(最多坐 5 次航班)，到达城市 5，有几种不同的方法？

(2) 从城市 5 出发，想到达城市 3，最少经过几次转机？

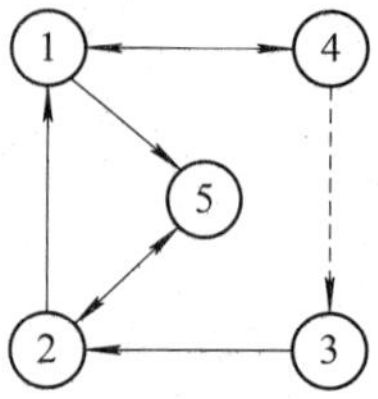

图 2-4　航站分布

2.13　求矩阵的逆矩阵：

(a) $\begin{bmatrix} 2 & 5 & 7 \\ 6 & 3 & 4 \\ 5 & -2 & -3 \end{bmatrix}$；(b) $\begin{bmatrix} 3 & -4 & 5 \\ 2 & -3 & 1 \\ 3 & -5 & -1 \end{bmatrix}$；

(c) $\begin{bmatrix} 1 & 1 & 1 & 1 \\ & 1 & 1 & 1 \\ & & 1 & 1 \\ & & & 1 \end{bmatrix}$；(d) $\begin{bmatrix} 5 & 2 & & \\ 2 & 1 & & \\ & & 1 & -2 \\ & & 1 & 1 \end{bmatrix}$。

2.14　(a) 计算题 2.14 图所示网络的传输函数；

(b) 设 $\boldsymbol{A}=\begin{bmatrix} 4/3 & -12 \\ -1/4 & 3 \end{bmatrix}$，设计一个三级梯形网络，使它的合成传输函数等于 $\boldsymbol{A}$。

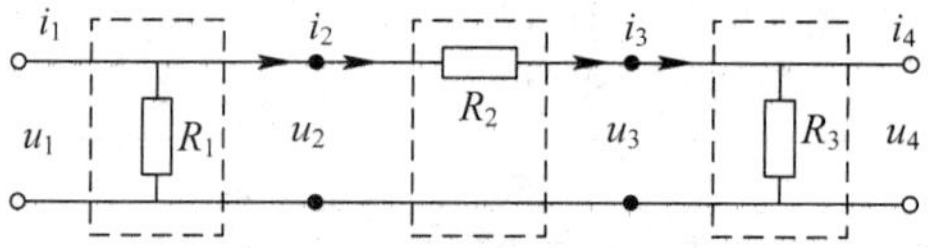

题 2.14 图　三级梯形网络

2.15　解矩阵方程：

(a) $\begin{bmatrix} 1 & 2 \\ 3 & 4 \end{bmatrix}\boldsymbol{X}=\begin{bmatrix} 3 & 5 \\ 5 & 9 \end{bmatrix}$；　(b) $\boldsymbol{X}\begin{bmatrix} 5 & 3 & 1 \\ 1 & -3 & -2 \\ -5 & 2 & 1 \end{bmatrix}=\begin{bmatrix} -8 & 3 & 0 \\ -5 & 9 & 0 \\ -2 & 15 & 0 \end{bmatrix}$；

(c) 设 $\boldsymbol{A}=\begin{bmatrix} 0 & 2 & 4 \\ -4 & 2 & 6 \end{bmatrix}$，$\boldsymbol{B}=\begin{bmatrix} 2 & 1 & -1 \\ -1 & 4 & -1 \\ 1 & -1 & 2 \end{bmatrix}$，且 $\boldsymbol{XB}=\boldsymbol{A}+\boldsymbol{X}$，求矩阵 $\boldsymbol{X}$；

若将 $\boldsymbol{A}$ 转置，即令 $\boldsymbol{A}_1=\boldsymbol{A}^{\mathrm{T}}=\begin{bmatrix} 0 & -4 \\ 2 & 2 \\ 4 & 6 \end{bmatrix}$，再求矩阵 $\boldsymbol{X}$，为什么结果不同？

第3章　行　列　式

行列式是公元1690年前后在研究线性方程组的解法中诞生的，它在解析几何和其他数学分支中也都起过重要的作用。在传统的线性代数中，行列式都被放在1.1节，其中充满着繁琐的数学推导，也是初学者最大的拦路虎之一。但是，随着计算机的广泛应用，在方程求解软件中已经嵌入了主元非零的判解条件，它与行列式判解等价。求行列式的计算又非常方便，且在绝大多数工程应用中均被省略。本书采用主元连乘法作为行列式的定义，使得行列式判解和计算都统一到高斯消元法的理论基础上，完全避开了传统讲法中引入的多种概念和复杂公式，大大节约了篇幅，也降低了工科读者的入门难度。

3.1　二、三阶行列式的意义

3.1.1　二阶行列式

行列式的主要用途是判断线性方程组的解是否存在和唯一。

例3.1　求二元线性方程组的解：

$$\begin{cases} a_{11}x_1 + a_{12}x_2 = b_1 \\ a_{21}x_1 + a_{22}x_2 = b_2 \end{cases} \tag{3.1.1}$$

解　若元素 $a_{11} \neq 0$，则用第二个方程减去第一个方程的 a_{21}/a_{11} 倍，消去 x_1，得到上三角方程组：

$$\begin{bmatrix} a_{11} & a_{12} \\ 0 & (a_{22} - a_{12}a_{21}/a_{11}) \end{bmatrix} \begin{bmatrix} x_1 \\ x_2 \end{bmatrix} = \begin{bmatrix} b_1 \\ b_2 - a_{21}b_1/a_{11} \end{bmatrix}$$

这意味着式(3.1.1)的第二个方程变成了：

$$(a_{11}a_{22} - a_{12}a_{21})x_2 = b_2 - a_{21}b_1/a_{11}$$

当两个主元 a_{11} 及 $a_{11}a_{22} - a_{12}a_{21}$ 都不等于零时，由这个方程，可解出 x_2 为：

$$x_2 = \frac{a_{11}b_2 - a_{21}b_1}{a_{11}a_{22} - a_{12}a_{21}}$$

将它回代到第一个方程，可得：

$$x_1 = \frac{b_1a_{22} - b_2a_{12}}{a_{11}a_{22} - a_{12}a_{21}}$$

为了便于记忆，引入双竖线记号：

$$D=\begin{vmatrix}a_{11} & a_{12}\\ a_{21} & a_{22}\end{vmatrix}=a_{11}a_{22}-a_{12}a_{21}=\det\left(\begin{bmatrix}a_{11} & a_{12}\\ a_{21} & a_{22}\end{bmatrix}\right)=\det(\boldsymbol{A}) \tag{3.1.2}$$

称 D 为该系数矩阵 $\boldsymbol{A}$ 的行列式(Determinant)。把 a_{11}、a_{22} 的连线称为该行列式的主对角线，把 a_{12}、a_{21} 的连线称为其副对角线，那么二阶行列式的值就等于主对角线上元素的乘积减去副对角线上元素的乘积。如果 $D = a_{11}a_{22} - a_{12}a_{21} = 0$，则说明两个方程系数成比例，相当于一个方程。此时没有唯一解。所以行列式 $D\neq 0$ 就成为线性方程组判别解的存在和唯一性的主要工具。

根据二阶行列式的定义，方程组(3.1.1)的解可表示成 $x_1 = D_1/D$，$x_2 = D_2/D$，其中

$$D_1=\begin{vmatrix}b_1 & a_{12}\\ b_2 & a_{22}\end{vmatrix},\qquad D_2=\begin{vmatrix}a_{11} & b_1\\ a_{21} & b_2\end{vmatrix} \tag{3.1.3}$$

分别为将方程右端的系数列 $\boldsymbol{b}$ 取代系数矩阵 $\boldsymbol{A}$ 中第一、二列所得的行列式。

由此得到判定二元非齐次方程组(3.1.1)解的存在判据：其系数行列式 $\det(\boldsymbol{A})$必须不等于零。

例 3.2　在 xOy 平面上有一个平行四边形 $OACB$，A、B 两点的坐标分别为(a_1，b_1)、(a_2，b_2)，如图 3-1 所示，求平行四边形 $OACB$ 的面积。

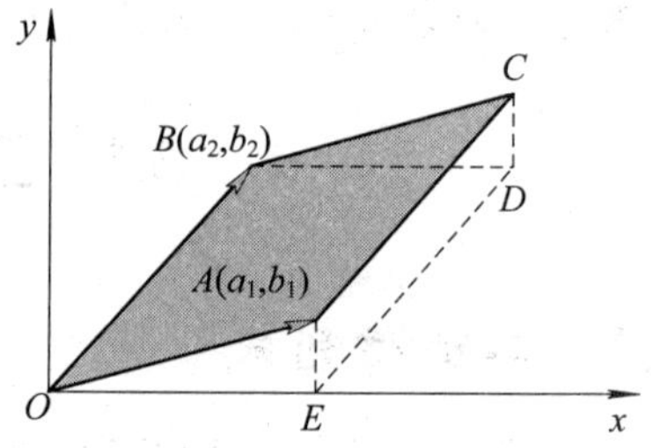

图 3-1　二阶行列式等价于平行四边形面积

解　过点 A 作 x 轴的垂线，交 x 轴于点 E；过点 B 做平行于 x 轴的直线，与过点 C 做平行于 y 轴的直线相交于点 D。因三角形 CDB 和三角形 AEO 全等，所以：

$$\begin{aligned}S_{OACB}&=S_{OEDB}+S_{CDB}-S_{AEO}-S_{AEDC}\\&=S_{OEDB}-S_{AEDC}=a_1b_2-a_2b_1\end{aligned} \tag{3.1.4}$$

说明该平行四边形的面积刚好等于由 A、B 两点坐标所构成的二阶行列式 $\begin{vmatrix}a_1 & b_1\\ a_2 & b_2\end{vmatrix}$。

由此可见，过原点的两个几何向量 $\overrightarrow{OA}$、$\overrightarrow{OB}$ 所构成的平行四边形的面积等于 A、B 两点坐标的代数向量所构成的二阶行列式的绝对值。如果两个向量共线，则它们构成的平行四边形面积为零，其行列式也为零，方程无唯一解的几何判据与代数判据就得到了统一。

3.1.2　三阶行列式

例 3.3　求三元线性方程组的解：

$$\begin{cases}a_{11}x_1+a_{12}x_2+a_{13}x_3=b_1\\ a_{21}x_1+a_{22}x_2+a_{23}x_3=b_2\\ a_{31}x_1+a_{32}x_2+a_{33}x_3=b_3\end{cases}$$

解　利用高斯消元法，在消元过程中不出现除数为零的情况下，可以得到：

$$(a_{11}a_{22}a_{33}+a_{12}a_{23}a_{31}+a_{13}a_{21}a_{32}-a_{13}a_{22}a_{31}-a_{12}a_{21}a_{33}-a_{11}a_{23}a_{32})x_1$$

$$=b_1a_{22}a_{33}+a_{12}a_{23}b_3+a_{13}b_2a_{32}-a_{13}a_{22}b_3-a_{12}b_2a_{33}-b_1a_{23}a_{32} \tag{3.1.5}$$

x_1 的系数不为零时，可以解出 x_1 的值。为此引出三阶行列式的定义，把 9 个元素排成三行、三列，两边用一对竖线括起，定义其表达式为：

$$D=\begin{vmatrix} a_{11} & a_{12} & a_{13} \\ a_{21} & a_{22} & a_{23} \\ a_{31} & a_{32} & a_{33} \end{vmatrix}=a_{11}a_{22}a_{33}+a_{12}a_{23}a_{31}+a_{13}a_{21}a_{32}-a_{13}a_{22}a_{31}-a_{12}a_{21}a_{33}-a_{11}a_{23}a_{32} \tag{3.1.6}$$

称 D 为一个**三阶行列式**，它是六项的代数和，每一项都是位于不同行和不同列的 3 个元素的乘积，其中三项为正，另三项为负。为了便于记忆，图 3-2 给出了它的计算规则。左上到右下的三个实线箭头所经的三个元素连乘积取正号，右上到左下的虚线箭头所经的三个元素的连乘积取负号。

三阶行列式的几何意义是以三个三维列向量 $(a_{11},a_{21},a_{31}),(a_{12},a_{22},a_{32}),(a_{13},a_{23},a_{33})$ 为三条边构成的平行六面体的体积，如图 3-3 所示。

根据三阶行列式的定义，可以把式(3.1.5)的右端定义为 D_1，再扩展到 x_2、x_3，写出：

$$Dx_1=\begin{vmatrix} b_1 & a_{12} & a_{13} \\ b_2 & a_{22} & a_{23} \\ b_3 & a_{32} & a_{33} \end{vmatrix}=D_1，\quad Dx_2=\begin{vmatrix} a_{11} & b_1 & a_{13} \\ a_{21} & b_2 & a_{23} \\ a_{31} & b_3 & a_{33} \end{vmatrix}=D_2，\quad Dx_3=\begin{vmatrix} a_{11} & a_{12} & b_1 \\ a_{21} & a_{22} & b_2 \\ a_{31} & a_{32} & b_3 \end{vmatrix}=D_3 \tag{3.1.7}$$

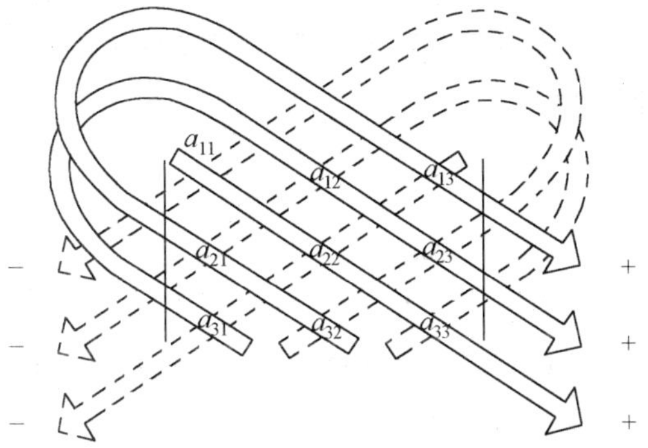

图 3-2　三阶行列式的计算规则

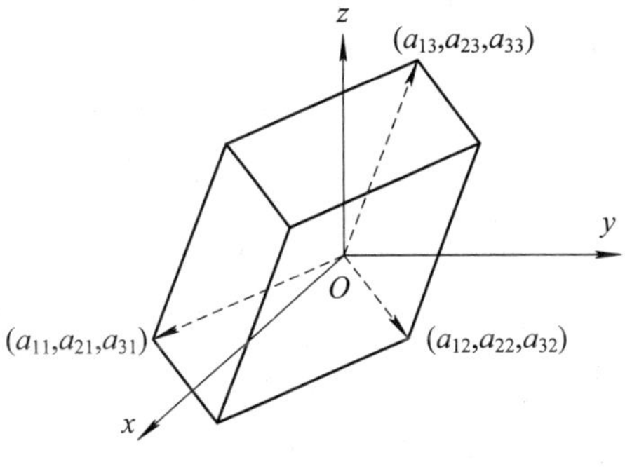

图 3-3　三阶行列式等价于平行六面体体积

当此方程组的系数行列式 $D\neq0$ 时，可以得到它的解为：$x_1=D_1/D$，$x_2=D_2/D$，$x_3=D_3/D$。其中 D_1,D_2,D_3 是用常数项 b_1,b_2,b_3 构成的列分别替换 D 中的第一、二、三列所得到的三阶行列式。如果分母上的行列式 D 等于零，那么解 x_1,x_2,x_3 的分母就为零，其结果是无穷大，说明其解不存在。所以，系数行列式不等于零也是三阶非齐次线性方程组的解存在的必要条件。

3.2 n 阶行列式与线性方程组的解

3.2.1 n 阶行列式的三种定义方法

从例 3.1 和例 3.3 所述的低阶行列式可以演绎出高阶行列式的定义。目前，有三种不同的演绎方法，可形成三种定义。

(1) 显式法：根据行列式的结构直接进行演绎。二阶行列式(3.1.1)由两项之和组成，每项为两个元素相乘；三阶行列式(3.1.6)由六项(即 3 的阶乘 3！)之和组成，每项为三个元素相乘；依此类推，n 阶行列式应该由 n！项之和组成，每项为 n 个元素相乘。照此式计算时，需要做的乘法次数为$(n-1)*n!$。当 $n=4$ 时，$3*4!=72$；当 $n=5$ 时，$4*5!=480\cdots$，阶数略高一些，运算量更大。而演绎各项的符号规则更加复杂，必须引入“逆序数”等概念，很繁琐。行列式的“可畏”，源头就在这里。

(2) 代数余子式法：它的思路是把显式法的表达式降阶，通过行列式按行展开的特性，可以把 n 阶行列式降为 n 个$(n-1)$阶行列式。比如，上述的三阶行列式就可以写成三个二阶行列式之和，即

$$D=\begin{vmatrix}a_{11}&a_{12}&a_{13}\\a_{21}&a_{22}&a_{23}\\a_{31}&a_{32}&a_{33}\end{vmatrix}=a_{11}\begin{vmatrix}a_{22}&a_{23}\\a_{32}&a_{33}\end{vmatrix}+a_{12}\begin{vmatrix}a_{23}&a_{21}\\a_{33}&a_{31}\end{vmatrix}+a_{13}\begin{vmatrix}a_{21}&a_{22}\\a_{31}&a_{32}\end{vmatrix}\tag{3.1.8}$$

用这个方法 n 阶行列式的计算量比显式法约减少 $n/2$ 倍，确定各项的正负号的规则也简化一些，但要引入更多新名词和新概念。

(3) 对角主元连乘法[8]：二阶方程组的系数矩阵，通过高斯消元法得出行阶梯形式(3.1.1)，其主对角线上两个主元的连乘积为 $a_{11}a_{22}-a_{12}a_{21}$，正是其系数矩阵的行列式。

三阶方程组系数矩阵作高斯消元后的行阶梯形为：

$$\boldsymbol{U}=\begin{bmatrix}a_{11}&a_{12}&a_{13}\\0&(a_{11}a_{22}-a_{12}a_{21})/a_{11}&a_{23}-a_{13}a_{21}/a_{11}\\0&0&(a_{11}a_{22}a_{33}+a_{12}a_{23}a_{31}+a_{13}a_{21}a_{32}-a_{13}a_{22}a_{31}-a_{12}a_{21}a_{33}-a_{11}a_{23}a_{32})/(a_{11}a_{22}-a_{12}a_{21})\end{bmatrix}$$

其主对角线上的三个主元连乘积恰好等于其系数矩阵的三阶行列式。由此可以推想，将 n 阶系数方阵用高斯消元法变换为行阶梯形，其对角线上所有主元的连乘积就是该方阵的行列式，即

$$D=p_{11}p_{22}\cdots p_{nn}\tag{3.2.2}$$

$$\boldsymbol{U}=\left[\begin{array}{cccc:c}p_{11}&0&\cdots&0&d_1\\0&p_{22}&\cdots&0&d_2\\\cdots&\cdots&&\cdots&*\\0&0&0&p_{nn}&d_n\end{array}\right]$$

图 3-4　n 阶系数矩阵的主元

消元法解方程时，先把系数方阵变为上三角矩阵，再经过回代变为对角矩阵，回代前后主元是不变的。各主元若都不为零(如图 3-4 所示)，就可以把主元分别除各行的增广项求得其解，即 $x_1=d_1/p_{11}, x_2=d_2/p_{22}, \cdots, x_n=d_n/p_{nn}$。按这个定义，若行列式不等于零，就意味着所有 n 个主元 $p_{11}, p_{22}, \cdots, p_{nn}$ 都不等于零，因而方程组的解存在且唯一。反之，若行列式等于

零，就意味着其中至少有一个主元为零，方程组无解，因此行列式不为零就可以成为解的存在与唯一性的判据。由于诸主元的计算是在消元法求解过程中自动完成的，不需要增加额外的计算量，解方程时就不必专门求行列式了。

为了使定义(3.2.2)不出现歧义，还必须对所用的消元法提出一个要求，那就是消元过程中最好只采用消元矩阵 $\boldsymbol{E}$，因为交换矩阵会造成行列式改变正负号。但可以让程序记住使用交换矩阵 $\boldsymbol{P}$ 的次数 r，把结果乘以$(-1)^r$，则将式(3.2.2)改为 $D=(-1)^r p_{11}p_{22}\cdots p_{nn}$ 就全面了。实际上，用行列式或主元判解时，关心的只是它是否等于零，其正负号没有什么价值。

*3.2.2 三种定义的比较

数值计算中通常用所需的乘法次数来标志计算的复杂度，表 3-1 给出了三种定义方法在不同阶数下计算行列式的计算量比较。

表 3-1 行列式的三种定义方法所需乘法次数/N

阶数 n	2	3	4	5	10	25
显式法(不含正负号计算) $(n-1)n!$	2	12	72	480	32 659 200	3.72×10^{26}
代数余子式法 $\approx 2n!$	2	9	40	205	7 257 600	3.10×10^{25}
对角主元连乘求行列式 $n^3/3$	4	13	24	45	333	5233

拿(1)、(3)两种方法所需的乘法次数加以比较，可以看出，只有 n=2 时，用显式法求行列式才比消元法方便。n=3 时，两者的计算量基本相同。比如 $n=5$ 时，用显式法的计算量为 480 次乘法，代数余子式法为 205 次，都是工程上无法接受的。n 更大时，它的运算量不仅超越了人们笔算的可能性，也超越了计算机的能力。一个 25 阶的行列式若按显式法来算，乘法的次数为 3.72×10^{26} 次。用每秒 1 万亿(10^{12})次的超级计算机，也要算 1200 万年才能得出结果。2013 年 11 月起，中国的超级计算机天河二号和神威一号连续八次(一年评两次)夺得全球冠军。最新记录是每秒 93 千万亿次(10^{16})，用这样的计算机来算仍然要百余年，这种计算量随维数呈指数增长的现象称为“维数灾难(Curse of Dimensionality)”，它是科学计算的大敌，前两种定义方法都存在着这个致命弱点，因而严重影响了其实用价值。

图 3-5 “天河二号”超级计算机

对角主元连乘法的计算量小得多，由它实现上三角矩阵所需的乘法次数约为 $N\approx n^3/3$。$n=10$ 时，$N=333$ 次；$n=25$ 时，$N\approx5233$ 次，用现有的微机可以在毫微秒级的时间内完成。因为主元连乘法的计算公式可由高斯消元法直接导出，没有引入任何其他概念，所以行列式计算软件都是用这个方法编程的，它的缺点是主元和各个元素之间的数学关系不够明确，不容易进行基本理论的推导，所以很多行列式数学推理还得依靠前两种定义方法，前两种方法在数学理论发展过程中起过历史作用，对今天喜欢理论的学生培养推理能力也许有一定的用处。

3.2.3 本书采用的方法

本书是用数学而不是搞数学的特点出发，我们将采用主元连乘法作为行列式的基本定义并用它进行实际计算。主元连乘法也可以简便地证明许多公式，只有个别定理，比如行列式的乘法定理：det(***AB***) = det(***A***)det(***B***)看似简单，但其严格证明却要用一些新的数学概念和公式，在此我们就承认数学家们的证明结果。科学需要继承并且是有分工的，数学家已经证明了的定理，搞应用的读者可以利用这些定理，不必自己都去补数学基础，重证一遍。工科应该利用数学的成果，发挥自己的优势来搞创新。数学界也可以利用别人的程序来验算公式的正确性，不必自己再去重编程序。

3.3　行列式的性质

3.3.1　初等矩阵的行列式

矩阵与行列式有什么区别和联系呢？本质上的区别是：矩阵是一个数表，而行列式是一个数值，它只是矩阵的特性之一。当两个方阵等价时，不仅要求它们同型，而且要求所有对应元素相等，当然其行列式也相等。但两个行列式相等时，其对应的矩阵的阶数和元素却可以完全不同。

在采用主元连乘法定义行列式时，较方便的是用初等变换矩阵变为行阶梯形，用它来推导行列式的性质，为此先要知道初等矩阵的行列式，以及方阵乘积的行列式。

性质 1　根据定义，上三角方阵、下三角方阵和对角方阵的行列式等于其对角元素的连乘积。

$$\begin{vmatrix} a_{11} & a_{12} & \cdots & a_{1n} \\ 0 & a_{22} & \cdots & a_{2n} \\ \vdots & \vdots & & \vdots \\ 0 & 0 & \cdots & a_{nn} \end{vmatrix} = \begin{vmatrix} a_{11} & 0 & 0 & 0 \\ a_{21} & a_{22} & 0 & 0 \\ \vdots & \vdots & & \vdots \\ a_{n1} & a_{n2} & \cdots & a_{nn} \end{vmatrix} = \begin{vmatrix} a_{11} & 0 & 0 & 0 \\ 0 & a_{22} & 0 & 0 \\ \vdots & \vdots & & \vdots \\ 0 & 0 & \cdots & a_{nn} \end{vmatrix} = a_{11}a_{22}\cdots a_{nn}$$

推论 I　n 阶单位矩阵的行列式等于 1。即 $|\boldsymbol{I}_n| = 1$。

性质 2　方阵乘积 ***AB*** 的行列式是 ***A*** 和 ***B*** 的行列式的乘积 $|\boldsymbol{AB}| = |\boldsymbol{A}|\,|\boldsymbol{B}|$。

证　如果 ***A***、***B*** 都已化成为行阶梯形，证明是容易的。

$$\boldsymbol{AB} = \begin{bmatrix} a_{11} & * & * & * \\ 0 & a_{22} & * & * \\ \vdots & \vdots & & \vdots \\ 0 & 0 & \cdots & a_{nn} \end{bmatrix} \cdot \begin{bmatrix} b_{11} & * & * & * \\ 0 & b_{22} & * & * \\ \vdots & \vdots & & \vdots \\ 0 & 0 & \cdots & b_{nn} \end{bmatrix} = \begin{bmatrix} a_{11}b_{11} & * & * & * \\ 0 & a_{22}b_{22} & * & * \\ \vdots & \vdots & & \vdots \\ 0 & 0 & \cdots & a_{nn}b_{nn} \end{bmatrix} \tag{3.3.1}$$

因此

$$|\boldsymbol{A}|\,|\boldsymbol{B}| = (a_{11}a_{22}\cdots a_{nn})(b_{11}b_{22}\cdots b_{nn}) = a_{11}b_{11}a_{22}b_{22}\cdots a_{nn}b_{nn} = |\boldsymbol{AB}|$$

在一般情况下要证明这个关系，但要用更多的数学术语和概念，所以本书就不做了。建议读者把这个命题用 MATLAB 进行数值验证。

性质 3　消元初等矩阵 ***E*** 的主对角元素均为 1，故其行列式为 1，即

$$\det(\boldsymbol{E}) = 1 \tag{3.3.2}$$

性质 4　行交换初等矩阵 ***P*** 的行列式等于 −1，即

$$\det(\boldsymbol{P}) = -1 \tag{3.3.3}$$

证 以一个将二、四行进行交换的 4×4 矩阵为例，做两次消元变换。先在第二行上加上第四行，再在第四行上减去新的第二行，得到右端的上三角阵，其主元连乘积等于 -1，即

$$\det(\boldsymbol{E})=\begin{vmatrix}1&0&0&0\\0&0&0&1\\0&0&1&0\\0&1&0&0\end{vmatrix}\xrightarrow{2行+4行}\begin{vmatrix}1&0&0&0\\0&1&0&1\\0&0&1&0\\0&1&0&0\end{vmatrix}\xrightarrow{4行-新2行}\begin{vmatrix}1&0&0&0\\0&1&0&1\\0&0&1&0\\0&0&0&-1\end{vmatrix}=-1$$

推论 1 方阵中任意 i、j 两行交换，意味着被同阶行交换矩阵左乘，行列式反号。

推论 2 将矩阵 $\boldsymbol{A}$ 化为行阶梯形时，由于只采用消元变换和交换变换，故其行列式的绝对值不变。

性质 5 根据行列式定义，数乘变换方阵 $\boldsymbol{D}$ 的行列式等于 k。

推论 矩阵 $\boldsymbol{A}$ 中任一行乘以 k 后所得矩阵的行列式也乘以 k。

$$\det\left(\begin{bmatrix}a_{11}&a_{12}&a_{13}\\ka_{21}&ka_{22}&ka_{32}\\a_{31}&a_{32}&a_{33}\end{bmatrix}\right)=k\ \det\left(\begin{bmatrix}a_{11}&a_{12}&a_{13}\\a_{21}&a_{22}&a_{32}\\a_{31}&a_{32}&a_{33}\end{bmatrix}\right)=k\det(\boldsymbol{A}) \tag{3.3.4}$$

要注意这只是对一行数乘，当对多行都作同样数乘时，行列式也得乘多次，所以对三阶方阵 $\boldsymbol{A}$ 有：

$$\det(k\boldsymbol{A})=|k\boldsymbol{A}|=\det\left(\begin{bmatrix}ka_{11}&ka_{12}&ka_{13}\\ka_{21}&ka_{22}&ka_{32}\\ka_{31}&ka_{32}&ka_{33}\end{bmatrix}\right)=k^3\begin{vmatrix}a_{11}&a_{12}&a_{13}\\a_{21}&a_{22}&a_{32}\\a_{31}&a_{32}&a_{33}\end{vmatrix}=k^3\det(\boldsymbol{A}) \tag{3.3.5}$$

3.3.2 行列式的其他性质

性质 6 若方阵中有一个全零行，则其行列式为零。

证 $n\times n$ 方阵若有一行全零，消元时应移到最下面，方阵的秩 $r=n-1$，系数矩阵的有效部分成为$(n-1)\times n$ 维，则其 n 维主对角线上至少有一个零元素，故其行列式为零。

推论 若方阵的行阶梯形中出现任何不在主对角线上的主元，则此行阶梯形的下方必有全零行出现(如下式)，此时其行列式必为零。

$$\begin{vmatrix}a_{11}&a_{12}&a_{13}&\cdots&a_{1n}\\0&0&a_{23}&\cdots&a_{2n}\\\vdots&\vdots&\vdots&&\vdots\\0&0&0&\cdots&a_{n-1,n}\\0&0&0&\cdots&a_{nn}=0\end{vmatrix}=0$$

性质 7 如果 $\boldsymbol{A}$ 中两行的元素相同或差同样倍数，则行列式等于零。

证 对这两行进行消元变换，将得出一个全零行，根据性质 6，其行列式为零。

性质 8 如果 $\boldsymbol{A}$ 不可逆，则其行最简形不可能化为单位矩阵，最下方必有全零行出现，

故 $\det(\boldsymbol{A}) = 0$；如果 $\boldsymbol{A}$ 可逆，则行阶梯形对角主元必全不为零，故其连乘积 $\det(\boldsymbol{A}) \neq 0$。

性质 9　方阵 $\boldsymbol{A}$ 与它的转置 $\boldsymbol{A}^{\mathrm{T}}$ 的行列式相等，即 $|\boldsymbol{A}| = |\boldsymbol{A}^{\mathrm{T}}|$。

证　由 $\boldsymbol{A} = \boldsymbol{L} * \boldsymbol{U}$，$\boldsymbol{A}^{\mathrm{T}} = (\boldsymbol{L} * \boldsymbol{U})^{\mathrm{T}} = \boldsymbol{U}^{\mathrm{T}} * \boldsymbol{L}^{\mathrm{T}}$，因为 $\boldsymbol{U}$，$\boldsymbol{L}$ 都是三角矩阵，转置不改变主对角线上主元的值，故其行列式也不变。即 $\det(\boldsymbol{A}) = \det(\boldsymbol{L} * \boldsymbol{U}) = \det(\boldsymbol{U}^{\mathrm{T}} * \boldsymbol{L}^{\mathrm{T}}) = \det(\boldsymbol{A}^{\mathrm{T}})$。

行列式的这些性质主要用来帮助手工计算，特别是符号推演。到了人人手里都有计算机的今天，计算行列式的软件十分成熟可靠，所以手算行列式的实际意义已经不大了。

3.3.3　n 阶行列式与克莱姆法则

下面讨论用行列式来求解含有 n 个方程 n 个变量的线性方程组。

$$\begin{cases} a_{11}x_1 + a_{12}x_2 + \cdots + a_{1n}x_n = b_1 \\ a_{21}x_1 + a_{22}x_2 + \cdots + a_{2n}x_n = b_2 \\ \qquad \vdots \\ a_{n1}x_1 + a_{n2}x_2 + \cdots + a_{nn}x_n = b_n \end{cases} \tag{3.3.6}$$

方程组(3.3.6)也可以写成矩阵形式，

$$\boldsymbol{Ax} = \boldsymbol{b} \tag{3.3.7}$$

把 x 向右方扩展 $n-1$ 列，其方法是用列向量 x 取代单位矩阵 $\boldsymbol{I}_n$ 中的第一列，成为 n 阶方阵 $\boldsymbol{X}_1$，若 $\boldsymbol{b}$ 也按乘法规则扩展成为方阵 $\boldsymbol{B}_1$，写成：

$$\boldsymbol{AX}_1 = \begin{bmatrix} a_{11} & a_{12} & \cdots & a_{1n} \\ a_{21} & a_{22} & \cdots & a_{2n} \\ \vdots & \vdots & & \vdots \\ a_{n1} & a_{n2} & \cdots & a_{nn} \end{bmatrix} \begin{bmatrix} x_1 & & & \\ x_2 & 1 & & \\ \vdots & & \ddots & \\ x_n & & & 1 \end{bmatrix} = \begin{bmatrix} b_1 & a_{12} & \cdots & a_{1n} \\ b_2 & a_{22} & \cdots & a_{2n} \\ \vdots & \vdots & & \vdots \\ b_n & a_{n2} & \cdots & a_{nn} \end{bmatrix} = \boldsymbol{B}_1$$

对上式求行列式，根据行列式相乘的定理，有

$$\det(\boldsymbol{A})\det(\boldsymbol{X}_1) = \det(\boldsymbol{B}_1)$$

注意：$\det(\boldsymbol{A}) = D$，$\det(\boldsymbol{B}_1) = \boldsymbol{D}_1$，$\det(\boldsymbol{X}_1) = x_1$，得到 $x_1 = D_1/D$。依次将 $\boldsymbol{x}$ 向量放在单位 $\boldsymbol{I}_n$ 的第 j 列($j = 1, 2, 3, \ldots, n$)，就可以得到 $\boldsymbol{x}$ 的所有 n 个分量。这就是所谓的克莱姆法则。

定理 3.1(克莱姆法则)　若方程组(3.3.6)的系数行列式 $D \neq 0$，则该方程组有唯一解，其为

$$x_1 = D_1/D,\ x_2 = D_2/D,\ \ldots,\ x_n = D_n/D \tag{3.3.8}$$

其中，$D_j(j = 1, 2, \cdots, n)$是把 D 中第 j 列的元素用方程组右端的常数项代替后所得到的 n 阶行列式。

推论　$n \times n$ 非齐次方程组 $\boldsymbol{Ax} = \boldsymbol{b}$ 的解存在且唯一的条件是其系数行列式不等于零，即 $D = \det(\boldsymbol{A}) \neq 0$。

定理 3.2(定理 3.1 的逆否定理)　如果线性方程组(3.3.6)无解或有超过一个以上的解，则它的系数行列式必为零。

把常数项全为零的线性方程组 $\boldsymbol{Ax} = \boldsymbol{0}$ 称为齐次线性方程组；把常数项不全为零的线性方程组 $\boldsymbol{Ax} = \boldsymbol{b}$ 称为非齐次线性方程组。从定理 3.2 可以得到关于齐次线性方程组的两个推论。

推论 1　对于 $n \times n$ 齐次线性方程组 $\boldsymbol{Ax}=\boldsymbol{0}$，当系数行列式 $|\boldsymbol{A}| \neq 0$ 时，$\boldsymbol{Ax}=\boldsymbol{0}$ 只有一个零解。

推论 2　若 $n \times n$ 齐次线性方程组 $\boldsymbol{Ax}=\boldsymbol{0}$ 有非零解，则必有 $|\boldsymbol{A}|=0$。

克莱姆法则形式很简洁，用来推导还不错，如果用来计算，则要算那么多行列式就太繁了。由于其计算量远大于高斯消元法，故在工程上应用价值不大。从历史上看，克莱姆比高斯早了五十年，高斯的方法超过克莱姆理所当然。

3.4　行列式的计算机算法

工程上要解的线性系统，至少在三阶以上。而笔算高于三阶的行列式，傻得有些可笑。真正有用的是用计算机来算行列式。此时，必须考虑的问题主要是计算速度和计算精度。这是数学理论和工程实际的一个结合部分。它有一个专门的名称“数值线性代数”。不过国内的线性代数教材目前很少谈计算机，所以也不写这方面的内容。本书讲这部分时，着重于原理阐述，而不是直接编程。目的是帮助读者正确调用行列式计算程序，并更好地理解计算机给出的结果。

根据计算量小、计算方法单一的特点，可知主元连乘法是最适合用计算机来计算的。主元连乘法计算行列式只需要两个步骤：一是消元。把主对角线左下方的全部元素消为零，使原系数矩阵变为行阶梯形方阵。要注意的是尽量别使用交换变换，因为它会改变行列式的正负号。二是将对角主元连乘起来。下面提供两种方法，第一个方法是自编程序，其优点是原理清楚，缺点是程序不可靠，只宜在课堂上用；第二个方法是调用 MATLAB 的商用程序，优点是可靠，缺点是程序长，难以读懂，不利于复习概念。

1. 自编 MATLAB 程序计算行列式

此程序包括两步。第一步是将矩阵变换为行阶梯形，这可以用 1.5.4 节中介绍的自编程序 ref1 或 ref2，它把方阵主对角线左下方的所有元素都消成零。

```
U1=ref1(A);          % 或用 U2=ref2(A)
```

注意不能用 MATLAB 中的 rref 子程序，因为它用了数乘变换把主对角线上的元素全变成 1，那就丢掉了计算行列式的主要数据。用 ref1 所得的 U1 是上三角矩阵，用 ref2 所得的 U2 是对角矩阵，但两者有相同的主元。

也可用 lu 函数来求 U。它把矩阵 $\boldsymbol{A}$ 分解为一个准下三角矩阵 $\boldsymbol{L}$ 和一个上三角矩阵 $\boldsymbol{U}$ 的乘积。其中下三角矩阵 $\boldsymbol{L}$ 的行列式为 1，因而上三角矩阵 $\boldsymbol{U}$ 的行列式就等于原矩阵的行列式，其调用格式为[L, U]=lu(A)。

第二步是求 $\boldsymbol{U}$ 的对角线上所有主元的连乘积，得到行列式的值。

```
D=prod(diag(U));          % 求对角主元连乘积
```

这个方法的优点是概念比较清楚，缺点是它不能用于符号矩阵，且所得行列式的正负号不一定正确，只能保证行列式的绝对值正确。因为 ref1 子程序和 lu 变换中都用了行交换变换，所以它会使行列式变号。好在工程计算中通常并不关心行列式的正负号，只关心它是否等于零。

本书提供的消元变换程序只有 rrefdemo 提供了不作行交换的消元过程。但这样的程序遇到主元出现零的情况，它会失效。所以真正算工程型题目时还是用 MATLAB 的内部函数好。

2．用 MATLAB 内部函数计算行列式

最简单的是用 MATLAB 中计算方阵行列式的函数 det，它也适用于数字矩阵和符号矩阵，且给出的结果从数值上和正负号上都是正确的，其缺点是看不到原理。其调用格式为 D=det(A)。此函数要求输入矩阵 $\boldsymbol{A}$ 为方阵，不然系统会给出“出错警告”。

例 3.4　用化简为三角矩阵的方法编程并求矩阵的行列式：

$$\boldsymbol{A}=\begin{bmatrix}10 & 8 & 6 & 4\\ 2 & 5 & 8 & 9\\ 6 & 0 & 9 & 9\\ 5 & 8 & 7 & 4\end{bmatrix}$$

解　列出程序 pla304 如下：

```
A = [10, 8, 6, 4; 2, 5, 8, 9; 6, 0, 9, 9; 5, 8, 7, 4];
U1 = ref1(A)              % 分解为行阶梯矩阵 U，也可用 [L, U] = lu(A)
D = prod(diag(U1))        % 求主对角元素的连乘积
```

执行[L, U] = lu(A)的结果为

```
U=10.0000   8.0000    6.0000   4.0000
       0   -4.8000    5.4000   6.6000
       0         0   10.6250  12.8750
       0         0         0  -2.8000
D =   1428
```

若直接输入语句 D1 = det(A)即可得到 D1=−1428。

例 3.5　证明范德蒙矩阵的行列式：

$$D_4=\begin{vmatrix}1 & 1 & 1 & 1\\ a_1 & a_2 & a_3 & a_4\\ a_1^2 & a_2^2 & a_3^2 & a_4^2\\ a_1^3 & a_2^3 & a_3^3 & a_4^3\end{vmatrix}=(a_2-a_1)(a_3-a_1)(a_4-a_1)(a_3-a_2)(a_4-a_2)(a_4-a_3)$$

证　这要用到符号运算，只能用 MATLAB 内部函数 det，程序如下：

```
syms a1 a2 a3 a4
A=[ones(1, 4); a1 a2 a3 a4; [a1 a2 a3 a4].^2; [a1 a2 a3 a4].^3]   % 注意用元素群运算赋值
D4=det(A) , simple(D4)                % simple 是符号处理中的化简函数
```

得到多种化简形式，其中最简短的表达式为因式分解形式，即

D4 = (-a4 + a3) * (a2−a4) * (a2 − a3) * (−a4 + a1) * (a1 − a3) * (a1 − a2)

由此可知，只要 a_1，a_2，a_3，a_4 互不相同，D4 就不为零，此结果也可推广至 n 阶情况。

例 3.6　计算四阶行列式：$D_4=\begin{vmatrix}4 & 3 & 0 & 0\\ 1 & 4 & 3 & 0\\ 0 & 1 & 4 & 3\\ 0 & 0 & 1 & 4\end{vmatrix}$。

解 程序 pla306 为：

A=[4, 3, 0, 0; 1, 4, 3, 0; 0, 1, 4, 3; 0, 0, 1, 4], D=det(A)

运行结果为

D= 121

3.5 应用实例

行列式主要有以下一些工程用途：(1) 判别线性方程组解的存在性和唯一性；(2) 求平行四边形面积或平行多面体体积；(3) 建立特征方程，求特征值，这一用途将在第 5 章中介绍。

*3.5.1 插值多项式解的存在性和唯一性

例 3.7 设 $n = 4$，试证插值理论中的一个基本结论：设函数 $y = f(x)$在 n 个互不相同的点 x_1，x_2，…，x_n 处的函数值为 y_1，y_2，…，y_n，则存在着次数不超过 $n-1$ 的多项式：

$$P_n(x) = a_0 + a_1x + a_2x^2 + \cdots + a_{n-1}x^{n-1}$$

满足：$P_n(x_i) = y_i$，$i = 1, \cdots, n$。且此结果是唯一的。

证明 把 4 个点代入多项式中，得到四个方程：

$$\begin{cases} a_0 + a_1x_1 + a_2x_1^2 + a_3x_1^3 = y_1 \\ a_0 + a_1x_2 + a_2x_2^2 + a_3x_2^3 = y_2 \\ a_0 + a_1x_3 + a_2x_3^2 + a_3x_3^3 = y_3 \\ a_0 + a_1x_4 + a_2x_4^2 + a_3x_4^3 = y_4 \end{cases} \tag{3.5.1}$$

方程组(3.5.1)是以 a_0、a_1、a_2、a_3 为变量的方程组，其系数行列式 D_4 是 4 阶范德蒙行列式的转置，在例 3.5 中已求出它的表达式为：

$$D_4 = \begin{vmatrix} 1 & x_1 & x_1^2 & x_1^3 \\ 1 & x_2 & x_2^2 & x_2^3 \\ 1 & x_3 & x_3^2 & x_3^3 \\ 1 & x_4 & x_4^2 & x_4^3 \end{vmatrix} = (x_4 - x_1)(x_4 - x_2)(x_4 - x_3)(x_3 - x_1)(x_3 - x_2)(x_2 - x_1)$$

由此可知，当 x_1、x_2、x_3、x_4 互不相同时，$D_4 \neq 0$。此时方程组(3.5.1)有唯一解 $\boldsymbol{a} = [a_0, a_1, a_2, a_3]$，即满足条件的多项式 $P_4(x)$存在且唯一。

用计算机解工程中的线性方程组时，由于采用消元法，故在求解的同时，就求出了主元，也完成了主元是否为零的判别，用户感觉不到用行列式判解的工作。只在行列式接近于零的准奇异条件下，当计算结果的可靠性可能受到威胁时，计算机才会发出警告，可看例 3.8。

例 3.8 设 $\boldsymbol{A} = \begin{bmatrix} -16 & -4 & -6 \\ 15 & -3 & 9 \\ 18 & 0 & 9 \end{bmatrix}$，试求其逆阵 $\boldsymbol{V} = \boldsymbol{A}^{-1}$。

解 输入 $\boldsymbol{A}$ 的数据后，键入 V=inv(A)，程序为：

A=[−16, −4, −6; 15, −3, 9; 18, 0, 9], V=inv(A)

运行后得到警告信息如下：

Warning：Matrix is close to singular or badly scaled

Results may be inaccurate. RCOND = 6.042030e−018.

$$V = 1.0\times10^{15}\begin{bmatrix} 0.4222 & -0.5629 & 0.8444 \\ -0.4222 & 0.5629 & -0.8444 \\ -0.8444 & 1.1259 & -1.6888 \end{bmatrix}$$

它警告说：“此矩阵接近奇异，数据尺度很差，结果可能不准确。逆条件数 RCOND = 6.042030 × 10^{-18}”。“逆条件数”是标志精度下降程度的数量指标，这意味着算出的数据精度要下降 18 位十进制。由于 MATLAB 中的数据本身只有 16 位有效数，所以算出的结果完全没有意义。实际上，算一下本题所给矩阵的行列式就可知道，$\det(\boldsymbol{A}) = 0$。所以它是一个奇异矩阵，其逆矩阵不存在。

3.5.2 用行列式计算面积

例 3.9 设三角形三个顶点的坐标为(x_1, y_1)、(x_2, y_2)、(x_3, y_3)。

(1) 试求此三角形的面积。

(2) 利用此结果计算四个顶点坐标为(0, 1)、(3, 5)、(4, 3)、(2, 0)的四边形的面积。

(3) 将此结果推广至任意多边形。

解 (1) 三角形面积为对应的平行四边形面积的一半，利用行列式等于两向量所构成的平行四边形面积的关系，可求出三角形面积与顶点坐标之间的关系。

将三角形的一个顶点(x_1, y_1)移到原点，则其余两个顶点的坐标分别为$(x_2 - x_1, y_2 - y_1)$和$(x_3 - x_1, y_3 - y_1)$。根据式(3.1.4)，此两个顶点所对应的向量构成的平行四边形面积为：

$$S_p = a_1b_2 - a_2b_1 = (x_2 - x_1)(y_3 - y_1) - (x_3 - x_1)(y_2 - y_1)$$

由于行列式是有正负号的，面积也可以规定正负号，通常是用第一个向量到第二个向量的转动方向来定义的，但这不符合大多数应用的习惯，而且在正负面积相加时，容易造成错误，所以在这里可取它的绝对值。即三角形面积为：

$$S_s = 0.5|S_p| = 0.5|(x_2 - x_1)(y_3 - y_1) - (x_3 - x_1)(y_2 - y_1)|$$

(2) 画出此四边形如图 3-6 所示。可以将它划分为两个三角形，按上式分别计算其面积再相加即可。

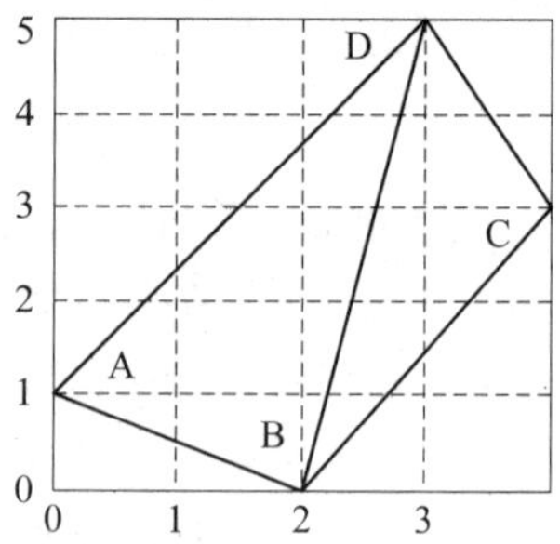

图 3-6　例 3.9 的四边形

三角形 ABD 的面积为：

$$S_1 = 0.5 \times |(2-0)\times(5-1) - (3-0)\times(0-1)| = 0.5\times(8+3) = 5.5$$

三角形 CBD 的面积为：

$$S_2 = 0.5 \times |(4-2)\times(5-0) - (3-2)\times(3-0)| = 0.5\times(10-3) = 3.5$$

此四边形的面积为 $S = S_1 + S_2 = 9$。

(3) N 边多边形必可划分为 $N-2$ 个三角形，用类似的方法可以求出其面积。但是实践证明，在代入各点坐标时，是很容易出错的。比较好的方法是先编一个求三角形面积的子程序，它的输入变元应该是三个顶点的坐标组，这样就可节省时间并避免差错。此问题作为留给读者的作业，读者也可以参阅[7]。

*3.5.3　特征行列式及其计算

行列式的一个重要应用是求方阵 $\boldsymbol{A}$ 的特征值和特征向量。满足特征方程 $\boldsymbol{Ax}=\lambda\boldsymbol{x}$ 的 λ 定义为方阵的特征值，对应于该 λ 的特征方程 $(\boldsymbol{A}-\lambda\boldsymbol{I})\boldsymbol{x}=\boldsymbol{0}$ 的解 $\boldsymbol{x}$ 称为特征向量。特征值和特征向量的几何意义及用途将在第 5 章介绍。这里只介绍它与行列式的关系。

齐次方程组 $\boldsymbol{Ax}=\boldsymbol{0}$ 有非零解存在的条件是 $\det(\boldsymbol{A})=0$。所以二阶特征方程有解 $\boldsymbol{x}$ 存在的条件是 $\det(\boldsymbol{A}-\lambda\boldsymbol{I})=(a_{11}-\lambda)(a_{22}-\lambda)-a_{12}a_{21}=0$。其展开后得到的是关于 λ 的二次多项式 $\lambda^2+c_1\lambda+c_0=0$。解这个二次代数方程就可以求出特征值 λ。

例 3.10　$\boldsymbol{A}=\begin{bmatrix}1.5 & 0\\ 0 & 1.0\end{bmatrix}$，求它的特征方程及特征值。

解　特征方程为

$$\det(\boldsymbol{A}-\lambda\boldsymbol{I})=\begin{vmatrix}1.5-\lambda & 0\\ 0 & 1-\lambda\end{vmatrix}=(1.5-\lambda)(1-\lambda)=\lambda^2-2.5\lambda+1.5=0$$

此特征方程有两个根 $\lambda_1=1.5$，$\lambda_2=1$，它们也就是 $\boldsymbol{A}$ 的特征值。

如果是三阶方阵，把三阶行列式展开成三次多项式就相当麻烦，用手工求它的根更是困难的，更别说高阶。因此特征行列式的手工解没有工程价值，MATLAB 专门提供了一个函数 c=poly(A)来展开特征行列式，求特征多项式的系数 c；另外又提供了一个 roots(c)函数来解多项式的根。本题可键入：

```
A=[1.5, 0; 0, 1],    c=poly(a),    lambda=roots(c)
```

得到

```
A =1.5   0         c=[1   -2.5   1.5]        lambda =1.5
   0    1                                           1
```

$\left(对应于\begin{bmatrix}\lambda_1\\ \lambda_2\end{bmatrix}\right)$

MATLAB 还提供一个 null 函数来求解 $\boldsymbol{x}$(即特征向量)，使得求特征根和特征向量的工作完全计算机化了。程序 pla310 给出了完整计算过程，在第 5 章中将介绍其意义。

3.6　复习要求及习题

3.6.1　本章要求掌握的概念和计算

(1) 二阶三阶方阵行列式的来源和表达式的几何意义。

(2) 高阶行列式的主元连乘法定义及好处，和消元法及 LU 分解的关系。

(3) 非齐次方程组 $\boldsymbol{Ax}=\boldsymbol{b}$ 的解存在且唯一的必要条件是 $\det(\boldsymbol{A})\neq 0$，齐次方程组 $\boldsymbol{Ax}=\boldsymbol{0}$ 有非零解的条件是 $\det(\boldsymbol{A})=0$。

(4) 行列式的主要性质及其利用上三角阵特性的证明，特别是如何快速判断行列式为零。

(5) 知道行列式计算的原理，会用软件工具计算行列式。

(6) 知道行列式的三个用途，判解、求面积(体积)、解特征方程。

(7) MATLAB 实践：符号矩阵的行阶梯和主元连乘求行列式，面积计算子程序，特征根计算。

(8) MATLAB 函数：det、lu、ref1、diag、prod、syms、poly、roots、null。

3.6.2　计算题

3.1　用行阶梯形(或 LU 分解)方法求矩阵的行列式，并与用 det 函数求的结果比较：

(a) $\boldsymbol{A}=\begin{bmatrix}-6 & -7 & 7 & 6\\ 3 & 4 & 2 & 3\\ -4 & -2 & 0 & 6\\ 1 & 7 & 8 & 3\end{bmatrix}$；(b) $\boldsymbol{B}=\begin{bmatrix}0 & -5 & 7 & -1\\ 7 & 7 & -6 & -8\\ -6 & 5 & -4 & 9\\ 9 & -7 & 3 & 2\end{bmatrix}$；(c) $\begin{bmatrix}-6 & -9 & -2 & 6\\ -6 & 5 & 7 & -9\\ 2 & -1 & 0 & 3\\ -4 & 8 & -6 & -2\end{bmatrix}$。

3.2　用 det 函数计算行列式：

(a) $\begin{vmatrix}4 & 9 & 1\\ 1 & 4 & 0\\ 2 & 5 & 2\end{vmatrix}$；(b) $\begin{vmatrix}1 & 9 & 4\\ 3 & 1 & 7\\ 2 & 0 & 9\end{vmatrix}$；(c) $\begin{vmatrix}a & b & a+b\\ b & a+b & a\\ a+b & a & b\end{vmatrix}$；(d) $\begin{vmatrix}1 & a & 0 & 0\\ 0 & b & 0 & 0\\ 0 & c & 1 & 0\\ 0 & d & 0 & 1\end{vmatrix}$ 及 $\begin{vmatrix}1 & 0 & a & 0\\ 0 & 1 & b & 0\\ 0 & 0 & c & 0\\ 0 & 0 & d & 1\end{vmatrix}$。

3.3　用 randintr(n)函数随机生成两个四阶方阵 $\boldsymbol{A}$，$\boldsymbol{B}$。

(a) 验证等式 $\det(\boldsymbol{A}+\boldsymbol{B})=\det(\boldsymbol{A})+\det(\boldsymbol{B})$ 是否成立。

(b) 验证等式 $\det(\boldsymbol{AB})=\det(\boldsymbol{A})\det(\boldsymbol{B})$ 是否成立。

(c) 验证等式 $\det(\boldsymbol{A}^{-1})=(\det(\boldsymbol{A}))^{-1}$ 是否成立。

3.4　根据方程组的系数行列式，判断其解是否存在，是否唯一。再用行阶梯形分解方法或其他方法进行验证。

(a) $\begin{cases}4x_1-x_2+x_3-x_4=2\\ 2x_1+3x_2+7x_3+x_4=4\\ 2x_1+2x_2+2x_3-x_4=0\\ 3x_1-x_2+2x_3=3\end{cases}$；(b) $\begin{cases}-7x_1+4x_3+7x_4=8\\ 3x_1+x_2+7x_3-5x_4=1\\ 4x_1-7x_2-4x_3+6x_4=1\\ 4x_1-x_2-5x_3+8x_4=3\end{cases}$

3.5　利用行列式计算面积。

(a) 已知 $A(1, 2), B(3, 3), C(2, 1)$，画出三角形 ABC 图形并求其面积。

(b) 已知 $A(0, 0), B(1, 4), C(5, 3), D(4, 1)$，画出四边形 $ABCD$ 图形并求其面积。

3.6　求一个顶点在原点，相邻顶点在(1, 0, –2), (1, 2, 4), (7, 1, 0)的平行六面体的体积。

3.7　由 $\boldsymbol{A}=\begin{bmatrix}4 & 1\\ 2 & 3\end{bmatrix}$ 求 A^2 和 A^{-1} 及 $\boldsymbol{A}-\lambda\boldsymbol{I}$ 的行列式，λ 取哪两个数时会导致 $|\boldsymbol{A}-\lambda\boldsymbol{I}|=0$。

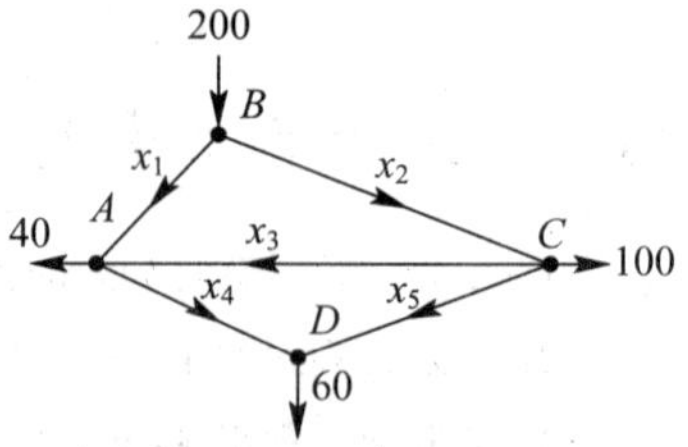

题 3.8 图　交通流图

3.8　(a) 求描述如题 3.8 图所示的交通流图的方程组并求其解。

(b) 如果 x_4 的路段被封闭，求此方程组的解。

(c) 如果 x_5 的路段被封闭，求此方程组的解。

3.9　写出方阵的特征方程，并求其特征根：

(a) $\begin{bmatrix}1 & 3\\3 & 2\end{bmatrix}$；　(b) $\begin{bmatrix}1 & 3\\-1 & 2\end{bmatrix}$；(c) $\begin{bmatrix}1 & 3\\2 & -2\end{bmatrix}$。

3.10　用克莱姆法则解方程组：

(a) $\begin{cases}2x_1+2x_2-x_3+x_4=4\\4x_1+3x_2-x_3+2x_4=6\\8x_1+5x_2-3x_3+4x_4=12\\3x_1+3x_2-2x_3+2x_4=6\end{cases}$；　(b) $\begin{cases}2x_1+3x_2+11x_3+5x_4=2\\x_1+x_2+5x_3+2x_4=1\\2x_1+x_2+3x_3+2x_4=-3\\x_1+x_2+3x_3+4x_4=-3\end{cases}$。

3.11　用消元法把 $\boldsymbol{A}=\begin{bmatrix}2 & 4 & 8\\4 & 3 & 9\\8 & 9 & 0\end{bmatrix}$ 简化成 $\boldsymbol{A}=\boldsymbol{LU}$，求 $\boldsymbol{L}, \boldsymbol{U}, \boldsymbol{A}, \boldsymbol{U}^{-1}\boldsymbol{L}^{-1}$ 及 $\boldsymbol{U}^{-1}\boldsymbol{L}^{-1}\boldsymbol{A}$ 的行列式。

3.12　设平面三角形的三个顶点坐标为 z1=[x1, y1], z2=[x2, y2], z3=[x3, y3]，试写出计算其面积的子程序。规定该子程序的程序头具有以下的基本格式：

```
function A=triarea(z1, z2, z3)
```

(注：下面三行是注释语句，在用 help triarea 命令时显示)

```
%   function A=triarea(z1, z2, z3)
%  根据三角形的三个顶点坐标 z1, z2, z3，计算其面积 A 的子程序
%   z1=[x1, y1], z2=[x2, y2], z3=[x3, y3]各为三个顶点的 1×2 坐标向量
```

(要写的程序段从此处开始)

3.13　设某线性系统的信号流图题 3.13 图所示，输入信号为 u，输出信号为 y，请自行在四个中间节点上标注信号 x_1，x_2，x_3，x_4，然后

(a) 列出此系统的线性方程组。

(b) 将此线性方程组写成 $\boldsymbol{A}x=\boldsymbol{b}$ 的标准矩阵形式。

(c) 用 $\boldsymbol{x}=\boldsymbol{A}\backslash\boldsymbol{B}$ 求此方程，求出输出 y 与输入 u 之比，即系统传递函数。

(提示：要把 G_1，G_2，G_3，G_4，G_5，G_5，G_6，G_7 设为符号变量。)

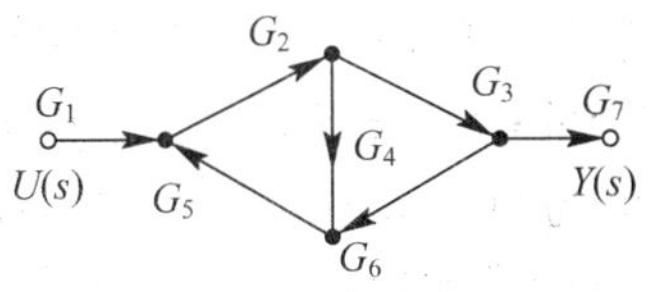

题 3.13 图　某系统的信号流图

第 4 章　平面和空间向量

线性系统的许多重要特性可以用向量的概念来描述，这是因为向量可以描述两个或两个以上的实数组成的数组特征。二维和三维空间中的向量有鲜明的几何意义，也有广泛的应用价值，掌握它们的基本特性就可更好地从几何空间概念来理解线性代数方程组的某些性质，同时也可帮助人们用三维空间导出的许多规律去抽象推想高维的向量空间，所以掌握好三维空间是根本。本章将介绍向量空间的基本概念，用它来进一步诠释线性方程组的几何意义；下一章则讨论二、三向量线性变换中一些较深入的问题。

4.1　向量的类型

线性系统的许多概念可以用向量和向量空间来描述。用向量空间进行抽象的方法可以扩大线性代数的应用领域，并可以更加形象、简洁地解决某些命题。

1. 物理向量

向量这个术语起源于物理，用以表示既有大小又有方向的物理量，如力、位移和速度等。那些只需用一个实数来表示的物理量，如温度、压力和质量等称为标量。向量还可以有更广泛的意义，即把任何由多个参数描述的变量视为向量，参数的数目称为“维”数。例如：

(1) 若一个班的学生本学期学了五门课，则每人的成绩就可用五门课的分数组成的五维向量来反映，这比用一个平均分的标量来表示包含了更丰富的信息。

(2) 一种产品的成本可以分解为材料成本、生产成本和管理成本等几个分量组成的向量，用成本向量代替总成本更便于对成本进行细致的分析。

(3) t 的二次多项式 $p(t) = a_0 + a_1t + a_2t^2$ 由三个参数 a_1、a_2、a_3 确定，若把直角坐标系的三个轴分别取为 t^0、t^1、t^2，则空间坐标系中任何一点(即一个向量)的三个分量就代表了一个多项式。

(4) 一个飞行质点的速度向量可以用它的三个速度分量来表示。为了得知更完整的运动状态，可以把三个位置分量也加进去，组成六维的运动向量。如果再把质点看作刚体而考虑飞行器的三个姿态角，则它的运动可用九维向量来表示。

(5) 把人口按年龄分别统计可以得到一个具有 100 多维的向量，如再按性别分开，得到的便是 200 多维的向量，这是进行人口研究的起步点。

(6) 一个经济体中若有几十个生产部门，它们各有自己的产值，则整个经济体的产值就是一个几十维的向量。各部门的投入也是多种多样的，也可以用向量来表示。

不难看出，向量的引入极大地扩展了对象建模的深度和广度。

2. 几何向量

若把平面上的向量的箭尾 A 的坐标值取为(a_1, a_2)，而把箭头 B 的坐标值取为(b_1, b_2)，则连接点 A 到点 B 的箭头就称为几何向量(见图 4-1)，即

$$\boldsymbol{v} = \overrightarrow{AB}$$

A 称为向量的起点，B 称为向量的终点。这样的几何向量，要用 a_1、a_2，b_1、b_2 四个实数才能表示。若把向量的箭尾 A 移到原点，则箭头 B 就移到了 P 点(见图 4-1)。这时的向量作用线通过了原点，称为位置向量。平面中的位置向量的特性可由其长度和方向两个实数来表示，也可以由 P 点的坐标(v_x, v_y)或(b_1-a_1, b_2-a_2)来表示。对于空间位置向量，它的特性就需要用三个实数来表示。在线性代数中，除非特别说明，否则研究的都是起点在原点的位置向量，所以每个分量只需用一个标量来表示。

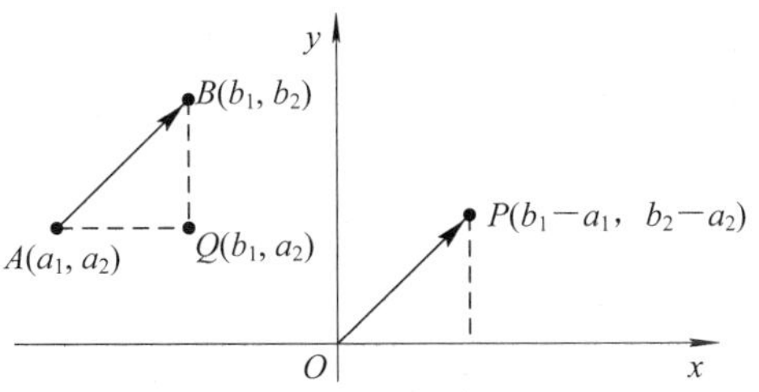

图 4-1　向量和位置向量

3. 代数向量

把平面中的几何向量 $\boldsymbol{v}$ 用它在 x 和 y 两个方向的分量 v_x 和 v_y 来表示，即

$$\boldsymbol{v} = \begin{bmatrix} v_x \\ v_y \end{bmatrix} = \begin{bmatrix} b_1 - a_1 \\ b_2 - a_2 \end{bmatrix}$$

这就是平面中用线性代数表示向量的方法。粗看起来，它与几何向量的表示法没有太大的差别，但到了三维以上，几何向量将失去意义，而代数向量的维数可以无限地扩展，以满足工程和经济模型分析的需要。从几何到代数，也就是从三维向高维抽象的线性代数方法论。

4.2　向量及其线性组合

4.2.1　平面和空间向量的矩阵表示

平面中的向量 $\boldsymbol{v}$ 用它在 x 和 y 两个方向的分量 v_1 和 v_2 来表示，行向量写成 $[v_1,\ v_2]$，列向量写为 $\boldsymbol{v} = \begin{bmatrix} v_1 \\ v_2 \end{bmatrix}$。为了节省篇幅，有时按向量转置的规则，把列向量写成 $[v_1,\ v_2]^{\mathrm{T}}$。

例 4.1　设 $\boldsymbol{u}=\begin{bmatrix}u_1\\u_2\end{bmatrix}=\begin{bmatrix}2\\4\end{bmatrix}$, $\boldsymbol{v}=\begin{bmatrix}v_1\\v_2\end{bmatrix}=\begin{bmatrix}3\\-1\end{bmatrix}$, 要求画出这两个向量的图形。

解　$\boldsymbol{u}$ 和 $\boldsymbol{v}$ 都是二维空间的列向量，可以用平面坐标系中的两个点，或从坐标原点引向这两点的箭头来表示。用手工画是很容易的，也可以用程序 pla401 来画，得到的图形见图 4-2。

几何向量的加减按平行四边形法则进行，它在笛卡尔坐标中的分量满足简单的代数加减法。对于如图 4-2 所示的平面上的二维向量，写成代数形式为

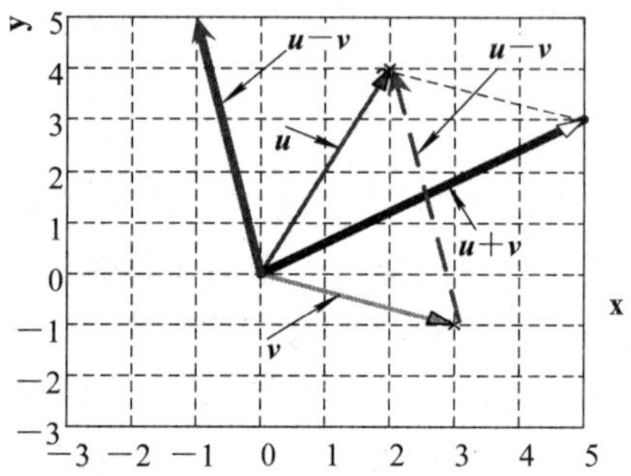

图 4-2　二维空间中的向量

$$\boldsymbol{u}+\boldsymbol{v}=\begin{bmatrix}u_1+v_1\\u_2+v_2\end{bmatrix},\quad \boldsymbol{u}-\boldsymbol{v}=\begin{bmatrix}u_1-v_1\\u_2-v_2\end{bmatrix}$$

向量的线性组合：设 c、d 为任意数(标量)，则 $\boldsymbol{b}=c\boldsymbol{u}+d\boldsymbol{v}$ 表示向量 $\boldsymbol{u}$、$\boldsymbol{v}$ 的任意线性组合。取例 4.1 中的 $\boldsymbol{u}$ 和 $\boldsymbol{v}$，得到

$$\boldsymbol{b}=c\boldsymbol{u}+d\boldsymbol{v}=c\begin{bmatrix}2\\4\end{bmatrix}+d\begin{bmatrix}3\\-1\end{bmatrix}=\begin{bmatrix}2c+3d\\4c-d\end{bmatrix}=\begin{bmatrix}b_1\\b_2\end{bmatrix}$$

如果 $c=d=1$，则 $\boldsymbol{b}=\boldsymbol{u}+\boldsymbol{v}=\begin{bmatrix}5\\3\end{bmatrix}$；如果 $c=1$，$d=-1$，则 $\boldsymbol{b}=\boldsymbol{u}-\boldsymbol{v}=\begin{bmatrix}-1\\5\end{bmatrix}$。在图 4-2 中也画出了这两个向量。不管 c、d 取什么值，合成向量 $\boldsymbol{b}$ 一定是处在 x–y 平面上的；反过来说，x–y 平面上所有的点 $\boldsymbol{b}$，都可以找到相应的 c、d，使得 $\boldsymbol{b}=c\boldsymbol{u}+d\boldsymbol{v}$。具有这种性质向量的全体称为一个二维的向量空间。在这里就是整个 x–y 坐标平面。

对于空间向量，用下标 1、2、3 分别表示笛卡尔坐标 x、y、z 方向的分量，可类似地推得：

若 $\boldsymbol{u}=\begin{bmatrix}u_1\\u_2\\u_3\end{bmatrix}$, $\boldsymbol{v}=\begin{bmatrix}v_1\\v_2\\v_3\end{bmatrix}$, 则

$$\boldsymbol{u}+\boldsymbol{v}=\begin{bmatrix}u_1+v_1\\u_2+v_2\\u_3+v_3\end{bmatrix},\quad \boldsymbol{u}-\boldsymbol{v}=\begin{bmatrix}u_1-v_1\\u_2-v_2\\u_3-v_3\end{bmatrix}$$

例 4.2　设列向量 $\boldsymbol{u}=[1,-2,2]^{\mathrm{T}}$，$\boldsymbol{v}=[2,1,-1]^{\mathrm{T}}$，求 $\boldsymbol{w}_1=\boldsymbol{u}+\boldsymbol{v}$，$\boldsymbol{w}_2=\boldsymbol{u}-\boldsymbol{v}$。

解　将其写成列向量

$$u=\begin{bmatrix}1\\-2\\2\end{bmatrix},\ v=\begin{bmatrix}2\\1\\-1\end{bmatrix}$$

则

$$w_1=u+v=\begin{bmatrix}3\\-1\\1\end{bmatrix},\quad w_2=u-v=\begin{bmatrix}-1\\-3\\3\end{bmatrix}$$

我们希望读者在学习线性代数时，把三维向量的矩阵表达式与它们在三维空间的形状结合起来，所以图 4-3 中给出了向量 u、v、w_1、w_2 的立体图，读者可以自己在草稿纸上练习。

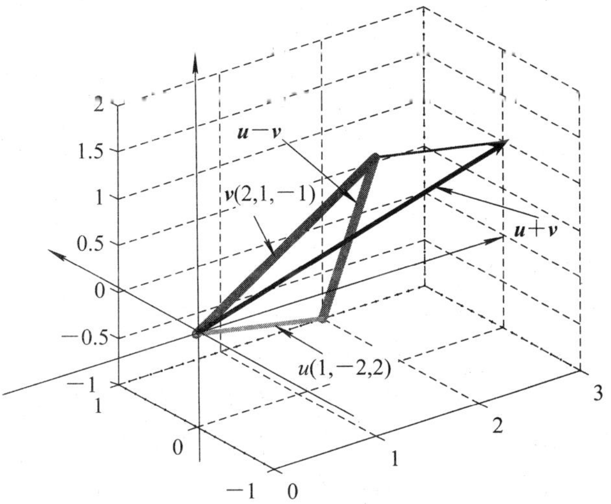

图 4-3　空间向量的相加和相减

注意，图 4-3 中 u、v 两个向量在三维空间中组成一个平面，它们的合成向量 w_1、w_2 必定也在这个平面上，这在几何上可以想象，但图示就不易看清。在本书的程序集中，收藏了它的三维图形，文件名是 fpla403.fig，读者可以在 MATLAB 命令或图形窗中调出这个文件，然后单击其三维旋转按钮，将能观察到空间向量 u、v、w_1、w_2 都处在一个平面上。也可以说，这个平面是一个二维空间。

4.2.2　向量的几何长度和方向余弦

向量几何长度的符号为 $\|v\|$，在直角坐标系中，几何长度为它的各个分量的平方和的开方。图 4-4(a)所示的二维向量(1, 2)的几何长度为 $\|v\|=\sqrt{(1^2+2^2)}=\sqrt{5}$，图 4-4(b)所示的三维向量(1, 2, 3)的几何长度为 $\sqrt{(1^2+2^2+3^2)}=\sqrt{14}$。MATLAB 中用 norm(译为“范数”)命令来求几何长度。

几何向量乘以标量后，其几何长度改变相应的倍数，而方向不变。如果乘数为负数，则向量的方向反转，但仍与原向量共线。图 4-5 表示了空间向量 v 乘以 2 的结果。

用代数方法表示时，设乘数 λ 为标量，若 $\boldsymbol{v}=\begin{bmatrix}v_1\\v_2\\v_3\end{bmatrix}$，则 $\lambda\boldsymbol{v}=\begin{bmatrix}\lambda v_1\\\lambda v_2\\\lambda v_3\end{bmatrix}$。经过数乘后的向量几何长度也为原几何长度的数乘，即

$$\|\lambda\boldsymbol{v}\|=\sqrt{(\lambda v_1)^2+(\lambda v_2)^2+(\lambda v_3)^2}=\lambda\|\boldsymbol{v}\|$$

可见在三维空间中，几何向量和代数向量的描述与数乘运算规则是完全一致的。

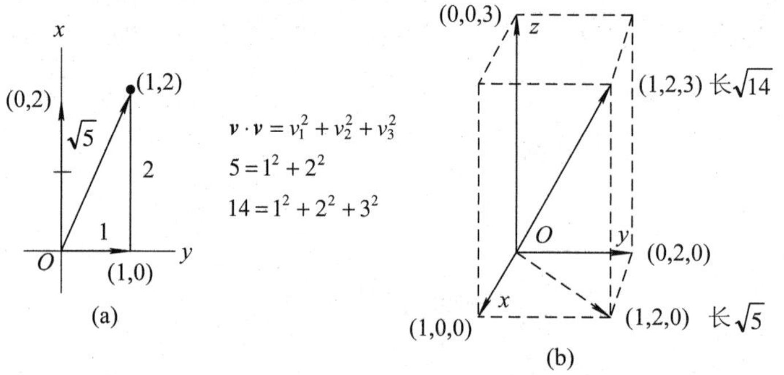

图 4-4　二维平面和三维空间向量长度的计算

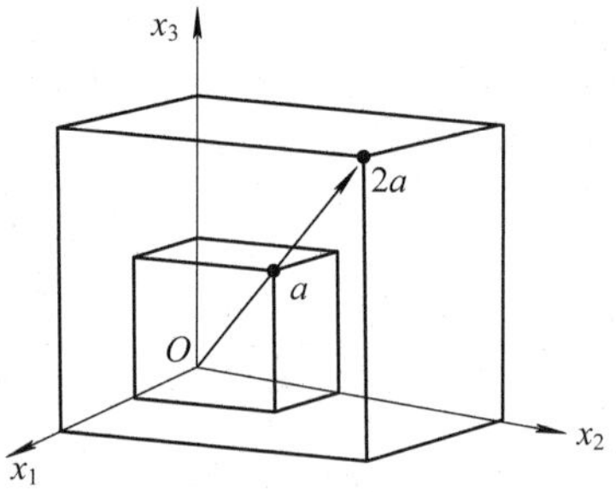

图 4-5　空间向量乘以标量

单位向量指几何长度为 1 的向量。$\boldsymbol{v}$ 的单位向量通常写成 $\boldsymbol{v}_0$，$\boldsymbol{v}_0=\boldsymbol{v}/\|\boldsymbol{v}\|$，平面单位向量的两个分量是该向量在 x–y 轴上的投影。由于原向量长度已归一化，故此投影也就是该向量分别与 x、y 轴夹角的方向余弦。对于三维向量，这几个投影就是该向量与三个坐标轴之间夹角的方向余弦，因此单位向量 $\boldsymbol{v}_0$ 的各个分量标志了该向量在坐标系中的方向。

$\boldsymbol{v}$ 与三个坐标轴之间的夹角的方向余弦就是单位向量 $\boldsymbol{v}_0$ 沿 x、y、z 三个轴的三个分量 $\cos\alpha$，$\cos\beta$、$\cos\gamma$，如图 4-6 所示。只要 x、y、z 是直角坐标系，$\boldsymbol{v}_0$ 与各坐标轴的夹角就一定满足：

$$\begin{aligned}\boldsymbol{v}_0^{\mathrm{T}}\boldsymbol{v}_0&=[\cos\alpha\ \ \cos\beta\ \ \cos\gamma]\begin{bmatrix}\cos\alpha\\\cos\beta\\\cos\gamma\end{bmatrix}\\&=\cos^2\alpha+\cos^2\beta+\cos\gamma^2\\&=1\end{aligned}$$

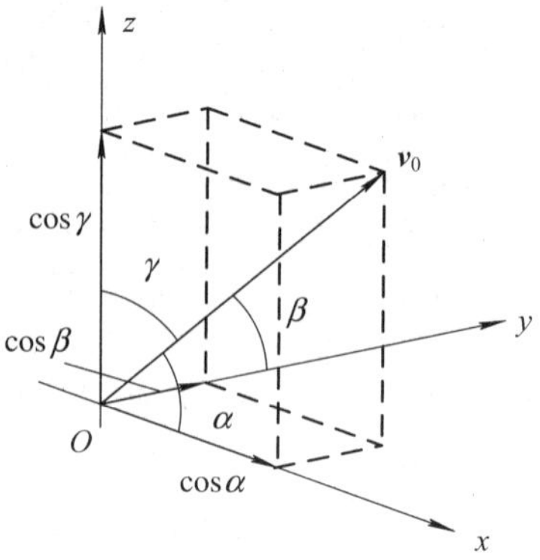

图 4-6　单位向量的三个投影

用图 4-4 的向量来分析，二维单位向量为

$$\begin{aligned}\boldsymbol{v}_0=\boldsymbol{v}/\|\boldsymbol{v}\|&=\begin{bmatrix}1\\2\end{bmatrix}\Big/\sqrt{5}\\&=\begin{bmatrix}0.4472\\0.8944\end{bmatrix}=\cos\begin{bmatrix}\theta_1\\\theta_2\end{bmatrix}\end{aligned}$$

其中 θ_1、θ_2 为向量 $\boldsymbol{v}$ 与 x、y 轴的夹角。三维单位向量为

$$\boldsymbol{v}_0=\boldsymbol{v}/\|\boldsymbol{v}\|=\begin{bmatrix}1\\2\\3\end{bmatrix}\Big/\sqrt{14}=\begin{bmatrix}0.2673\\0.5345\\0.8018\end{bmatrix}=\cos\begin{bmatrix}\alpha\\\beta\\\gamma\end{bmatrix}$$

其中 α、β、γ 分别是 $\boldsymbol{v}$ 与 x、y、z 轴的夹角。$\boldsymbol{v}_0$ 各分量的平方和必定等于 1。

4.2.3　数量积及其应用

两向量 $\boldsymbol{u}$ 和 $\boldsymbol{v}$ 的数量积也称为点乘(dot product)。其定义为

$$\boldsymbol{u}\cdot\boldsymbol{v}=\|\boldsymbol{u}\|\cdot\|\boldsymbol{v}\|\cos\theta=\boldsymbol{v}\cdot\boldsymbol{u}\tag{4.2.1}$$

设 $\boldsymbol{u}$、$\boldsymbol{v}$ 是 xy 平面上的平面向量，见图 4-7。其中 θ 为两个向量 $\boldsymbol{u}$ 和 $\boldsymbol{v}$ 之间的夹角。数量积的几何意义是把 $\boldsymbol{u}$ 乘以 $\boldsymbol{v}$ 在 $\boldsymbol{u}$ 方向的投影，也等丁 $\boldsymbol{v}$ 乘以 $\boldsymbol{u}$ 在 $\boldsymbol{v}$ 方向的投影。

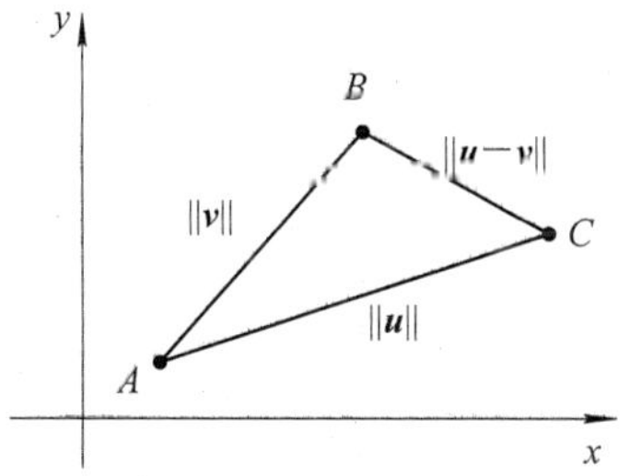

图 4-7　向量数量积的三角关系

为了找到对应的代数关系，将 $\boldsymbol{u}$ 和 $\boldsymbol{v}$ 的端点 C、B 两点连接起来，见图 4-7。运用余弦定理，可以列出

$$\|\boldsymbol{u}-\boldsymbol{v}\|^2=\|\boldsymbol{u}\|^2+\|\boldsymbol{v}\|^2-2\|\boldsymbol{u}\|\cdot\|\boldsymbol{v}\|\cos\theta\tag{4.2.2}$$

移项后，得到

$$\begin{aligned}\|\boldsymbol{u}\|\cdot\|\boldsymbol{v}\|\cos\theta&=\frac{1}{2}\left[\|\boldsymbol{u}\|^2+\|\boldsymbol{v}\|^2-\|\boldsymbol{u}-\boldsymbol{v}\|^2\right]\\&=\frac{1}{2}\left[u_1^2+u_2^2+v_1^2+v_2^2-(u_1-v_1)^2-(u_2-v_2)^2\right]=u_1v_1+u_2v_2\end{aligned}\tag{4.2.3}$$

由此可见 $\boldsymbol{u}\cdot\boldsymbol{v}=u_1v_1+u_2v_2$。这个乘积也称为“内积”，用 $<\boldsymbol{u},\boldsymbol{v}>$ 表示。若用列矩阵表示向量 $\boldsymbol{u}$ 和 $\boldsymbol{v}$，则可以写成

$$\boldsymbol{u}\cdot\boldsymbol{v}=u_1v_1+u_2v_2=[u_1\ u_2]\cdot\begin{bmatrix}v_1\\v_2\end{bmatrix}=\boldsymbol{u}^{\mathrm{T}}\boldsymbol{v}=<\boldsymbol{u},\boldsymbol{v}>\tag{4.2.4a}$$

对于空间向量，同样可以得出

$$\boldsymbol{u}\cdot\boldsymbol{v}=u_1v_1+u_2v_2+u_3v_3=\boldsymbol{u}^{\mathrm{T}}\boldsymbol{v}\tag{4.2.4b}$$

利用式(4.2.1)，可以得出两个有重要应用价值的结果：

(1) 两向量 $\boldsymbol{u}$、$\boldsymbol{v}$ 之间的夹角为

$$\cos\theta=\frac{\boldsymbol{u}\cdot\boldsymbol{v}}{\|\boldsymbol{u}\|\cdot\|\boldsymbol{v}\|}=\frac{\boldsymbol{u}^{\mathrm{T}}\boldsymbol{v}}{\sqrt{\boldsymbol{u}^{\mathrm{T}}\boldsymbol{u}}\cdot\sqrt{\boldsymbol{v}^{\mathrm{T}}\boldsymbol{v}}}\tag{4.2.5}$$

(2) 两向量夹角为 π/2 时称为正交，故正交条件为

$$\cos\theta = 0\text{，即 } \boldsymbol{u}^{\mathrm{T}}\boldsymbol{v} = <\boldsymbol{u},\boldsymbol{v}> = 0 \tag{4.2.6}$$

例 4.3　设 $\boldsymbol{u}$ = [4, 2]，$\boldsymbol{v}$ = [−1.5, 3](如图 4-8 所示)，求 $\boldsymbol{u}$ 和 $\boldsymbol{v}$ 的几何长度及它们的单位向量、此两个向量的数量积，并求此两个向量与 x 轴的夹角，画图说明其关系。

解　$\boldsymbol{u}$ 的几何长度为

$$\|\boldsymbol{u}\| = \sqrt{4^2 + 2^2} = 4.47$$

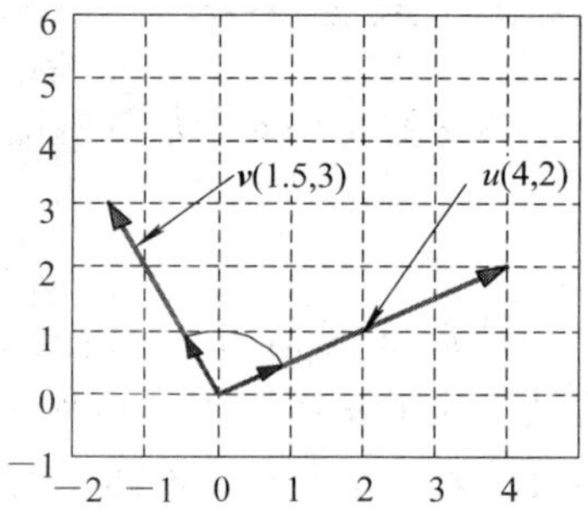

图 4-8　例 4.3 的几何图形

$\boldsymbol{v}$ 的几何长度为

$$\|\boldsymbol{v}\| = \sqrt{(-1.5)^2 + 3^2} = 3.39$$

$\boldsymbol{u}$ 的单位向量为

$$\boldsymbol{u}_0 = \begin{bmatrix} 4/4.47 \\ 2/4.47 \end{bmatrix} = \begin{bmatrix} 0.8948 \\ 0.4474 \end{bmatrix}$$

$\boldsymbol{v}$ 的单位向量为

$$\boldsymbol{v}_0 = \begin{bmatrix} -1.5/3.39 \\ 3/3.39 \end{bmatrix} = \begin{bmatrix} -0.4425 \\ 0.8850 \end{bmatrix}$$

因为两向量的数量积为

$$\boldsymbol{u}\cdot\boldsymbol{v} = \boldsymbol{u}^{\mathrm{T}}\boldsymbol{v} = [4\ \ 2]\begin{bmatrix} -1.5 \\ 3 \end{bmatrix} = 0$$

故知 $\boldsymbol{u}$ 和 $\boldsymbol{v}$ 正交。

x 轴方向的单位向量为 x0=[1; 0]，因此 $\boldsymbol{u}$、$\boldsymbol{v}$ 与 x 的夹角可按反三角函数求得，即

θu＝acos(u0^{T}∗x0)=0.4636(弧度)

θv＝acos(v0^{T}∗x0)=2.0344(弧度)

解本题的 MATLAB 程序 pla403 如下：

```
u=[4; 2], v=[−1.5; 3], x0=[1; 0],              % 输入向量数据
u0=u/normu, v0=v/norm(v)                       % 求 u、v 的单位向量
thetau=acos(u0'*x0), thetav=acos(v0'*x0)       % 求 u、v 与 x 轴夹角
thetauv=acos(u0'*v0)                           % 求 u、v 之间的夹角
plotangle(x, y)                     % 这是本书程序集中绘制向量夹角的子程序
```

例 4.4　求两向量 $\boldsymbol{u}$ = [1, −2, 2], v = [2, 1, −1]之间的夹角。

解　$\boldsymbol{u}$ 的单位向量为

$$\boldsymbol{u}_0 = \boldsymbol{u}/\|\boldsymbol{u}\| = \boldsymbol{u}\Big/\sqrt{1+(-2)^2+2^2} = [1/3;-2/3;2/3]\text{，}$$

$\boldsymbol{v}$ 的单位向量为

$$\boldsymbol{v}_0 = \boldsymbol{v}/\|\boldsymbol{v}\| = \boldsymbol{v}\Big/\sqrt{(2)^2+1^2+(-1)^2} = [2/\sqrt{6};1/\sqrt{6};-1/\sqrt{6}]$$

其夹角的余弦为

$$\cos\theta = \boldsymbol{u}_0^{\mathrm{T}}\boldsymbol{v}_0 = -\frac{2}{3\sqrt{6}} = -0.2722$$

解得 $\theta = 153°$。

求向量间夹角的公式(4.2.5)也可推广到高维空间，只是 θ 被抽象化了，如下例。

例 4.5　设有三个四维向量 $\boldsymbol{v}1 = [7, -4, -2, 9]$; $\boldsymbol{v}2 = [-4, 5, -1, -7]$; $\boldsymbol{v}3 = [9, 4, 4, -7]$，求它们的单位基向量 $\boldsymbol{v}10$、$\boldsymbol{v}20$、$\boldsymbol{v}30$，并分别求它们之间的夹角。

解　阶数较高的题目，应当用计算机编程求解。根据以上的公式，列出程序 pla405 如下：

```
v1=[7; -4; -2; 9]; v2=[-4; 5; -1; -7]; v3=[9; 4; 4; -7];          % 输入参数
v10=v1/norm(v1), v20=v2/norm(v2), v30=v3/norm(v3),    % 求单位向量
    theta12=acos(v10'*v20),                          % 求向量 v1、v2 间的夹角
    theta13=acos(v20'*v30), theta23= acos(v30'*v10)
```

程序运行的结果为

v10 =		v20 =		v30 =
0.5715		−0.4193		0.7071
−0.3266		0.5241		0.3143
−0.1633		−0.1048		0.3143
0.7348		−0.7338		−0.5500

theta12= 2.7733, theta13 = 1.7254, theta23 = 1.3296 【弧度】

要检验 v10, v20, v30 是否为单位向量，可以求 norm(v10)，…，看是否等于 1。在程序 pla405 中，还增加了语句 plotangle(v1, v2)，它可以把两个向量之间的夹角画在二维平面上。

这个例题涉及四维空间中的向量以及它们之间的夹角，这是常人从来不会遇到因而也无法想象的。这是线性代数中的抽象，而且这种抽象也在新技术发展中起到了重要作用。比如，在现代文献检索中，需要对被搜索的文献进行分类，如果我们只取文献的三个特性作为定量指标，那么就可以画出一个三维向量，此时可以选某一个向量为标准，把与它夹角小于某个角度(比如 30°)的向量都归为一类。但实际上只取三个特性是太少了，往往需要用几十、几百个特性来分类，那就必须要用几十、几百维的向量空间来作为聚类的标准，空间的夹角也就有了超越几何夹角的内涵。本书对三维以上的向量空间问题基本不予讨论，因为对入门者来说，先要弄清楚欧几里得空间的概念，才能为进一步抽象打好基础。

4.2.4　向量积及其应用

向量积也称为叉乘(cross product)。两向量 $\boldsymbol{u}$、$\boldsymbol{v}$ 的向量积 $z = \boldsymbol{u}\times\boldsymbol{v}$ 是一个新向量 $\boldsymbol{z}$，它与 $\boldsymbol{u}$、$\boldsymbol{v}$ 正交，按右手法则确定它的方向，即令右手食指沿 $\boldsymbol{u}$，弯曲的中指指 $\boldsymbol{v}$，则拇指指向 z 的方向。其几何长度为

$$\|\boldsymbol{z}\| = \|\boldsymbol{u}\times\boldsymbol{v}\| = \|\boldsymbol{u}\|\cdot\|\boldsymbol{v}\|\sin\theta \qquad (4.2.6)$$

$\|\boldsymbol{z}\|$ 的几何意义如图 4-9 所示，若向量 $\boldsymbol{u} = \overrightarrow{AB}$ 的长为 $\|\boldsymbol{u}\|$，它是平行四边形的底，向量 $\boldsymbol{v} = \overrightarrow{AC}$ 的长为 $\|\boldsymbol{v}\|$，则 $h = \|\boldsymbol{v}\|\sin\theta$ 是它的高，所以 $\|\boldsymbol{z}\|$ 是此平行四边形的面积。根据例 3.2

的推导，这个平行四边形面积等于 $u_1v_2-u_2v_1$，因此 $\|z\|=u_1v_2-u_2v_1$，其方向按照右手法则确定。如图 4-9 中，$\boldsymbol{z}$ 向量应与纸面垂直，方向向上。

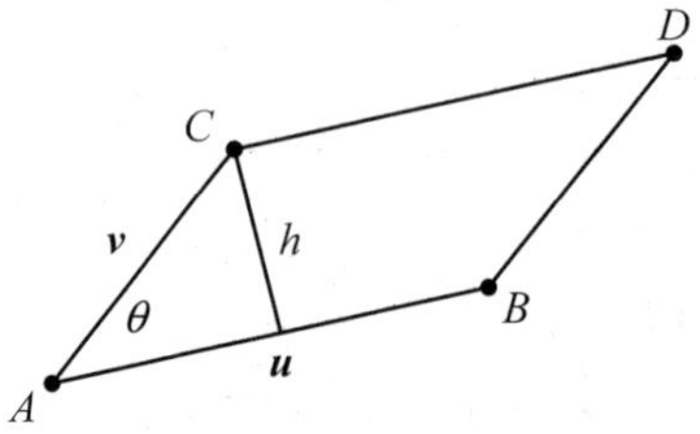

图 4-9　向量积的三角关系

由此外推，对于三维空间的向量 $\boldsymbol{u}$ 和 $\boldsymbol{v}$，向量积 $\boldsymbol{z}=\boldsymbol{u}\times\boldsymbol{v}$ 如下：

$$\boldsymbol{u}=\begin{bmatrix}u_1\\u_2\\u_3\end{bmatrix},\ \boldsymbol{v}=\begin{bmatrix}v_1\\v_2\\v_3\end{bmatrix},\ \boldsymbol{u}\times\boldsymbol{v}=\begin{bmatrix}u_2v_3-u_3v_2\\u_3v_1-u_1v_3\\u_1v_2-u_2v_1\end{bmatrix} \tag{4.2.7}$$

这个公式全面地反映了向量 $\boldsymbol{z}=\boldsymbol{u}\times\boldsymbol{v}$ 的几何长度和方向，平面向量可以看作它的特例。

4.2.5　三个向量的混合积

两个向量先做叉乘 $\boldsymbol{u}\times\boldsymbol{v}=\boldsymbol{z}$，再与第三个向量 $\boldsymbol{w}$ 点乘，得到的 $\boldsymbol{w}\cdot(\boldsymbol{u}\times\boldsymbol{v})$ 称为这三个向量的混合积，它是一个标量。

$$V=\boldsymbol{w}\cdot(\boldsymbol{u}\times\boldsymbol{v})=\boldsymbol{w}^{\mathrm{T}}\cdot\boldsymbol{z}=\begin{bmatrix}w_1 & w_2 & w_3\end{bmatrix}\cdot\begin{bmatrix}u_2v_3-u_3v_2\\u_3v_1-u_1v_3\\u_1v_2-u_2v_1\end{bmatrix}$$

$$=w_1(u_2v_3-u_3v_2)+w_2(u_3v_1-u_1v_3)+w_3(u_1v_2-u_2v_1) \tag{4.2.8}$$

图 4-10 表示了它的几何意义。$\boldsymbol{u}\times\boldsymbol{v}$ 为由它们两者组成的平行四边形的面积 $\boldsymbol{z}$，其方向与由 $\boldsymbol{u}$，$\boldsymbol{v}$ 组成的平面垂直。$\boldsymbol{w}\cdot\boldsymbol{z}$ 就是用 $\boldsymbol{w}$ 在 $\boldsymbol{z}$ 方向的投影(即高)乘以底面积，得出的是这个平行六面体的体积。将式(4.2.7)与式(3.1.6)进行对比，可以看出，把 $\boldsymbol{w}, \boldsymbol{u}, \boldsymbol{v}$ 看作三个列向量，V 就是由它们组成的方阵的行列式 D=det([$\boldsymbol{w}, \boldsymbol{u}, \boldsymbol{v}$])。三阶行列式的几何意义为三向量构成的平行六面体的体积也由此得证。

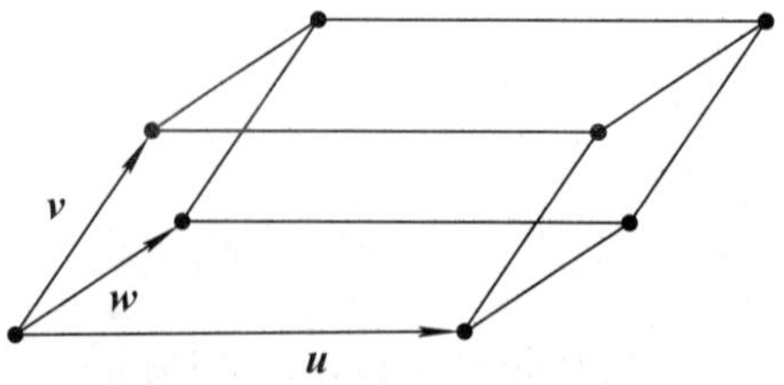

图 4-10　空间向量组成的平行六面体

4.3　向量组的线性相关性

什么样的向量组可以作为坐标系的基础呢？在笛卡尔坐标系中，三个基础向量取为 $\boldsymbol{i}=\begin{bmatrix}1\\0\\0\end{bmatrix}$，$\boldsymbol{j}=\begin{bmatrix}0\\1\\0\end{bmatrix}$，$\boldsymbol{k}=\begin{bmatrix}0\\0\\1\end{bmatrix}$，将它们分别乘以 c、d、e 后相加，得到新向量 $\boldsymbol{b}=c\boldsymbol{i}+d\boldsymbol{j}+e\boldsymbol{k}=\begin{bmatrix}c\\d\\e\end{bmatrix}$，它表示以这三个单位向量为基础，给 c、d、e 赋以任意值就可以使向量 $\boldsymbol{b}$ 到达三维空间的任何点，这三个向量就称为三维空间的一组**基**。研究向量空间问题，可以取各种基来组成坐标轴系，但必须满足一个条件，那就是基向量之间互不相关，才能使其线性组合覆盖整个三维空间。

4.3.1　平面向量组的线性相关性

若取例 4.1 中的 $\boldsymbol{u}$ 和 $\boldsymbol{v}$，设平面上的向量 $\boldsymbol{w}=1.5\boldsymbol{u}+2\boldsymbol{v}$，则可求得

$$\boldsymbol{w}=1.5\cdot\begin{bmatrix}2\\4\end{bmatrix}+2\cdot\begin{bmatrix}3\\-1\end{bmatrix}=\begin{bmatrix}9\\4\end{bmatrix}$$

可见，$\boldsymbol{u}$ 和 $\boldsymbol{v}$ 经过数乘和加法运算的合成向量 $\boldsymbol{w}$ 仍然在原来的二维空间之内(见图 4-11)。向量经过加法和数乘仍在原 $\mathbf{R}^2$ 空间内的特性称为“对加法和数乘的封闭性”，$\boldsymbol{u}$ 和 $\boldsymbol{v}$ 所有线性组合构成的向量 $\boldsymbol{w}$ 的集合 W 也称为 $\boldsymbol{u}$ 和 $\boldsymbol{v}$ 张成(Span)的向量空间。

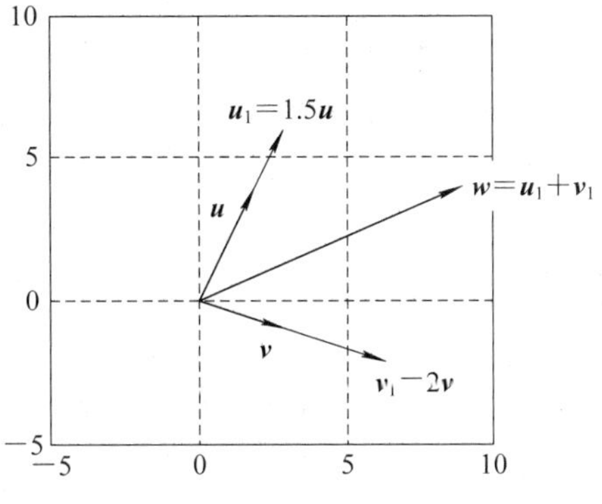

图 4-11　由向量 $\boldsymbol{u}$、$\boldsymbol{v}$ 线性组合成向量 $\boldsymbol{w}$

可以提出一个反问题，平面上的任何一点$[w_1, w_2]$是不是一定能用 $\boldsymbol{u}$ 和 $\boldsymbol{v}$ 的线性组合来实现？换句话说，是否一定能找到一组常数$[c_1, c_2]$，使得

$$c_1\begin{bmatrix}2\\4\end{bmatrix}+c_2\begin{bmatrix}3\\-1\end{bmatrix}=\begin{bmatrix}w_1\\w_2\end{bmatrix}$$

要回答这个问题，只要解这个二元方程组即可。把它写成矩阵形式，有

$$\begin{bmatrix} 2 & 3 \\ 4 & -1 \end{bmatrix}\begin{bmatrix} c_1 \\ c_2 \end{bmatrix}=\begin{bmatrix} w_1 \\ w_2 \end{bmatrix} \Rightarrow \boldsymbol{Ac}=\boldsymbol{w}$$

对于现在的系数矩阵 $\boldsymbol{A}=[\boldsymbol{u},\boldsymbol{v}]$，由于 $\det([\boldsymbol{u},\boldsymbol{v}])$不为零，$c_1$ 和 c_2 是肯定可以求出的，故我们称 $\boldsymbol{u}$ 和 $\boldsymbol{v}$ 线性无关，用它们做基向量可张成二维的向量空间。由于 c_1 和 c_2 可以取零，故原点必须包含在向量空间中。并非任何 $\boldsymbol{u}$ 和 $\boldsymbol{v}$ 都能达到这个要求，比如改为 $\boldsymbol{v}=[1,2]^{\mathrm{T}}$，此时 $\boldsymbol{u}$ 和 $\boldsymbol{v}$ 向量的各元素成比例关系，$\det([\boldsymbol{u},\boldsymbol{v}])=0$，$c_1$ 和 c_2 无解。从几何上看这两个向量是共线的，不管把它们乘以什么实系数并相加，合成的向量只能在一条直线上，不可能张成整个二维向量空间。这种情况下，称这两个向量 $\boldsymbol{u}$ 和 $\boldsymbol{v}$ 是线性相关的。

用一般的符号来叙述，设有三个二维向量 $\boldsymbol{\alpha}_1=\begin{bmatrix} a_{11} \\ a_{21} \end{bmatrix},\boldsymbol{\alpha}_2=\begin{bmatrix} a_{12} \\ a_{22} \end{bmatrix},\boldsymbol{b}=\begin{bmatrix} b_1 \\ b_2 \end{bmatrix}$，问能否找到 $\boldsymbol{\alpha}_1,\boldsymbol{\alpha}_2$ 的某个线性组合，使 $k_1\boldsymbol{\alpha}_1+k_2\boldsymbol{\alpha}_2=\boldsymbol{b}$。从几何上看的命题是：给出平面上的两个向量，是否一定能合成第三个向量。

从概念上考虑，要有两个条件：① 这三个向量必须在同一平面上，即都是在同一个二维向量空间内；② $\boldsymbol{\alpha}_1,\boldsymbol{\alpha}_2$ 必须不共线，而且都不是零向量。这个条件在数学上的表述是 $\boldsymbol{\alpha}_1,\boldsymbol{\alpha}_2$ 的行列式不为零：$\begin{vmatrix} a_{11} & a_{12} \\ a_{21} & a_{22} \end{vmatrix}\neq 0$。我们也称前两个向量是线性无关的，即第二个向量不可能由第一个向量用数乘和加法来生成。

这一点也可由行列式本身的几何意义来解释。4.2 节指出，两个二维向量可构成一个平行四边形，这个平行四边形的面积就等于它的行列式。当它的行列式 $\det(\boldsymbol{A})$等于零时，即两向量组成的平行四边形面积为零。这说明两个向量共线，也就是线性相关。由此非常鲜明地看出这个判据的几何意义。

4.3.2　空间向量组的线性相关性

例 4.6　设三维空间 $\mathbf{R}^3$ 中的三个向量 $\boldsymbol{v}_1$、$\boldsymbol{v}_2$、$\boldsymbol{v}_3$ 及任意向量 $\boldsymbol{b}$ 分别为

$$\boldsymbol{v}_1=\begin{bmatrix} -9 \\ 7 \\ 3 \end{bmatrix},\ \boldsymbol{v}_2=\begin{bmatrix} 3 \\ 34 \\ -24 \end{bmatrix},\ \boldsymbol{v}_3=\begin{bmatrix} -6 \\ -4 \\ -9 \end{bmatrix},\ \boldsymbol{b}=\begin{bmatrix} -10 \\ 13 \\ 19 \end{bmatrix}$$

其中，$\boldsymbol{v}_1$、$\boldsymbol{v}_2$ 和 $\boldsymbol{v}_3$ 都是三维空间的列向量。先研究常数向量 $\boldsymbol{b}=\boldsymbol{0}$ 的情况，提出的问题是能否找到不全为零的 k_1、k_2、k_3，使得 $k_1\boldsymbol{v}_1+k_2\boldsymbol{v}_2+k_3\boldsymbol{v}_3=\boldsymbol{0}$。假如 $k_3\neq 0$，则 $\boldsymbol{v}_3=(-k_1\boldsymbol{v}_1-k_2\boldsymbol{v}_2)/k_3$，即 $\boldsymbol{v}_3$ 可以用 $\boldsymbol{v}_1$ 和 $\boldsymbol{v}_2$ 的线性组合表示。此时称向量组 $\boldsymbol{v}_1$、$\boldsymbol{v}_2$ 和 $\boldsymbol{v}_3$ 线性相关。反之，若找不到这样的 k_1、k_2、k_3，则称向量组 $\boldsymbol{v}_1$、$\boldsymbol{v}_2$ 和 $\boldsymbol{v}_3$ 线性无关。将 $k_1\boldsymbol{v}_1+k_2\boldsymbol{v}_2+k_3\boldsymbol{v}_3=\boldsymbol{0}$ 写成矩阵方程，即

$$\left.\begin{array}{l} v_{11}k_1+v_{12}k_2+v_{13}k_3=0 \\ v_{21}k_1+v_{22}k_2+v_{23}k_3=0 \\ v_{31}k_1+v_{32}k_2+v_{33}k_3=0 \end{array}\right\} \Rightarrow \begin{bmatrix} v_{11} & v_{12} & v_{13} \\ v_{21} & v_{22} & v_{23} \\ v_{31} & v_{32} & v_{33} \end{bmatrix}\begin{bmatrix} k_1 \\ k_2 \\ k_3 \end{bmatrix}=\mathbf{0} \Rightarrow \boldsymbol{V}\boldsymbol{k}=\mathbf{0}$$

这个齐次方程组解存在的条件为 $\det(\boldsymbol{V})=0$，也就是向量组 $\boldsymbol{v}_1$、$\boldsymbol{v}_2$ 和 $\boldsymbol{v}_3$ 线性相关的条件。反之，$\det([\boldsymbol{V}])\neq 0$，则是向量组 $\boldsymbol{v}_1$、$\boldsymbol{v}_2$ 和 $\boldsymbol{v}_3$ 线性无关的条件。

再分析 $\boldsymbol{b}=[\boldsymbol{b}_1, \boldsymbol{b}_2, \boldsymbol{b}_3]$的三个分量不全为零的情况，提出的问题是能否找到适当的 k_1、k_2、k_3，使得 $k_1\boldsymbol{v}_1+k_2\boldsymbol{v}_2+k_3\boldsymbol{v}_3=\boldsymbol{b}$。也就是问，以 $\boldsymbol{v}_1$、$\boldsymbol{v}_2$ 和 $\boldsymbol{v}_3$ 为基向量，其线性组合能否构成任意空间向量 $\boldsymbol{b}$。将 $k_1\boldsymbol{v}_1+k_2\boldsymbol{v}_2+k_3\boldsymbol{v}_3=\boldsymbol{b}$ 写成矩阵方程，即

$$\left.\begin{array}{l} v_{11}k_1+v_{12}k_2+v_{13}k_3=b_1 \\ v_{21}k_1+v_{22}k_2+v_{23}k_3=b_2 \\ v_{31}k_1+v_{32}k_2+v_{33}k_3=b_3 \end{array}\right\} \Rightarrow \begin{bmatrix} v_{11} & v_{12} & v_{13} \\ v_{21} & v_{22} & v_{23} \\ v_{31} & v_{32} & v_{33} \end{bmatrix}\begin{bmatrix} k_1 \\ k_2 \\ k_3 \end{bmatrix}=\boldsymbol{b} \Rightarrow \boldsymbol{V}\boldsymbol{k}=\boldsymbol{b}$$

这是一个非齐次方程组，待求变量 $\boldsymbol{k}$ 有非零解的充分必要条件是其系数行列式不等于零，即 $\det(\boldsymbol{V})\neq 0$。它与基向量线性无关的条件相一致。这是从空间几何的概念可以想象的。空间向量的线性组合与平面向量相仿，它们同样服从平行四边形法则，同时也符合矩阵相加和数乘的规则。如果三个基向量之间线性无关，那么它们的线性组合可以覆盖整个三维空间。如果它们线性相关，即共面或共线，那么它们的线性组合将只能构成一个二维子空间(含原点的平面)，甚至一条直线，如图 4-12 所示。

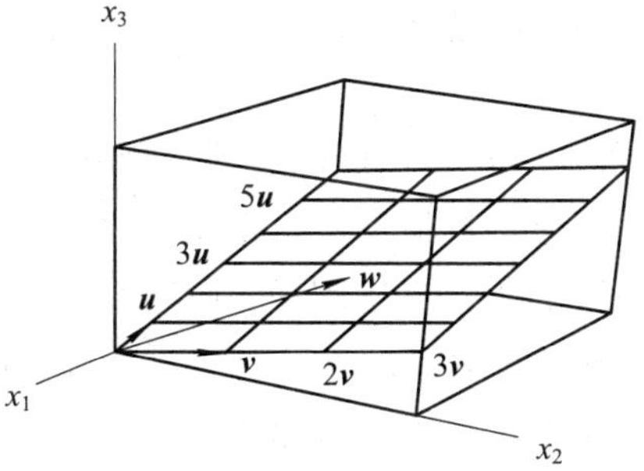

(a) 秩为 2

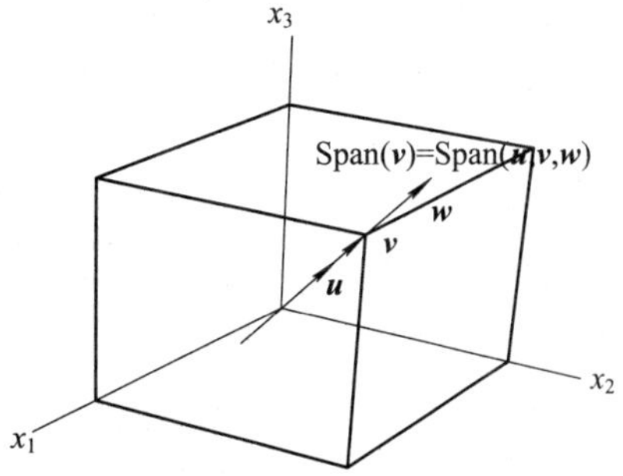

(b) 秩为 1

图 4-12　由向量 $\boldsymbol{u}$、$\boldsymbol{v}$、$\boldsymbol{w}$ 张成的子空间

当然，判断三个向量的线性相关性，不像二维向量那么简单地用观察法就能看清，此时要利用前面线性方程组的理论。

方法一：把三个向量并排，构成 3×3 向量组(或矩阵)$\boldsymbol{V}$，求它的行列式 $D=\det(\boldsymbol{V})$。如果 $D\neq 0$，则它们能合成任意空间向量 $\boldsymbol{b}$，也就是它们将张成一个三维空间。如果 $D=0$，则这三个向量线性相关，它们将是共面甚至共线的，只能张成二维或一维空间，不可能组合成任意三维向量 $\boldsymbol{b}$。按此方法编出的程序 pla406 如下：

```
v1=[-9, 7, -3]', v2=[3, 34, -24]', v3=[-6, -4, -9]', V=[v1, v2, v3]
b=[-10, 13, 19]', D=det(V), K=V\b
```

在 format rat 条件下运行此程序得到如下结果：

```
D=4239, K=[7/3, -1/3, -2]'
```

从中可以看出 $\boldsymbol{v}_1$、$\boldsymbol{v}_2$ 和 $\boldsymbol{v}_3$ 构成线性无关向量组，它们线性组合为 $\boldsymbol{b}$ 的系数($\boldsymbol{U}_0$ 的最后一列)，即

$$k_1\boldsymbol{v}_1 + k_2\boldsymbol{v}_2 + k_3\boldsymbol{v}_3 = 7/3\boldsymbol{v}_1 - 1/3\boldsymbol{v}_2 - 2\boldsymbol{v}_3 = \boldsymbol{b}$$

结论是：向量组 $\boldsymbol{v}_1$、v_2 和 $\boldsymbol{v}_3$ 线性无关，其线性组合 $7/3\boldsymbol{v}_1 - 1/3\boldsymbol{v}_2 - 2\boldsymbol{v}_3$ 等于 $\boldsymbol{b}$。

方法二：利用最简行阶梯形变换，因为它可以给出更多的信息。比如还给出了第四个基向量 v4=[4; 9; −7]，想在四个列向量中找到几个互不相关基向量组。若用行阶梯形变换，就可把所有的列排成一个宽的数据矩阵 A=[v1, v2, v3, v4, b]，对它求最简行阶梯形。

在程序 pla406 中增加以下语句：

```
v4=[4, 9, -7]', A=[v1, v2, v3, v4, b], U0=rref(A)
```

运行的结果是

```
A = -9     3    -6     4   -10        U0 = 1    0    0   -1/3    7/3
     7    34    -4     9    13             0    1    0    1/3   -1/3
    -3   -24    -9    -7    19             0    0    1    0     -2
```

从 $\boldsymbol{U}_0$ 的左 3 列可以看出，$\boldsymbol{v}_1$、$\boldsymbol{v}_2$ 和 $\boldsymbol{v}_3$ 化简成单位矩阵，行列式为 1，故它们是取为基向量的线性无关组。也存在着其他的线性无关组，如把 $\boldsymbol{U}_0$ 中的 1、3、4 列和 2、3、4 列分别组成 3×3 方阵，因无全零行，知其行列式均不为零，所以($\boldsymbol{v}_1, \boldsymbol{v}_3, \boldsymbol{v}_4$)、($\boldsymbol{v}_2, \boldsymbol{v}_3, \boldsymbol{v}_4$)也都是线性无关向量组。如果取 $\boldsymbol{U}_0$ 的 1、2、4 列组成方阵，则第三行为全零，其行列式为零，故 $\boldsymbol{v}_4$ 是可以由 $\boldsymbol{v}_1$ 和 $\boldsymbol{v}_2$ 线性组合而成：$-1/3\boldsymbol{v}_1 + 1/3\boldsymbol{v}_2 = \boldsymbol{v}_4$，可见($\boldsymbol{v}_1, \boldsymbol{v}_2, \boldsymbol{v}_4$)不是线性无关组，它们张成的只是一个二维空间。

方法三：利用“秩”。当向量组中的向量数 n 很多时，它们可以排列组合成很多个 3×3 子方阵，其行列式有的为零，有的不为零。为了表达全局概念，可把矩阵“秩”的概念推广到向量组，秩表示了向量组中所有行列式不为零的子方阵中的最大阶数。本例中向量组 $\boldsymbol{A}$ 的最简形有 3 行，其秩就是 3。秩为 3 表明了这些向量可张成三维空间。用 r=rank($\boldsymbol{A}$) 可算出向量组 $\boldsymbol{A}$ 的秩。如果此向量组的秩为 2，则这些向量都在过原点的平面上。如果向量组的秩为 1，说明诸向量共线且过原点，见图 4-12。

其实，三维向量的向量组最大的子方阵为 3 阶，故其秩最大不会超过 3。工程中的各种三维物体通常都可用其轮廓上 n 个特征点的三维向量组来表示，构成一个 $3\times n$ 维的数据矩阵。物体形状复杂时，n 可以是很大的数。要判断物体的轮廓点是构成立体，还是共面或共线，都可以用向量组的秩的概念来解决，见例 6.7。

对于向量组 $\boldsymbol{A}$ 的最简形 $\boldsymbol{U}_0$ 还可以从坐标变换的角度作更深入的诠释。读者可在学完下一章的 qr 变换后再来阅读此注释。①

---

① 可以把向量组 $\boldsymbol{A}$ 中的前三个向量 $\boldsymbol{v}_1, \boldsymbol{v}_2, \boldsymbol{v}_3$ 看作三个新的基向量，这三个向量一般来说相互不是正交的。它们在 $\boldsymbol{U}_0$ 中对应的是一个单位矩阵，说明量度的单位已取它们自身的长度，且它们在其他两条轴上都没有分量(按平行四边形求分量)。第四列上的两个数是向量 $\boldsymbol{v}_4$ 在新坐标系中的 $\boldsymbol{v}_1, \boldsymbol{v}_2$ 两条轴上的分量，第五列则是 $\boldsymbol{b}$ 在新坐标系三条轴上的分量。

4.3.3　m 维向量组的线性相关性

前面只讨论了三维向量。在 n 个 m 维向量组的情况，系数矩阵是 $m\times n$ 阶的，通常 $n\geqslant m$，这时其最大的子方阵可达 $m\times m$ 阶，此向量组的秩最大可达到 m，$m>3$ 时其意义已经不能在几何空间来想象。求其最大的线性无关组的问题，也可用 rref 或 rank 函数，例 4.6.4 就是一个应用实例。

4.4　从向量空间看线性方程组的解

4.4.1　适定方程组解的几何意义

从第 1 章中得知，二元线性方程组在适定的条件下的解，将是平面上两条直线的交点；而三元线性方程组在适定的条件下的解，将是三维空间中三个平面的交点。总之，在适定条件下，方程组的解是唯一的，它是向量空间的一个点。在前三章中，方程式及其图形(直线或平面)是讨论的中心，所以着重于研究系数矩阵的行及其变换。

从向量空间的角度来看线性方程组，分析的是几个基向量的线性组合能否得到一个给定向量的问题。这时研究的重心转移到方程组系数矩阵的列向量，如例 4.6。提出的问题是能否找到适当的 k_1、k_2、k_3，使得列向量的线性组合等于常数列向量 $k_1\boldsymbol{v}_1+k_2\boldsymbol{v}_2+k_3\boldsymbol{v}_3=\boldsymbol{b}$。也就是讨论 $\boldsymbol{v}_1$、$\boldsymbol{v}_2$、$\boldsymbol{v}_3$、$\boldsymbol{b}$ 是否在同一个向量空间的问题。于是讨论的中心转移到探索几个列向量之间是否线性相关，同样引导到系数行列式是否为零和系数矩阵的秩，得出的结论和前三章以行变换为主的理论是一致的，但给出了新的理解问题的角度。

4.4.2　齐次方程组解的几何意义

若 $m\times m$ 方程组的右端常数项都为零，则构成齐次线性方程组 $\boldsymbol{A}\boldsymbol{x}_\mathrm{b}=\boldsymbol{0}$。如果 $\boldsymbol{A}$ 的行列式 $|\boldsymbol{A}|\neq 0$，则解 $\boldsymbol{x}_\mathrm{b}$ 必为零；反之，若 $\boldsymbol{x}_\mathrm{b}$ 有非零解，则必有 $|\boldsymbol{A}|=0$，这个非零解 $\boldsymbol{x}_\mathrm{b}$ 称为齐次方程组的基础解，它本身构成一个子空间，现从向量空间的概念予以解释。

先考虑 m=2 的平面情况，设方程组为 $\begin{cases}x_{\mathrm{b}1}+2x_{\mathrm{b}2}=0\\-2x_{\mathrm{b}1}-4x_{\mathrm{b}2}=0\end{cases}$，因常数项为零，两个方程的解可表示为通过原点的两根直线，$|\boldsymbol{A}|\neq 0$ 时，两直线必相交在原点，得到全零解 $\boldsymbol{x}_\mathrm{b}=0$，也称作齐次方程组的庸解。$|\boldsymbol{A}|=0$ 时，两根直线的斜率相同，故互相重合，见图 4-13 中的两根过原点的重叠直线。故 $\boldsymbol{A}\boldsymbol{x}_\mathrm{b}=0$ 的解是一根通过原点的无限长直线 $x_{\mathrm{b}1}=-2x_{\mathrm{b}2}$，或写成

$$\boldsymbol{x}_\mathrm{b}=\begin{bmatrix}\boldsymbol{x}_{\mathrm{b}1}\\\boldsymbol{x}_{\mathrm{b}2}\end{bmatrix}=c\begin{bmatrix}-2\\1\end{bmatrix},\ -\infty<c<\infty$$

c 为任意常数。于是解不再是原点，而是一个一维的子空间。

当 m=3 时，每个齐次方程表示一个通过原点的平面。从空间解析几何知道，方程的三个系数与该平面法线的方向余弦成比例，$|\boldsymbol{A}|=0$ 也意味三根法线共面或共线。三法线共面时三个平面有一通过原点的公共交线，这个一维的向量就是齐次方程的基础解。若三法线

共线表明三个平面相互重合，这个平面即为基础解系，它将是两个向量的线性组合。如果三个平面的法线向量线性无关$|\boldsymbol{A}|\neq 0$，则它们必交于原点，其解只能是全零庸解。

求齐次方程组解的 MATLAB 命令是 xb=c*null(A)或 xb=c*null(A , 'r')，要注意的是输入的 $\boldsymbol{A}$ 必须满足$|\boldsymbol{A}|=0$，数值计算时不可能真正做到$|\boldsymbol{A}|=0$，MATLAB 规定必须$|\boldsymbol{A}|<10^{-12}$，否则它将认为$|\boldsymbol{A}|\neq 0$，得出的 $\boldsymbol{x}_b$ 将是空向量，即得不到基础解，只能得到一个全零庸解。

齐次方程组的基础解主要在解欠定方程组时遇到，另外在解特征方程$(\boldsymbol{A}-\lambda\boldsymbol{I})\boldsymbol{x}=0$也要用到，第 5 章中将介绍解特征方程更简便的命令。

4.4.3　欠定方程组解的几何意义

欠定方程组 $\boldsymbol{Ax}=\boldsymbol{b}$ 的独立方程数少于变量数，也就是 $\boldsymbol{A}$ 的秩 r 小于 n，因此有无穷多个解。把全部解(称为通解)x 分成特解 x_0 和基础解 x_b 两部分之和：$\boldsymbol{A}(\boldsymbol{x}_0+\boldsymbol{x}_b)=\boldsymbol{b}$，让它们分别满足方程 $\boldsymbol{Ax}_0=\boldsymbol{b}$ 及 $\boldsymbol{Ax}_b=0$。后者是齐次方程组，因$|\boldsymbol{A}|=0$，解 $\boldsymbol{x}_b$ 构成一个子空间，这就便于把欠定方程组的解当成一个解集来研究。

例 4.7　解下列方程组，说明其解的特性。

$$\begin{cases} x_{b1}+2x_{b2}=2 \\ -2x_{b1}-4x_{b2}=-4 \end{cases} \tag{4.4.1}$$

解　画出这两个方程的图形，它们是两根重叠直线，这两根直线就是方程组的通解。为从向量空间来理解它，将系数增广矩阵化为行阶梯形，键入：

```
A=[1, 2; -2, -4], b=[2; -4], U0=rref([A, b]),
```

得到

```
U0=1  2  2
   0  0  0
```

还原成方程，末行退化为 $0x_2=0$，意味着 $x_2=0/0$，即 x_2 可任意取值 $-\infty<c<\infty$，故通解为

$$\begin{cases} x_1 \quad =2-2x_2 \\ \quad x_2= \text{任意数}c \end{cases} \Rightarrow \boldsymbol{x}=\begin{bmatrix} x_1 \\ x_2 \end{bmatrix}=\begin{bmatrix} 2 \\ 0 \end{bmatrix}+c\begin{bmatrix} -2 \\ 1 \end{bmatrix}=\boldsymbol{x}_0+\boldsymbol{x}_b \tag{4.4.2}$$

其中 $x_0=[2\quad 0]^T$ 为一个特解，$\boldsymbol{x}_b$ 则是此欠定方程的一个基础解。已在上节求出，它是一个一维的向量空间。欠定方程组无穷多个解的集合，就体现在这个附加的基础解上。图 4-13 画出了此方程的通解 $\boldsymbol{x}=\boldsymbol{x}_0+\boldsymbol{x}_b$ 和基础解 $\boldsymbol{x}_b$ 的图形。通解 $\boldsymbol{x}=\boldsymbol{x}_0+\boldsymbol{x}_b$ 也是与 $\boldsymbol{x}_b$ 平行的无限长直线，但它加了一个特解 $\boldsymbol{x}_0$，不通过原点，所以 $\boldsymbol{x}$ 自身不构成向量空间。特解 $\boldsymbol{x}_0$ 不限于$[2\quad 0]^T$，它可取通解直线上的任意点的坐标，不影响结果。

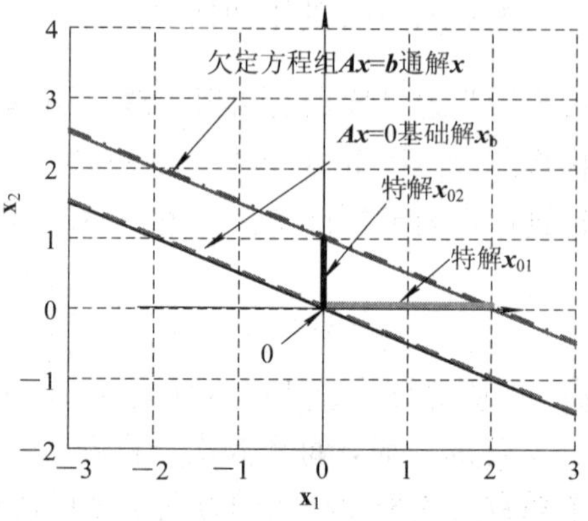

图 4-13　例 4.7 中的特解、基础解和通解

工程问题中都要求直接求出方程组的解，而且要求解有唯一性，不该遇到欠定方程组。遇到了也属于命题方少给了条件，工程师可以要求命题方作出补充，比如化学方程式的配平就要补充“解为最小正整数”的条件，这类问题比较简单，不必涉及基础解和向量空间。

在研究最优化问题时，往往要在无数可能的解(可行域)中寻找最优解，研究欠定方程组的解集就有了它特别的作用，不过这已超出了本课程的范围了。

4.4.4　超定方程组最小二乘解的几何意义

先从一个平面的向量线性组合问题谈起。设 $\boldsymbol{w}=\begin{bmatrix}4\\2\end{bmatrix}$，$\boldsymbol{v}=\begin{bmatrix}-1\\2\end{bmatrix}$，$\boldsymbol{b}=\begin{bmatrix}5\\10\end{bmatrix}$，则满足联立方程：$c\boldsymbol{w}+d\boldsymbol{v}=\boldsymbol{b}$ 的 c、d 分别为 2、3。这是适定方程的情况，其图形如图 4-14 所示。

如果给出的是三维空间的 $\boldsymbol{b}$ 向量 $\boldsymbol{b}$=[5, 10, 1]，能否找到适当的 c 和 d，使得 $c\boldsymbol{w}+d\boldsymbol{v}=\boldsymbol{b}$ 得到满足？此时 $\boldsymbol{w}=\begin{bmatrix}4\\2\\0\end{bmatrix}$，$\boldsymbol{v}=\begin{bmatrix}-1\\2\\0\end{bmatrix}$ 都在 xy 平面上，联立方程组为

$$c\boldsymbol{w}+d\boldsymbol{v}=\boldsymbol{b}\Rightarrow\begin{cases}4c-d=5\\2c+2d=10\\0c+0d=1\end{cases}\tag{4.4.3}$$

由于 $\boldsymbol{b}$ 的端点的 $z_b=1$，它脱离了 xy 平面，第三个方程表明 $\boldsymbol{w}$、$\boldsymbol{v}$ 的线性组合绝不能跑到 $z=0$ 以外的空间位置去，故而第三个方程是矛盾方程，这也是超定方程组无解的一个几何解释，从图 4-15 中可以看得更加清楚。

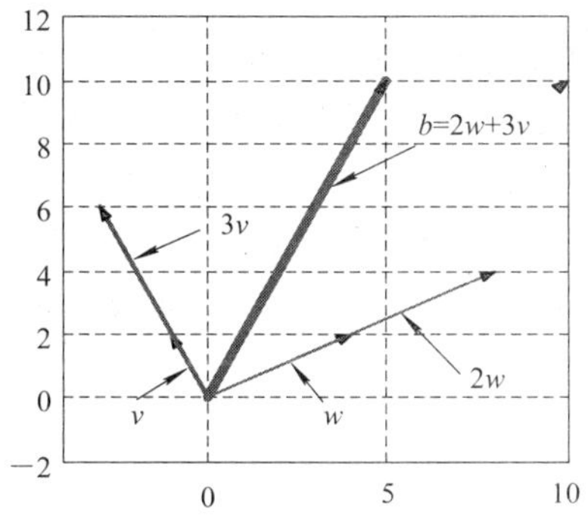

图 4-14　$\boldsymbol{w}, \boldsymbol{v}, \boldsymbol{b}$ 共面时 $2\boldsymbol{w}+3\boldsymbol{v}=\boldsymbol{b}$ 的图形

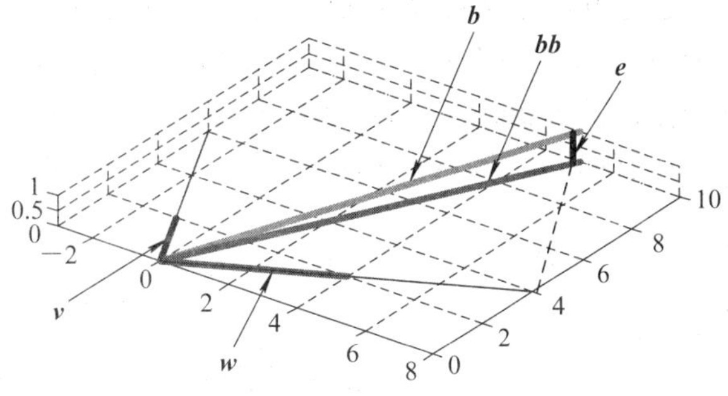

图 4-15　简单情况下最小二乘解的几何意义

最小二乘解不要求 $\boldsymbol{w}$、$\boldsymbol{v}$ 的合成向量 $\boldsymbol{bb}=c\boldsymbol{w}+d\boldsymbol{v}$ 准确等于 $\boldsymbol{b}$，只希望使 $\boldsymbol{bb}$ 尽可能地接近 $\boldsymbol{b}$。我们知道，$\boldsymbol{bb}$ 的可取范围是整个 $\boldsymbol{wv}$ 平面即 $\boldsymbol{xy}$ 平面，其中哪一点与向量 $\boldsymbol{b}$ 的矢端最接近呢？应该是从 $\boldsymbol{b}$ 端向 $\boldsymbol{wv}$ 平面作垂线的垂足。这时两者的误差 $\boldsymbol{e}$ 就是垂线的长度，它也是平面上所有可能的 $\boldsymbol{bb}$ 中与 $\boldsymbol{b}$ 最小的误差。确定 $\boldsymbol{e}$ 的条件就是它与 $\boldsymbol{v}$ 和 $\boldsymbol{w}$ 都正交，即

$$\boldsymbol{v}^{\mathrm{T}}\cdot\boldsymbol{e}=0,\ \boldsymbol{w}^{\mathrm{T}}\cdot\boldsymbol{e}=0$$

合成为

$$\boldsymbol{A}^{\mathrm{T}} \cdot \boldsymbol{e} = \begin{bmatrix} \boldsymbol{w}^{\mathrm{T}} \\ \boldsymbol{v}^{\mathrm{T}} \end{bmatrix} \cdot \boldsymbol{e} = 0 \tag{4.4.4}$$

因为 $\boldsymbol{e} = \boldsymbol{b} - \boldsymbol{bb}$，所以确定了 $\boldsymbol{e}$，也就是得到了 $\boldsymbol{w}$ 和 $\boldsymbol{v}$ 线性组合而成的近似值 $\boldsymbol{bb}$。$c\boldsymbol{w} + d\boldsymbol{v} = bb$，方程中的 c 和 d 就有解了，最小二乘解的基本思路就在此。

如果 $\boldsymbol{v}$ 和 $\boldsymbol{w}$ 不在 xy 平面上，它们组成的是任意的倾斜平面，那么最小二乘误差 $\boldsymbol{e}$ 的特征仍然是与 $\boldsymbol{v}$ 和 $\boldsymbol{w}$ 组成的平面垂直，也就是与 $\boldsymbol{v}$ 和 $\boldsymbol{w}$ 都满足正交条件。因为 $\boldsymbol{e} = \boldsymbol{b} - \boldsymbol{bb}$，其中 $\boldsymbol{b}$ 是方程组右端常数向量，$\boldsymbol{bb}$ 则是基本列向量 $\boldsymbol{A} = [\boldsymbol{w}, \boldsymbol{v}]$ 的线性组合 $\boldsymbol{bb} = c\boldsymbol{w} + d\boldsymbol{v}$，将常数向量 c、d 写成 $\boldsymbol{x}$ 的估值(用 $\boldsymbol{x}$ 戴帽表示) $\hat{\boldsymbol{x}} = \begin{bmatrix} c \\ d \end{bmatrix}$，则 $\boldsymbol{bb} = \boldsymbol{A}\hat{\boldsymbol{x}}$，将误差 $\boldsymbol{e} = \boldsymbol{b} - \boldsymbol{A}\hat{\boldsymbol{x}}$ 代入正交条件(4.4.4)，得到

$$\boldsymbol{A}^{\mathrm{T}}\left(\boldsymbol{b} - \boldsymbol{A}\hat{\boldsymbol{x}}\right) = 0 \tag{4.4.5}$$

移项后成为 $\boldsymbol{A}^{\mathrm{T}}\boldsymbol{A}\hat{\boldsymbol{x}} = \boldsymbol{A}^{\mathrm{T}}\boldsymbol{b}$ ，最后就得到了最小二乘解的公式

$$\hat{\boldsymbol{x}} = \left(\boldsymbol{A}^{\mathrm{T}}\boldsymbol{A}\right)^{-1}\boldsymbol{A}^{\mathrm{T}}\boldsymbol{b} \tag{4.4.6}$$

虽然推导过程是在二三维图形下进行的，但过程中并未有任何一步对维数有过限制，这个公式在高维的超定方程中同样适用。

在 MATLAB 中，把运算$(\mathbf{A}^{\mathrm{T}}\mathbf{A})^{-1}\mathbf{A}^{\mathrm{T}}$ 单独编成一个子程序，称为 pinv 函数，它是 Psuedoinverse(译作伪逆或广义逆)的缩称。这样超定方程解的 MATLAB 调用形式可以写成 xhat=pinv(A)*b，和适定方程解的形式 x=inv(A)*b 可相类比记忆。

超定方程在参数拟合问题中有广泛的应用。假如已知 x 与 y 之间大体的函数关系为 $y=k_1f_1(x)+k_2f_2(x)+\cdots+k_mf_m(x)$，未知系数 $k_1,k_2,\cdots,k_m$ 需要通过 n 次实验来近似地确定。设实验数据是$(x_1,y_1),\cdots,(x_n,y_n)$。将这些数据代入，得到 n 个方程，将它们写成矩阵形式：

$$\left.\begin{array}{c} k_0f_0(x_1)+k_1f_1(x_1)+\cdots+k_mf_m(x_1)=y_1 \\ \cdots \\ k_0f_0(x_n)+k_1f_1(x_n)+\cdots+k_mf_m(x_n)=y_n \end{array}\right\} \Rightarrow \begin{bmatrix} f_0(x_1) & f_1(x_1) & \cdots & f_m(x_1) \\ \cdots & \cdots & \cdots & \cdots \\ f_0(x_n) & f_1(x_n) & \cdots & f_m(x_n) \end{bmatrix}\begin{bmatrix} k_0 \\ \vdots \\ k_m \end{bmatrix} = \begin{bmatrix} y_1 \\ \cdots \\ y_n \end{bmatrix} \Rightarrow \boldsymbol{A} * \boldsymbol{K} = \boldsymbol{b}$$

其中

$$\boldsymbol{A} = \begin{bmatrix} f_0(x_1) & f_1(x_1) & \cdots & f_m(x_1) \\ \cdots & \cdots & \cdots & \cdots \\ f_0(x_n) & f_1(x_n) & \cdots & f_m(x_n) \end{bmatrix},\ \boldsymbol{b} = \begin{bmatrix} y_1 \\ \vdots \\ y_n \end{bmatrix},\ \boldsymbol{K} = \begin{bmatrix} k_0 \\ \vdots \\ k_m \end{bmatrix}$$

其中 $\boldsymbol{A}$ 称为设计矩阵，$\boldsymbol{b}$ 称为观测向量，$\boldsymbol{K}$ 是参数向量，实验的次数 n 通常大于待定参数的数目 m。所以它是一个超定方程组，等式左右不可能真正相等。只能求得 $\boldsymbol{A} * \boldsymbol{K} - \boldsymbol{b} = \boldsymbol{e}$ 的最小二乘解。这个解 $\boldsymbol{K} = (\boldsymbol{A}^{\mathrm{T}}\boldsymbol{A})^{-1} * \boldsymbol{A}^{\mathrm{T}}\boldsymbol{b}$ 将能保证各方程误差均方和为最小。本书例题 4.8、6.8、6.10 均属此类命题。

例 4.8　弹簧的刚度系数 k 乘以其伸长量 x 等于其上加的力 F，即 $F=kx$。为了拟合 k，

在弹簧上分别施加 3、5、8 公斤的力 *F*，测得相应的伸长量 *x* 为 4、7、11 毫米，试求出拟合误差最小的 *k* 值。

解　三次测量的方程分别为 4*k*=3, 7*k*=5, 11*k*=8，将其写成矩阵形式为

$$\begin{bmatrix}4\\7\\11\end{bmatrix}k=\begin{bmatrix}3\\5\\8\end{bmatrix}\Rightarrow \boldsymbol{Ak}=\boldsymbol{b}$$

其中

$$\boldsymbol{A}=\begin{bmatrix}4\\7\\11\end{bmatrix},\ \boldsymbol{b}=\begin{bmatrix}3\\5\\8\end{bmatrix}$$

这个超定问题用笔算就可解出，具体如下：

$$\boldsymbol{k}=\left(\boldsymbol{A}^{\mathrm{T}}\boldsymbol{A}\right)^{-1}\boldsymbol{A}^{\mathrm{T}}\boldsymbol{b}=\left([4,7,11]\begin{bmatrix}4\\7\\11\end{bmatrix}\right)^{-1}[4,7,11]\begin{bmatrix}3\\5\\8\end{bmatrix}=\frac{135}{186}=0.7258$$

误差向量为

$$\boldsymbol{e}=\boldsymbol{Ak}-\boldsymbol{b}=\begin{bmatrix}4\\7\\11\end{bmatrix}\times 0.7258-\begin{bmatrix}3\\5\\8\end{bmatrix}=\begin{bmatrix}-0.0968\\0.0806\\-0.0161\end{bmatrix}$$

最小二乘误差向量的范数为

$$\|\boldsymbol{e}\|=\sqrt{e_1^2+e_2^2+e_3^2}=0.1270$$

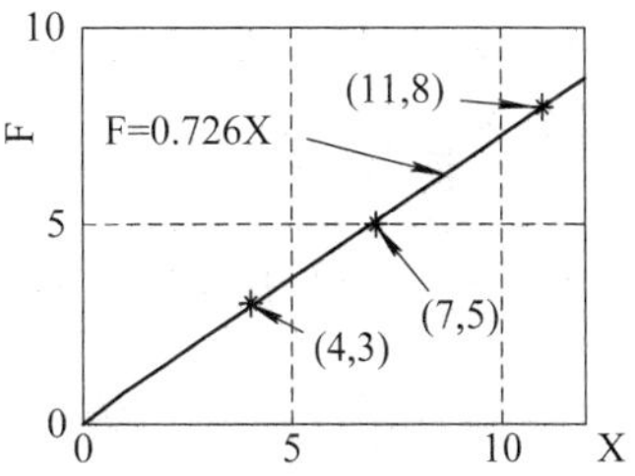

图 4-16　弹簧刚度的最小二乘估值

解此题的 MATLAB 程序如下：

```
A=[4,7,11]', b=[3,5,8]',    k=inv(A'*A)*A'*b,    e=A*k-b, norme=norm(e)
```

用此参数画出的最小二乘估值直线如图 4-16 所示。

如果假设 *F* 与 *x* 之间的关系为 *F*=k0+*k*1*x*，即用不通过原点的直线来拟合，则将有

$$\boldsymbol{A}1=\begin{bmatrix}1&4\\1&7\\1&11\end{bmatrix},\ \boldsymbol{b}=\begin{bmatrix}3\\5\\8\end{bmatrix},\quad \boldsymbol{K}=\begin{bmatrix}k0\\k1\end{bmatrix}=(\boldsymbol{A}1^{\mathrm{T}}\boldsymbol{A}1)*\boldsymbol{A}1^{\mathrm{T}}\boldsymbol{b}=\begin{bmatrix}0.0811\\0.7162\end{bmatrix}$$

即拟合方程成为 *F*=0.0811+0.7162*x*，其拟合误差为 0.1162，读者可用程序验算。

例 4.9　把例 1.2(d)中的超定方程按最小二乘的公式解出来，看看它的几何意义。

解　可键入程序：

```
A=[1, 1; 1, -1; -1, 2], b=[-1; 3; -3], xhat=inv(A'*A)*A'*b
% 最后那条语句也可用 xhat=pinv(A)*或 xhat=A\b 代替
```

得到：

```
A = 1   1      b = -1      xhat = 0.7143
    1  -1           3             -1.4286
   -1   2          -3
```

将最小二乘解 xhat 画到图 1-3 中去，它是交汇区中的一点，离开三条直线距离的均方和应该是最小的。执行程序 pla409 可以看出此图形。

4.5 用 MATLAB 解线性方程组综述

线性方程组的基本矩阵形式为 $\boldsymbol{Ax}=\boldsymbol{b}$，已知 $\boldsymbol{A}$、$\boldsymbol{b}$ 求 $\boldsymbol{x}$ 是解方程组最直接的任务。从矩阵运算的角度看很简单，只要把等式两边都左乘以 $\boldsymbol{A}^{-1}$，即求解算式可写成

$$\boldsymbol{x}=\boldsymbol{A}^{-1}*\boldsymbol{b}=\boldsymbol{A}\backslash\boldsymbol{b}$$

其最后一步，把“左乘以逆阵 $\boldsymbol{A}^{-1}$”的算法看作“左除”，是 MATLAB 的创新。使用 MATLAB 解方程组时，左除就是最常用的求解命令。这在形式上是可以理解并接受的。不过要清楚，矩阵除法并没有理论的定义，左除符号只是 MATLAB 对解方程的一个表达形式，在执行左除命令时，MATLAB 要对方程的系数矩阵做一系列分析和运算，包括对方程类型进行判断高斯消元、行阶梯形变换，确定它的解是否存在和唯一，并最后显示结果等。

线性方程组有三种类型：适定、欠定和超定。MATLAB 的左除运算符可以用于所有情况。但实际上其内部的运算是随方程类型的不同而不同的，读者务必注意这一点，以便对结果有正确的理解。学过第 4 章后，读者已经可以从行向(方程)和列向(变量)两方面来认识线性方程组了，下面对其做一个总结。

4.5.1 适定方程组

适定方程组的系数矩阵 $\boldsymbol{A}$ 为 m 阶方阵，表明其方程及变量的数目相同。设 $m=4$，系数矩阵 $\boldsymbol{A}$ 为方阵，且其行阶梯形的四个对角线主元均不为零，即行列式不为零。增广矩阵为 4×5 阶，其化为对角形的行阶梯形如下：

$$\text{ref2}([\boldsymbol{A},\boldsymbol{b}])=\begin{bmatrix} p_{11} & 0 & 0 & 0 & d_1 \\ 0 & p_{22} & 0 & 0 & d_2 \\ 0 & 0 & p_{33} & 0 & d_3 \\ 0 & 0 & 0 & p_{44} & d_4 \end{bmatrix} \tag{4.5.1}$$

如果系数矩阵 $\boldsymbol{A}$ 的秩是 $r=m=4$，即主元都不等于零，那么 $\det(\boldsymbol{A})\neq0$，解就存在并可以在回代后用简单的除法解得，即

$$\text{rref}([\boldsymbol{A},\boldsymbol{b}])=\begin{bmatrix} 1 & 0 & 0 & 0 & d_1/p_{11} \\ 0 & 1 & 0 & 0 & d_2/p_{22} \\ 0 & 0 & 1 & 0 & d_3/p_{33} \\ 0 & 0 & 0 & 1 & d_4/p_{44} \end{bmatrix} \tag{4.5.2}$$

在工程中遇到的大多数问题都属于这种情况。只要 A、b 已赋值，键入 x=A\b 后，将直接得出解 $\boldsymbol{x}$ 的列向量 $[\,x_1=d_1/p_{11},\ x_2=d_2/p_{22},\ x_3=d_3/p_{33},\ x_4=d_4/p_{44}\,]^{\mathrm{T}}$。

4.5.2 欠定方程组

方程数 $m <$ 变量数 n 可作为欠定方程组的标志。这样的 $\boldsymbol{A}$ 也称宽矩阵，设 $m=3, n=4$，则

$$\boldsymbol{Ax}=\begin{bmatrix} a_{11} & a_{12} & a_{13} & a_{14} \\ a_{21} & a_{22} & a_{23} & a_{24} \\ a_{31} & a_{32} & a_{33} & a_{34} \end{bmatrix}\begin{bmatrix} x_1 \\ x_2 \\ x_3 \\ x_4 \end{bmatrix}=\begin{bmatrix} b_1 \\ b_2 \\ b_3 \end{bmatrix}=\boldsymbol{b} \tag{4.5.3}$$

欠定方程组具有无穷多组解，执行命令 x = A\b 时，MATLAB 会给出无穷多解中的一组特解，它是一个 $n\times 1$ 的列向量(含 n 个变量)。

若要求出欠定方程组全部通解，必须把特解加上齐次方程 $\boldsymbol{Ax}_{\mathrm{b}}=0$ 的基础解解 $\boldsymbol{x}_{\mathrm{b}}$，它可由 MATLAB 中的 null 函数求得。故通解 xt 可写成 xt=A\b + null(A, 'r')*c，(null 中的变元'r'表示基础解取整数)，c 为表征无穷多解的任意常数。

在适定和欠定($m\leqslant n$)的情况下，输入的 $m\times n$ 系数矩阵 $\boldsymbol{A}$ 都应该是非奇异的，也就是其秩应等于行数 $r=m$，否则系统会发出错警告，指明解的结果不可信。此时，应对增广矩阵先做一次行阶梯变换，去掉全零行，用行数缩减为 r 后的系数矩阵来求解。即不能直接用 x0=A\b，而应该是先求行最简形 U0，分别取 U0 有效行中 A, b 所对应的各列，设为 A1, b1，再用 x0=A1\b1 求特解。

用例 4.7 的数据为例，$m=n=2$，因为 U0 的两行中只有第一个有效行，U0(1, :)=[1, 2, 2]，秩 r=1。前两列由 A 生成，第三列由 b 生成，所以 A1=U0(1, [1:2]), b1=U0(1, 3)，x 的特解应由 x0=A1\b1 求出，基础解则由 null 函数求得：

把以下核心语句放入程序 pla407 中去：

```
symc c, A1=U0(1, [1:2]), b1=U0(1, 3),
x=A1\b1+null(A1, 'r')*c
```

运行结果：

$$x-\begin{bmatrix} -2*\mathrm{c} \\ 1+\mathrm{c} \end{bmatrix}=\begin{bmatrix} 0 \\ 1 \end{bmatrix}+c\begin{bmatrix} -2 \\ 1 \end{bmatrix}$$

与式(4.4.2)相比只是特解取得不同，通解是一样的。

4.5.3 超定方程组

系数矩阵 $\boldsymbol{A}$ 的 $m>n$ 可作为超定方程组的标志，也称为高矩阵。设方程数 $m=4$，变量数 $n=3$，则方程组如下：

$$
\boldsymbol{AX}=\begin{bmatrix} a_{11} & a_{12} & a_{13} \\ a_{21} & a_{22} & a_{23} \\ a_{31} & a_{32} & a_{33} \\ a_{41} & a_{42} & a_{43} \end{bmatrix}\begin{bmatrix} x_1 \\ x_2 \\ x_3 \end{bmatrix}=\begin{bmatrix} b_1 \\ b_2 \\ b_3 \\ b_4 \end{bmatrix}=\boldsymbol{b} \tag{4.5.4}
$$

方程数多于变量数，通常都会形成矛盾方程组，这是由干扰因素或测量误差在同一物理模型中反复不断地出现而造成的。键入 x = A\b 时，系统先判定 $m > n$ 后，再执行求最小二乘解的运算：$\hat{x}=(A^TA)^{-1}(A^Tb)$=pinv(A)*b。如果 $\boldsymbol{A}$ 是 $m\times n$ 阶，则 $\boldsymbol{A}^T$ 是 $n\times m$ 阶。$\boldsymbol{A}^T\boldsymbol{A}$ 应该是 n 阶方阵，$\boldsymbol{A}^T\boldsymbol{b}$ 则是 $n\times 1$ 列向量，于是可知解 $\hat{\boldsymbol{x}}$ 也是 $n\times 1$ 列向量。只要 $\boldsymbol{A}$ 非奇异，即其秩等于列数 n，最小二乘解 $\hat{\boldsymbol{x}}$ 就存在而且唯一。

归纳起来，使用语句 x = A\b 时，所用的 $\boldsymbol{A}$ 必须非奇异，即 $\boldsymbol{A}$ 行数和列数中的小者 min(m, n)应该等于 $\boldsymbol{A}$ 的秩，否则屏幕会显示出错警告。如果 $\boldsymbol{A}$ 奇异，det($\boldsymbol{A}$) = 0，则要用 null 命令。总之，这个公式虽然简单易用，但有时不能应付一些奇异的情况，那时读者还是要用本书所讲的基本概念和对应的 MATLAB 函数来解决问题。

4.6 应用实例

4.6.1 减肥配方的实现

例 4.10 设三种食物每 100 克中蛋白质、碳水化合物和脂肪的含量如表 4-1 所示，表中还给出了 20 世纪 80 年代美国流行的剑桥大学医学院的简捷营养处方。现在的问题是：如果用这三种食物作为每天的主要食物，那么它们的用量应各取多少，才能全面准确地实现这个营养要求？

表 4-1 例 4.10 的数据表

营 养	每 100 g 食物所含营养/g			减肥所要求的每日营养量
	脱脂牛奶	大豆面粉	乳清	
蛋白质	36	51	13	33
碳水化合物	52	34	74	45
脂肪	0	7	1.1	3

解 设脱脂牛奶的用量为 x_1 个单位，大豆面粉的用量为 x_2 个单位，乳清的用量为 x_3 个单位，表 4-1 中的三个营养成分列向量分别为

$$
\boldsymbol{a}_1=\begin{bmatrix} 36 \\ 52 \\ 0 \end{bmatrix},\quad \boldsymbol{a}_2=\begin{bmatrix} 51 \\ 34 \\ 7 \end{bmatrix},\quad \boldsymbol{a}_3=\begin{bmatrix} 13 \\ 74 \\ 1.1 \end{bmatrix}
$$

则它们的组合所具有的营养为

$$x_1\boldsymbol{a}_1 + x_2\boldsymbol{a}_2 + x_3\boldsymbol{a}_3 = x_1\begin{bmatrix}36\\52\\0\end{bmatrix} + x_2\begin{bmatrix}51\\34\\7\end{bmatrix} + x_3\begin{bmatrix}13\\74\\1.1\end{bmatrix}$$

使这个合成的营养与剑桥配方的要求相等，就可以得到以下的矩阵方程：

$$\begin{bmatrix}36 & 51 & 13\\52 & 34 & 74\\0 & 7 & 1.1\end{bmatrix}\begin{bmatrix}x_1\\x_2\\x_3\end{bmatrix} = \begin{bmatrix}33\\45\\3\end{bmatrix} \Rightarrow \boldsymbol{Ax} = \boldsymbol{b}$$

用 MATLAB 解这个问题非常方便，列出程序 pla461 如下：

```
A=[36, 51, 13; 52, 34, 74; 0, 7, 1.1]
b=[33; 45; 3]
x=inv(A)*b
```

程序执行的结果为 $x = [0.2772; 0.3919; 0.2332]^T$，即脱脂牛奶的用量为 27.7 g，大豆面粉的用量为 39.2g，乳清的用量为 23.3g，就能保证所需的综合营养量。

4.6.2　三维空间中的平面方程及点到平面的距离

线性代数用于空间解析几何可以大大方便解题。

例 4.11　给出空间四个点的坐标如表 4-2 所示，问：

表 4-2　例 4.11 的数据表

	点 1	点 2	点 3	点 4
x	−2	5	0	3
y	0	1	−2	−1
z	−5	−1	−1	−2

(a) 求由前三点决定的平面的方程。

(b) 由原点引一条法线到该平面，试求该法线到该平面的垂足坐标，并确定该法线的长度。

(c) 求点 4 向该平面所引法线的方程、垂足坐标及法线长度。

解　(a) 平面方程的标准形式为 $c_1x+c_2y+c_3z=1$，c_1,c_2,c_3 是与该平面法线方向余弦成比例的三个系数。将前三点的(x_i, y_i, z_i)坐标分别代入，得出三个方程，用矩阵表示为

$$\left.\begin{aligned}-2c_1 + 0 - 5c_3 &= 1\\ 5c_1 + c_2 - c_3 &= 1\\ 0 - 2c_2 - c_3 &= 1\end{aligned}\right\} \Rightarrow \begin{bmatrix}-2 & 0 & -5\\5 & 1 & -1\\0 & -2 & -1\end{bmatrix}\begin{bmatrix}c_1\\c_2\\c_3\end{bmatrix} = \begin{bmatrix}1\\1\\1\end{bmatrix} \Rightarrow \boldsymbol{A}_1\boldsymbol{c} = \boldsymbol{B}_1$$

用 MATLAB 求解，有

```
A1=[-2,0,-5;5,1,-1;0,-2,-1]; B1=ones(3,1); c=A1\B1
```

求得

c1= 0.2143,　c2= −0.3571,　c3= −0.2857

于是该平面的方程为 $0.2143x-0.3571y-0.2857z=1$。也可将 z 归一，写成

$$0.75x-1.25y-z=3.5$$

(b) 设从点(x_0,y_0,z_0)到此平面的垂足坐标为(x_d,y_d,z_d)，它必须在此平面上，因此满足方程

$$0.2143x_d-0.3571y_d-0.2857z_d=1 \tag{4.6.1}$$

此向径垂直于平面，故其方向余弦就是平面的方向余弦，它要满足空间直线的对称方程，即

$$\frac{x_d-x_0}{c_1}=\frac{y_d-y_0}{c_2}=\frac{z_d-z_0}{c_3}\quad (c_1,c_2,c_3\neq 0) \tag{4.6.2}$$

分别取其中两个等式，由此在式(4.6.1)的基础上补充了两个方程：

$$c_2x_d-c_1y_d=c_2x_0-c_1y_0,\quad c_3x_d-c_1z_d=c_3x_0-c_1z_0 \tag{4.6.3}$$

将其写成求 x_d、y_d、z_d 的三阶矩阵方程：

$$\left.\begin{array}{l} c_1x_d+c_2y_d+c_3z_d=1 \\ c_2x_d-c_1y_d=c_2x_0-c_1y_0 \\ c_3x_d-c_1z_d=c_3x_0-c_1z_0 \end{array}\right\}\Rightarrow\begin{bmatrix} c_1 & c_2 & c_3 \\ c_2 & -c_1 & 0 \\ c_3 & 0 & -c_1 \end{bmatrix}\begin{bmatrix} x_d \\ y_d \\ z_d \end{bmatrix}=\begin{bmatrix} 1 \\ c_2x_0-c_1y_0 \\ c_3x_0-c_1z_0 \end{bmatrix} \tag{4.6.4}$$

对于原点引向此平面的法线，可在方程(4.6.4)中设 $x_0=0,\ y_0=0,\ z_0=0$，求 $\boldsymbol{X_d}$，则式(4.6.3)和式(4.6.4)成为式(4.6.5)和式(4.6.6)：

$$x_d/c_1=y_d/c_2=z_d/c_3 \tag{4.6.5}$$

$$\left.\begin{array}{l} c_1x_d+c_2y_d+c_3z_d=1 \\ c_2x_d-c_1y_d=0 \\ c_3x_d-c_1z_d=0 \end{array}\right\}\Rightarrow\begin{bmatrix} c_1 & c_2 & c_3 \\ c_2 & -c_1 & 0 \\ c_3 & 0 & -c_1 \end{bmatrix}\begin{bmatrix} x_d \\ y_d \\ z_d \end{bmatrix}=\begin{bmatrix} 1 \\ 0 \\ 0 \end{bmatrix}\Rightarrow \boldsymbol{A}_2\boldsymbol{X}_d=\boldsymbol{B}_2 \tag{4.6.6}$$

求出 X_d 后，只要求它的长度(用 norm 函数)就行了。其计算程序 pla462 如下：

```
A2=[c';c(2),-c(1),0;c(3),0,-c(1)];
B2=[1;0;0], Xd=A2\B2, L=norm(Xd)
```

得到

Xd =[0.8400,−1.4000,　−1.1200]^T

L= 1.979899

(c) 从点 4 到此平面所引法线的计算，只要把式(4.6.4)中该点的坐标参数从原点改变为 X0=[3,−1,−2]^T，算出 Xd1=[xd1,yd1,zd1]^T，然后用 L1=norm(Xd1−X0)计算其长度。这些程序已包含在 pla462 中，读者可以参阅并运行此程序，得到 Xd1 =[2.52; −0.20; −1.36]，L1=1.1314。

(d) 三维图形的绘制程序在 pla462a 中，图形是可以旋转的，转到某一观察位置的图形见图 4-17。

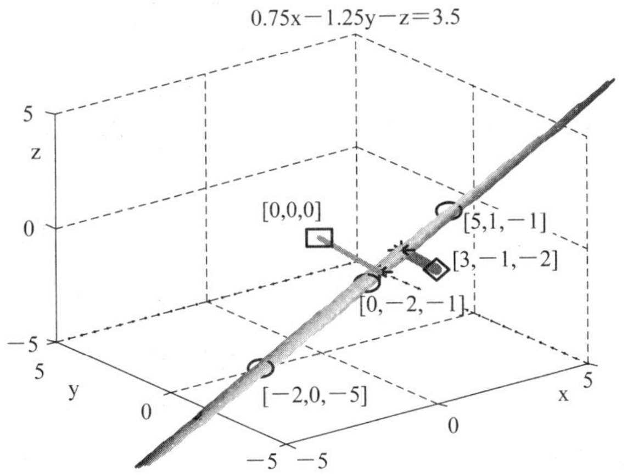

图 4 17　三点构成的平面及点到平面的垂足

4.6.3　价格平衡模型

在 Leontiff 成为诺贝尔奖金获得者的历史中，线性代数曾起过重要的作用，下面来看看他建模的基本思路。假定一个国家或区域的经济可以分解为 n 个部门，这些部门都有生产产品或服务的独立功能。设单列 n 元向量 x 是这 n 个部门的产出，组成在 $\mathbf{R}^n$ 空间的产出向量。先假定该社会是自给自足的经济，这是一个最简单的情况。因此各经济部门生产出的产品完全被自己部门和其他部门所消费。Leontiff 提出的问题是，各生产部门的实际产出的价格 p 应该是多少，才能使各部门的收入和消耗相等，以维持持续的生产。

Leontiff 的输入/输出模型中规定：对于每个部门，存在着一个在 $\mathbf{R}^n$ 空间的单位消耗列向量 $\boldsymbol{v}_i$，它表示第 i 个部门每产出一个单位(比如 100 万美金)产品中，本部门和其他各个部门消耗的百分比。在自给自足的经济中，这些列向量中所有元素的总和应该为 1。把这 n 个 $\boldsymbol{v}_i$ 并列起来，可以构成一个 $n\times n$ 的系数矩阵，可称为内部需求矩阵 $\boldsymbol{V}$。

举一个最简单的例子。

例 4.12　假如一个自给自足的经济体由三个部门组成，它们是煤炭业、电力业和钢铁业。它们的单位消耗列向量和销售收入列向量 $\boldsymbol{p}$ 如表 4-3 所示。

表 4-3　例 4.12 的数据表

购买部门	每单位输出的消耗分配			销售价格 $\boldsymbol{p}$/(收入)
	煤炭业	电力业	钢铁业	
煤炭业	0.	0.4	0.6	$\boldsymbol{p}_c$
电力业	0.6	0.1	0.2	$\boldsymbol{p}_e$
钢铁业	0.4	0.5	0.2	$\boldsymbol{p}_s$

也就是说，电力业产出了 100 个单位的产品，有 40 个单位会被煤炭业消耗，10 个单位被自己消耗，而被钢铁业消耗的是 50 个单位，各行业付出的费用为

$$\boldsymbol{p}_e\cdot\boldsymbol{v}_2=\boldsymbol{p}_e\cdot\begin{bmatrix}0.4\\0.1\\0.5\end{bmatrix}$$

这就是内部消耗的计算方法，把几个部门都算上，可以写出

$$消耗成本 = \boldsymbol{p}_c\boldsymbol{v}_c + \boldsymbol{p}_e\boldsymbol{v}_e + \boldsymbol{p}_s\boldsymbol{v}_s = [\boldsymbol{v}_c, \boldsymbol{v}_e, \boldsymbol{v}_s]\begin{bmatrix}\boldsymbol{p}_c\\ \boldsymbol{p}_e\\ \boldsymbol{p}_s\end{bmatrix} = 销售收入 = \boldsymbol{V}\begin{bmatrix}\boldsymbol{p}_c\\ \boldsymbol{p}_e\\ \boldsymbol{p}_s\end{bmatrix}$$

其中

$$\boldsymbol{V} = [\boldsymbol{v}_c, \boldsymbol{v}_e, \boldsymbol{v}_s] = \begin{bmatrix}0. & 0.4 & 0.6\\ 0.6 & 0.1 & 0.2\\ 0.4 & 0.5 & 0.2\end{bmatrix}$$

于是总的价格平衡方程可以写为

$$\boldsymbol{p} - \boldsymbol{V}\boldsymbol{p} = (\boldsymbol{I} - \boldsymbol{V})\boldsymbol{p} = 0$$

此等式右端常数项为零，是一个齐次方程。它有非零解的条件是系数行列式等于零，可以用行阶梯简化来求解。

用 MATLAB 语句写出其解的表示式如下：

```
V=[0., 0.4, 0.6; 0.6, 0.1, 0.2; 0.4, 0.5, 0.2]
U0 = rref([(eye(3) – V), zeros(3, 1)])
```

程序运行的结果为

```
U0 = 1.0000    0        -0.9394    0
     0         1.0000   -0.8485    0
     0         0         0         0
```

这个结果是合理的，简化行阶梯形式只有两行，说明 $[\boldsymbol{I} - \boldsymbol{V}]$ 的秩是 2，所以它的行列式必定为零。由于现在有三个变量，只有两个方程，因此必定有一个变量可以作为自由变量。其实这三个解按比例变化结果应该都能满足，所以只有两个独立变数。记住 U0 矩阵中各列的意义，它们分别是原方程中 p_c、p_e、p_s，的系数，所以简化行阶梯形矩阵 U0 表示的是下列方程：

$$\left.\begin{aligned}\boldsymbol{p}_c - 0.9394\boldsymbol{p}_s &= 0\\ \boldsymbol{p}_e - 0.8485\boldsymbol{p}_s &= 0\end{aligned}\right\} \Rightarrow \left\{\begin{aligned}\boldsymbol{p}_c &= 0.9394\boldsymbol{p}_s\\ \boldsymbol{p}_e &= 0.8485\boldsymbol{p}_s\end{aligned}\right.$$

这里取钢铁业价格 p_s 为自由变量，所以煤炭业和电力业的价格应该分别为钢铁业价格的 0.94 和 0.85 倍。设钢铁业产品价格总计为 100 万元，则煤炭业为 94 万，电力业为 85 万。

4.6.4　混凝土配料中的应用

混凝土由水泥、水、沙、石和灰五种主要的原料组成，不同的成分影响混凝土的不同特性。例如，水与水泥的比例影响混凝土的最终强度，沙与石的比例影响混凝土的易加工性，灰与水泥的比例影响混凝土的耐久性等，所以不同用途的混凝土需要不同的原料配比。

例 4.13　假如一个混凝土生产企业的设备只能生产存储三种基本类型的混凝土，即超强型、通用型和长寿型。它们的配方如表 4-4 所示。于是每一种基本类型的混凝土就可以用一个五维的列向量 $[c, w, s, g, f]$ 来表示，公司希望，客户所订购的其他混凝土都由这三种

基本类型按一定比例混合而成。

(1) 假如某客户要求的混凝土的五种成分分别为 16、10、21、9、4，试问 A、B、C 三种类型应各占多少比例？如果客户总共需要 5000 公斤混凝土，则三种类型各占多重？

(2) 如果客户要求的五种成分分别为 16、12、19、9、4，则这种材料能用 A、B、C 三种类型配成吗？为什么？

表 4-4　例 4.13 的数据表

	超强型 A	通用型 B	长寿型 C
水泥 c	20	18	12
水 w	10	10	10
沙 s	20	25	15
石 g	10	5	15
灰 f	0	2	8

解　从数学上看，这三种基本类型的混凝土相当于三个基向量 $\boldsymbol{v}_A$、$\boldsymbol{v}_B$、$\boldsymbol{v}_C$，两种待配混凝土相当于两个合成向量 $\boldsymbol{w}_1$、$\boldsymbol{w}_2$，其数值如下：

$$\boldsymbol{v}_A=\begin{bmatrix}20\\10\\20\\10\\0\end{bmatrix},\ \boldsymbol{v}_B=\begin{bmatrix}18\\10\\25\\5\\2\end{bmatrix},\ \boldsymbol{v}_C=\begin{bmatrix}12\\10\\15\\15\\8\end{bmatrix},\quad \boldsymbol{w}_1=\begin{bmatrix}16\\10\\21\\9\\4\end{bmatrix},\quad \boldsymbol{w}_2=\begin{bmatrix}16\\12\\19\\9\\4\end{bmatrix}$$

现在的问题归结为 $\boldsymbol{w}_1$、$\boldsymbol{w}_2$ 是否是 $\boldsymbol{v}_A$、$\boldsymbol{v}_B$、$\boldsymbol{v}_C$ 的线性组合？或 $\boldsymbol{w}_1$、$\boldsymbol{w}_2$ 是否在 $\boldsymbol{v}_A$、$\boldsymbol{v}_B$、$\boldsymbol{v}_C$ 所张成的向量空间内？解的思路是先分析三个基向量所张成的空间是几维的。把 $\boldsymbol{w}_1$(或 $\boldsymbol{w}_2$)加进去后维数是否增加，从而可知 $\boldsymbol{w}_1$(或 $\boldsymbol{w}_2$)是否在 $\boldsymbol{v}_A$、$\boldsymbol{v}_B$、$\boldsymbol{v}_C$ 所张成的向量空间内。因为系统的阶数已达到 5，手工解太费时，所以借助计算机求解。可以用逐次比较各种向量组的秩的方法，但最好把所有向量全排列成一组，用行阶梯形变换看清全部情况。程序 pla464 如下：

```
va=[20; 10; 20; 10; 0], vb=[18; 10; 25; 5; 2], vc=[12; 10; 15; 15; 8]
w1=[16; 10; 21; 9; 4], w2=[16; 12; 19; 9; 4]
U0=rref([va, vb, vc, w1, w2]
```

程序运行的结果是

```
U0=     1.0000        0          0     0.0800         0
             0   1.0000          0     0.5600         0
             0        0     1.0000     0.3600         0
             0        0          0          0    1.0000
             0        0          0          0         0
```

从中看出，由 $\boldsymbol{v}_A$、$\boldsymbol{v}_B$、$\boldsymbol{v}_C$ 组成的向量组的秩为 3，加上 $\boldsymbol{w}_1$ 后秩仍然是 3，加上 $\boldsymbol{w}_2$ 后秩变成 4。这就意味着 $\boldsymbol{w}_1$ 是在 $\boldsymbol{v}_A$、$\boldsymbol{v}_B$、$\boldsymbol{v}_C$ 所张成的向量空间内，而 $\boldsymbol{w}_2$ 则不是在 $\boldsymbol{v}_A$、$\boldsymbol{v}_B$、$\boldsymbol{v}_C$ 所张成的向量空间内。所以 $\boldsymbol{w}_1$ 可以由三种基本类型的混凝土混合而成，但 $\boldsymbol{w}_2$ 则不行。

$\boldsymbol{w}_1$ 所需的混合比例也可从 U0 中看出，对应于它的列向量 [0.08；0.56；0.36]，说明应按 8%、56%、36% 的比例调配。对于 5000 公斤的混凝土，三种类型混凝土的用量分别为 400 公斤、2800 公斤、1800 公斤。

对于 $\boldsymbol{w}_2$ 而言，得到的是一组矛盾方程，说明方程无解，这是不难想象的。混凝土由五种原料配成，如果要能配成任何比例，那么至少要自由地改变四种原料的分量，也就是说每一种混凝土是四维空间中的一个点。现在想用改变三个常数来凑成四维空间的任意点，那是做不到的。对于四维空间的问题，一般地说，很难从几何意义上想象。不过就本题而言，却是可以说清的。请读者注意，在这三种基本混凝土中，水的含量都是 1/6，所以不管怎么混合，合成的混凝土的含水量必然是 1/6。如果客户要求的混凝土含水量不是 1/6，那是无论如何也配不出来的。$\boldsymbol{w}_2$ 要求的成分就属于这种情况。另外，既然水的比例不能变，就没有必要把它列为客户可选的五个成分之一，向量组可以减少一维。

4.7 复习要求及习题

4.7.1 本章要求掌握的概念和计算

(1) 掌握二、三维向量线性组合和向量空间的定义，为什么要求其各基向量必须线性无关？

(2) 向量点乘、叉乘的定义，与平面向量四边形的面积、三维向量六面体的体积有何关系？

(3) 行列式为什么能表示体积？与向量组线性无关有何关系？

(4) 掌握向量的归一化及两向量夹角计算公式 $\boldsymbol{v}^{\mathrm{T}}\boldsymbol{w}=\|\boldsymbol{v}\|\cdot\|\boldsymbol{w}\|\cos\theta$ 的来源及意义。当 $\boldsymbol{v}^{\mathrm{T}}\boldsymbol{w}=0$ 时，$\boldsymbol{v}$ 与 $\boldsymbol{w}$ 正交。

(5) 如何用 rref 函数判断多个向量组合的线性相关或线性无关？如何判断多个向量之间的正交性？

(6) 从向量线性组合的角度，看待线性方程组的几何意义，分别就适定、欠定或超定进行讨论。超定方程中点与平面的最小距离为何等价于最小二乘误差？

(7) 线性方程组 $\boldsymbol{Ax}=\boldsymbol{b}$ 的解写成 $\boldsymbol{x}=\boldsymbol{A}\backslash\boldsymbol{b}$，可适用于适定、欠定或超定吗？三种情况如何判别？它的实际计算内容有些什么不同？

(8) MATLAB 实践：四个以上三维向量的相关性分析，欠定方程组通解的 MATLAB 求法，超定方程组的解法。

(9) MATLAB 函数：rank、norm、null、zeros、pinv、drawvec、dot、cross。

4.7.2 计算题

4.1　用空间笛卡尔坐标概念，找出两个最简单的单位向量 $\boldsymbol{u}$ 和 $\boldsymbol{v}$，它们与向量 $a(1, 0, 1)$垂直并相互正交。

4.2　问向量 [1, 1, 1] 是否处在向量 [1, 3, 4], [4, 0, 1] 和 [3, 1, 2] 所张成的子空间中？

4.3　是非题(若为“是”，给出理由；若为非，给出反例)：

(a) 设三维向量 $\boldsymbol{u}$ 垂直于 $\boldsymbol{v}$ 和 $\boldsymbol{w}$，则 $\boldsymbol{v}$ 和 $\boldsymbol{w}$ 平行；

(b) 设三维向量 $\boldsymbol{u}$ 垂直于 $\boldsymbol{v}$ 和 $\boldsymbol{w}$，则 $\boldsymbol{u}$ 垂直于 $\boldsymbol{v}+2\boldsymbol{w}$；

(c) 设 $\boldsymbol{u}$ 和 $\boldsymbol{v}$ 为相互正交的单位向量，则 $\|\boldsymbol{u}-\boldsymbol{v}\|=\sqrt{2}$ 。

4.4　求顶点为 $A(1, 2, 2)$、$B(3, 1, 4)$、$C(5, 2, 1)$的三角形的面积。(提示：用叉乘命令 cross)

4.5　已知两个在三维空间中的平面 $x-2y+z=0$ 和 $-x+2y+z=0$，试画出此两平面的立体图形并显示它们的交线。

4.6　解下列方程组，并用 ezplot 函数画出各个方程所对应的直线及交点。

(a) $\begin{cases}x+3y=5\\3x-y=2\end{cases}$；(b) $\begin{cases}x+y=2\\3x+3y=6\end{cases}$；(c) $\begin{cases}x+y=2\\3x+3y=5\end{cases}$。

4.7　解下列方程组，并用 ezmesh 函数画出各个方程所对应的平面、交线及交点。

(a) $\begin{cases} x+3y-2z=5 \\ 3x-y+z=2 \\ 2x+y-3z=-3 \end{cases}$；(b) $\begin{cases} x+3y-2z=5 \\ 3x-y+z=2 \\ 2x+6y-4z=3 \end{cases}$。

4.8　设五个三维向量 $M=[\alpha_1,\cdots,\alpha_5]=\begin{bmatrix} 3 & 2 & 1 & -3 & -2 \\ 2 & -1 & 3 & 1 & -3 \\ 7 & 2 & 5 & -4 & -3 \end{bmatrix}$，判断哪几个向量组成线性无关组。

4.9　求由向量 $\boldsymbol{\alpha}_1=[4,5,6]^{\mathrm{T}}$，$\boldsymbol{\alpha}_2=[1,3,1]^{\mathrm{T}}$，$\boldsymbol{\alpha}_3=[3,4,3]^{\mathrm{T}}$，$\boldsymbol{\alpha}_4=[1,1,2]^{\mathrm{T}}$ 所张成的向量空间的一组基，确定这四个向量的线性相关关系式。

4.10　设 H 为由 $\boldsymbol{v}1=\begin{bmatrix} 5 \\ 3 \\ 8 \end{bmatrix}$，$\boldsymbol{v}2=\begin{bmatrix} 1 \\ 3 \\ 4 \end{bmatrix}$ 所张成的向量空间，另有向量 $\boldsymbol{b}=\begin{bmatrix} b_1 \\ b_2 \\ b_3 \end{bmatrix}$，问：$b$ 的三个分量应该满足什么条件，才能保证 $\boldsymbol{b}$ 在 $\boldsymbol{H}$ 空间中？

4.11　求 $\boldsymbol{\alpha}_1=[1,-1,2,4]^{\mathrm{T}}$，$\boldsymbol{\alpha}_2=[0,3,1,2]^{\mathrm{T}}$，$\boldsymbol{\alpha}_3=[3,0,7,14]^{\mathrm{T}}$，$\boldsymbol{\alpha}_4=[1,-1,2,0]^{\mathrm{T}}$，$\boldsymbol{\alpha}_5=[2,1,5,0]^{\mathrm{T}}$ 的线性无关组，并将其余向量用这组基向量表示。

4.12　求出通过平面上三点(0, 4), (1, 2), (2, 5)的二次多项式 ax^2+bx+c，并画出其图形。若要求它通过点(3, 9)，可以做到吗？要使四个线性方程误差的均方根最小，二次多项式应具有何种形式？

4.13　设(x, y, z)是(2, 3, 1)和(1, 2, 3)的线性组合，试问所有满足条件的 x、y、z 取何形状？其方程是什么？

4.14　已知 x，y 平面上四点(0, 0)，(1, 8)，(3, 8)，(4,20)，求直线 $b=DX$，使得在 x=[0, 1, 3, 4]四处误差($y-b$)的均方值为最小。

4.15　求：(a) 一个平面 $C+Dx+Ey=z$，它在四个角(1, 0), (0, 1), (−1, 0), (0, −1)上能最佳拟合 4 个值 $\boldsymbol{b}=(0, 1, 3, 4)$；

(b) 四个误差及其均方值，并证明在方形中心的原点上，z 是四个 $\boldsymbol{b}$ 的平均值。

4.16　已知健康孩子的心脏收缩血压 p(毫米汞柱)与他的体重 w(斤)之间的近似关系为 $\beta_0+\beta_1\ln w=p$。现有的统计结果如表 4-5 所示。

(a) 根据以上统计数据来确定 β_0、β_1 的值。

(b) 对于体重为 45(斤)的孩子，其收缩压的标准值应为多少？

表 4-5　例 4.16 的数据表

w	20	30	40	50	60
ln$w$	3.00	3.40	3.69	3.91	4.09
p	91	99	105	110	112

4.17　设某经济体有三个部门：化工、动力和机械制造。化工部门把它产出的 30% 卖给动力部门，50% 卖给机械部门，其余自己留用。动力部门把它产出的 80% 卖给化工部门，10% 卖给机械部门，其余自己留用。机械部门把它产出的 40% 卖给动力部门，40% 卖给化工部门，其余自己留用。

(a) 列出此经济体的交换表；

(b) 求出此经济体的平衡价格。

第 5 章　线性变换及其特征

线性代数归根到底就是讨论方程组 $\boldsymbol{Ax}=\boldsymbol{b}$，只是采取不同的角度。本书前 3 章是已知 $\boldsymbol{A}$ 和 $\boldsymbol{b}$ 求 $\boldsymbol{x}$，解的方法是以 $\boldsymbol{A}$ 的行变换(也就是方程)为主；第 4 章则把 $\boldsymbol{A}$ 看做列向量组，把 $\boldsymbol{Ax}$ 看做列向量的线性组合，研究其和是否能等于另一个向量 $\boldsymbol{b}$。这一章则把 $\boldsymbol{A}$ 看做一个变换，把 $\boldsymbol{x}$ 空间的图形或向量变换到 $\boldsymbol{b}$ 空间(本章中看做 $\boldsymbol{y}$ 空间)中，要研究的是变换前后两个坐标系内的图形和向量会有何种变化。这三个不同角度反映了对线性代数不同的应用需求，也深化了对线性方程组的研究。

5.1　平面上线性变换的几何意义

设 $\boldsymbol{x}$ 及 $\boldsymbol{y}$ 分别为 n 及 m 维向量，$\boldsymbol{A}$ 为 $m\times n$ 矩阵，把方程

$$\boldsymbol{Ax}=\boldsymbol{y} \tag{5.1.1}$$

中的 $\boldsymbol{x}$ 看成输入变量，$\boldsymbol{y}$ 看做输出变量，则这个矩阵 $\boldsymbol{A}$ 就执行了把 $\boldsymbol{X}$ 空间内的向量组变成 $\boldsymbol{Y}$ 空间内的向量组的线性变换。若 $n=m=2$，$\boldsymbol{A}$ 是 2×2 矩阵，设 $\boldsymbol{x}$ 和 $\boldsymbol{y}$ 均为 2×10 矩阵，分别代表两平面上 10 个点的坐标，如图 5-1 所示，直线变换后仍为直线，三角形仍为三角形，且线段的比例也不变，中点仍在中点。图中 $\boldsymbol{v}$ 指变换前的点，$T(\boldsymbol{v})$指变换后的点，在此处 $T(\boldsymbol{v})=\boldsymbol{Av}$。

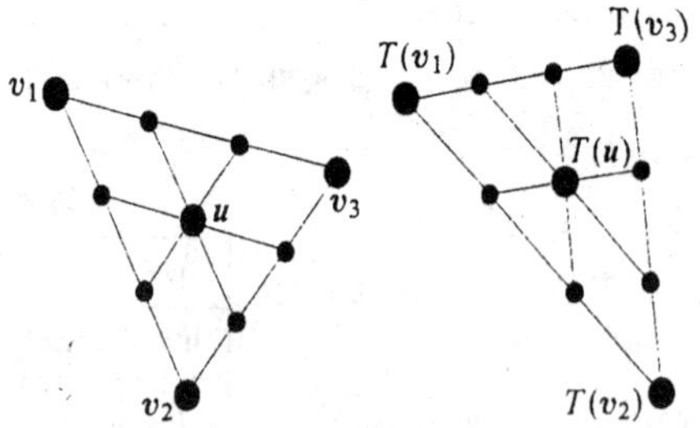

图 5-1　线性变换中直线、三角形和线段比保持不变

不同的矩阵 $\boldsymbol{A}$ 可以产生不同的变换结果，这在工程中有广泛的用途。下面举一个正方图形，看它经过不同的变换矩阵 $\boldsymbol{A}$ 左乘以后，其形状发生的变化。

例 5.1　设 $\boldsymbol{x}$ 为二维平面上的一个单位方块，其四个顶点为(0,0), (1,0), (1,1), (0,1)。写成

$$\boldsymbol{x}=\begin{bmatrix}0&1&1&0&0\\0&0&1&1&0\end{bmatrix}$$

称之为数据矩阵。最右列补的是第一点坐标，那是为了绘图方便，使图形闭合。把不同的 2×2 矩阵 $\boldsymbol{A}$ 左乘此组数据，可以得到多种不同的图形。

(1) $$\boldsymbol{A}_1=\begin{bmatrix}-1 & 0\\ 0 & 1\end{bmatrix},\quad \boldsymbol{y}_1=\begin{bmatrix}0 & -1 & -1 & 0 & 0\\ 0 & 0 & 1 & 1 & 0\end{bmatrix} \tag{5.1.2}$$

(2) $$\boldsymbol{A}_2=\begin{bmatrix}1.5 & 0\\ 0 & 1\end{bmatrix},\quad \boldsymbol{y}_2=\begin{bmatrix}0 & 1.5 & 1.5 & 0 & 0\\ 0 & 0 & 1.0 & 1.0 & 0\end{bmatrix} \tag{5.1.3}$$

(3) $$\boldsymbol{A}_3=\begin{bmatrix}1.0 & 0\\ 0 & 0.5\end{bmatrix},\quad \boldsymbol{y}_3=\begin{bmatrix}0 & 1.0 & 1.0 & 0 & 0\\ 0 & 0 & 0.5 & 0.5 & 0\end{bmatrix} \tag{5.1.4}$$

(4) $$\boldsymbol{A}_4=\begin{bmatrix}1.0 & 0.5\\ 0 & 1.0\end{bmatrix},\quad \boldsymbol{y}_4=\begin{bmatrix}0 & 1.0 & 1.5 & 0.5 & 0\\ 0 & 0 & 1.0 & 1.0 & 0\end{bmatrix} \tag{5.1.5}$$

(5) 设 $t=\pi/6$， $$\boldsymbol{A}_5=\begin{bmatrix}\cos t & -\sin t\\ \sin t & \cos t\end{bmatrix},\quad \boldsymbol{y}_5=\begin{bmatrix}0 & 0.866 & 0.366 & -0.500 & 0\\ 0 & 0.500 & 1.366 & 0.866 & 0\end{bmatrix} \tag{5.1.6}$$

可以用本书程序 pla501 来完成计算和绘图，其核心语句如下：

```
x=[0,1,1,0;0,0,1,1];subplot(2,3,1),fill([x(1,:),0],[x(2,:),0],'r')
axis equal,axis([-1.5,1.5,-1,2]),grid on
A1=[-1,0;0,1],y1=A1*x, subplot(2,3,2),fill([y1(1,:),0],[y1(2,:),0],'g')
…
```

这里把 $\boldsymbol{y}_2\sim\boldsymbol{y}_5$ 的绘图语句中的坐标设置和标题语句都作了省略，读者不难从 $\boldsymbol{y}_1$ 的绘图语句推出其他的绘图语句。运行这个程序可以得到前面列出的 $\boldsymbol{y}_1\sim\boldsymbol{y}_5$ 的值，它们与 $\boldsymbol{x}$ 一样都用 2×5 的矩阵表示，同时得到图 5-2 所示的图形。可以看出，变换矩阵 $\boldsymbol{A}_1$ 使原图对纵轴生成镜像(反射)，变换矩阵 $\boldsymbol{A}_2$ 使原图在横轴方向膨胀，变换矩阵 $\boldsymbol{A}_3$ 使原图在纵轴方向压缩，变换矩阵 $\boldsymbol{A}_4$ 使原图向右上方剪切变形，变换矩阵 $\boldsymbol{A}_5$ 使原图沿反时针方向旋转 $t=\pi/6$。可以把这些变换矩阵看做两个二维列向量的组合 $\boldsymbol{A}=[\boldsymbol{\alpha}_1,\boldsymbol{\alpha}_2]$，$\boldsymbol{\alpha}_1$、$\boldsymbol{\alpha}_2$ 也被称作此变换的基向量，图 5-2 中画出了这些向量。

对二维空间(平面)，行列式的几何意义是两个基向量所构成的平行四边形的面积。一个变换作用于某图形所造成的新图形的面积变化倍数，等于该变换的行列式的值。求出上述五种变换矩阵的行列式如下：

$$D_1=\det(\boldsymbol{A}_1)=-1,\ D_2=\det(\boldsymbol{A}_2)=1.5,\ D_3=\det(\boldsymbol{A}_3)=0.5,\quad D_4=\det(\boldsymbol{A}_4)=1,\ D_5=1$$

可以看出，$\boldsymbol{A}_1$、$\boldsymbol{A}_4$ 和 $\boldsymbol{A}_5$ 的行列式绝对值都是 1，所以变换后图形的面积不会发生改变。而 $\boldsymbol{A}_2$ 和 $\boldsymbol{A}_3$ 的行列式分别为 1.5 和 0.5，变换后图形面积的增加和减小的倍数恰好与这两个值相对应。

连续的线性变换可以表示为变换矩阵的连乘。比如先后进行两次转动，每次转角分别为 α 和 β，则两次线性变换矩阵的连乘积为

$$\boldsymbol{A}_\alpha\boldsymbol{A}_\beta=\begin{bmatrix}\cos\alpha & -\sin\alpha\\ \sin\alpha & \cos\alpha\end{bmatrix}\begin{bmatrix}\cos\beta & -\sin\beta\\ \sin\beta & \cos\beta\end{bmatrix}=\begin{bmatrix}\cos(\alpha+\beta) & -\sin(\alpha+\beta)\\ \sin(\alpha+\beta) & \cos(\alpha+\beta)\end{bmatrix} \tag{5.1.7}$$

其结果与转动角 $(\alpha+\beta)$ 的变换相同。

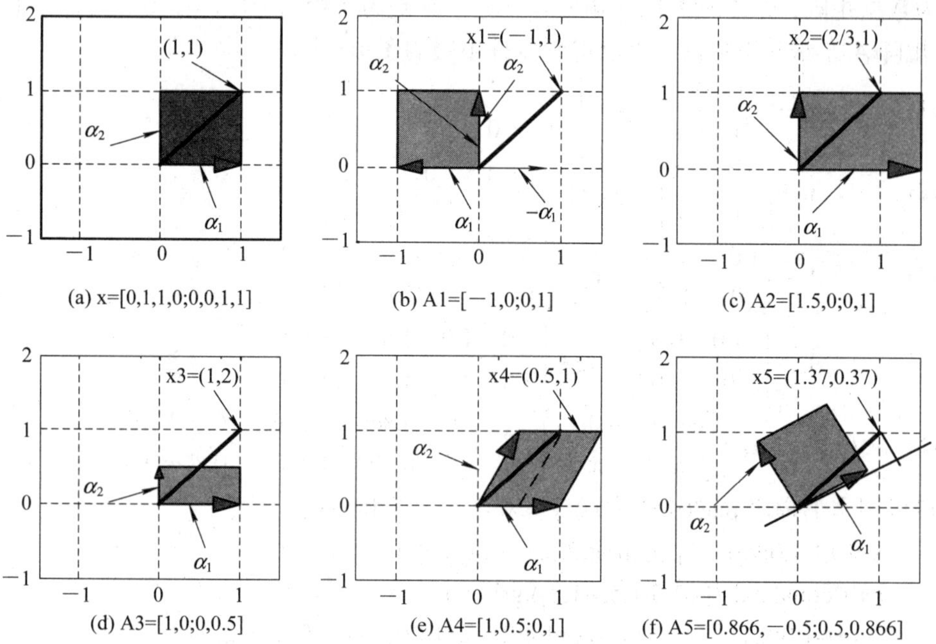

(a) x=[0,1,1,0;0,0,1,1]　(b) A1=[−1,0;0,1]　(c) A2=[1.5,0;0,1]

(d) A3=[1,0;0,0.5]　(e) A4=[1,0.5;0,1]　(f) A5=[0.866,−0.5;0.5,0.866]

图 5-2　对单元方格进行线性变换后产生的图形

5.2　用线性变换表述物体的形变和运动

5.2.1　线性变换使物体形状发生的变化

例 5.2　数据矩阵 $\boldsymbol{x}=\begin{bmatrix} 0 & 0.50 & 0.50 & 6.00 & 6.00 & 5.50 & 5.50 & 0 \\ 0 & 0 & 6.42 & 0 & 8.00 & 8.00 & 1.58 & 8.00 \end{bmatrix}$表示空心英文大写 N 图形的各个节点，要求：

(1) 用 plot 语句在子图 1 中画出其形状；

(2) 取 $\boldsymbol{A}=\begin{bmatrix} 1 & 0.25 \\ 0 & 1 \end{bmatrix}$作为变换矩阵对 $\boldsymbol{x}$ 进行变换，并在子图 2 中画出 $\boldsymbol{y=Ax}$ 的图形；

(3) 对结果进行讨论。

解　画图前要在给定的数据右方，补上第一点的坐标，使画出的图形封闭。程序 pla502 如下：

```
x0=[0,0.5,0.5,6,6,5.5,5.5,0;0,0,6.42,0,8,8,1.58,8];
x=[x0,x0(:,1)];      %把首顶点坐标补到末顶点之后
A=[1,0.25;0,1]; y=A*x;
subplot(1,2,1),plot(x(1,:),x(2,:))
subplot(1,2,2),plot(y(1,:),y(2,:))
```

生成的图形见图 5-3，这个例子说明在设计计算机字库时，斜体字库可以不必单独建立，只要对正体字库进行适当的线性变换，就可以实现斜体字，用这个方法可以节约大量的人力，并可节约存储量。

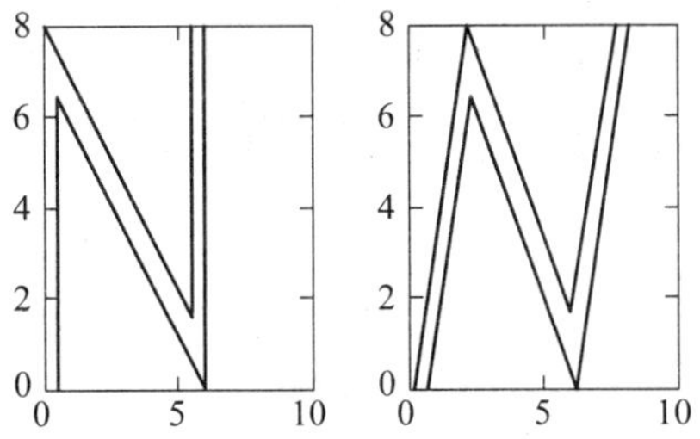

图 5-3　例 5.2 生成的 N 字符图形

5.2.2　非同维线性变换的用途

以上讨论的是 2×2 变换矩阵的变换作用，在计算机图形学课程中会以此为基础做更深入的研究。这里所实现的还只是同维空间(平面–平面)之间的变换，实际上还有不同维空间之间的变换。比如用 1×2 的变换矩阵 $\boldsymbol{A}$=[1 0]左乘数据矩阵 $\boldsymbol{x}$，将得到 $\boldsymbol{y}=\boldsymbol{A}\boldsymbol{x}$=[0 1 1 0]。此时原二维向量 $\boldsymbol{x}$ 被变换为一维的向量 $\boldsymbol{y}$。它的实质是把原方格图形投影到横坐标轴上。四个顶点变换(投影)为横坐标轴上的两个点 0 和 1，相当于 $\boldsymbol{A}_3$ 生成的图形中把高度 0.5 缩减为零。

把三维的物体图投影到二维平面具有更广泛的用途，最直接的应用就是三维动漫技术。它要把人们设计制造的立体环境和人物形象投影到电影或电视屏幕的平面上。在笛卡尔坐标系中，如果三维物体的图形用其 n 个顶点的 $3\times n$ 三维列向量组 $\boldsymbol{G}$ 来表示，则它在 x-y 平面上的投影可写成 $\boldsymbol{F}=\boldsymbol{A}\boldsymbol{G}$，其中 $\boldsymbol{A}=\begin{bmatrix}1 & 0 & 0\\ 0 & 1 & 0\end{bmatrix}$为 2×3 的投影变换矩阵。

三维到二维投影的另一个最新用途是 3D 打印技术，它把由计算机辅助设计(CAD)生成的立体模型图纸，细密地分层截取它的截面形状，用打印的方法把制造的材料像打印墨水那样按其形状和厚度生成实物截面，一层一层地粘叠起来，形成设计图纸所要求的任何复杂三维原型。这些都需要 2×3 维的变换矩阵，而且考虑到三维物体的复杂形状和最佳的截面角度，其计算要复杂得多，要更多地依靠线性代数的理论。

反过来，把二维向量变换为三维向量，即把平面上的向量换成为空间向量，在某些情况下是很有用的。比如刚体在平面上的运动要用两个平移和一个转动来描述，转动可以从上面的线性变换 $\boldsymbol{A}_5$ 得到，但平移却不是一个线性变换。要完全用矩阵乘法来描述刚体的运动，就要把刚体位置的描述增加一维，此时采用 5.2.3 节介绍的“齐次坐标系”。

5.2.3　用线性变换描述刚体的运动

前面所研究的矩阵和向量的算法，都是在向量空间内有效的。所谓向量空间 $\boldsymbol{V}$，就是要求其所属的向量对加法和数乘满足封闭性，即① 若 $\boldsymbol{a},\boldsymbol{b}\in\boldsymbol{V}$，则 $\boldsymbol{a}+\boldsymbol{b}\in\boldsymbol{V}$；② 若 $\boldsymbol{a}\in\boldsymbol{V}$，则 $k\boldsymbol{a}\in\boldsymbol{V}$；其中 k 为任意实数，∈表示“属于”。但刚体的平移不满足这个条件，这是因为：

(1) 设 $\boldsymbol{y}_a=\boldsymbol{x}_a+\boldsymbol{c}$；$\boldsymbol{y}_b=\boldsymbol{x}_b+\boldsymbol{c}$；则它们的和为 $\boldsymbol{y}=\boldsymbol{y}_a+\boldsymbol{y}_b=\boldsymbol{x}_a+\boldsymbol{x}_b+2\boldsymbol{c}\neq\boldsymbol{x}+\boldsymbol{c}$，可见它对加法不封闭。

(2) 设 $\boldsymbol{y}_a=\boldsymbol{x}_a+\boldsymbol{c}$；将它乘以常数 k，有 $\boldsymbol{y}=k\boldsymbol{y}_a=k(\boldsymbol{x}_a+\boldsymbol{c})=k\boldsymbol{x}_a+k\boldsymbol{c}\neq k\boldsymbol{x}_a+\boldsymbol{c}=\boldsymbol{x}+\boldsymbol{c}$，可见它对乘法也不封闭；也就是说，平移不符合线性变换的规则，无法用矩阵乘法来实现平移变换 $\boldsymbol{y}=\boldsymbol{x}+\boldsymbol{c}$。

为了把刚体的运动完全用线性变换来描述，可以用增加空间维数的方法，把平面问题映射到三维空间来建立方程，这就可能把 $\boldsymbol{x}$ 和 $\boldsymbol{y}$ 由扩展了的向量空间来涵盖。把原来通过原点的平面沿其垂直方向提高一个单位，与原平面保持平行。把原来的二维的 $\boldsymbol{x}$ 用三维向量来表示为

$$\boldsymbol{x}=\begin{bmatrix} x_1 \\ x_2 \\ 1 \end{bmatrix} \tag{5.2.1}$$

这样的坐标系称为齐次坐标系(Homogeneous coordinate)。可以把平移矩阵写成

$$\boldsymbol{M}=\begin{bmatrix} 1 & 0 & c_1 \\ 0 & 1 & c_2 \\ 0 & 0 & 1 \end{bmatrix} \tag{5.2.2}$$

于是便有

$$\boldsymbol{y}=\begin{bmatrix} y_1 \\ y_2 \\ 1 \end{bmatrix}=\boldsymbol{Mx}=\begin{bmatrix} x_1+c_1 \\ x_2+c_2 \\ 1 \end{bmatrix} \tag{5.2.3}$$

可见三维齐次坐标系中的前两个分量通过矩阵乘法实现了平移运算的要求。对象若同时有旋转和平移，则可以分别列出旋转矩阵和平移矩阵。不过此时的旋转矩阵也要改为 3×3 维，这可以在上述 $\boldsymbol{A}_5$ 中增加第三行和第三列，置 $\boldsymbol{A}(3,3)=1$，其余新增元素为零。

$$\boldsymbol{A}_5=\begin{bmatrix} \cos t & -\sin t & 0 \\ \sin t & \cos t & 0 \\ 0 & 0 & 1 \end{bmatrix} \tag{5.2.4}$$

把式(5.2.2)的 $\boldsymbol{M}$ 左乘式(5.2.4)的 $\boldsymbol{A}_5$ 就得到既包括平移，又包括转动的平面齐次坐标系的变换矩阵。

$$\boldsymbol{A}=\boldsymbol{M}\boldsymbol{A}_5=\begin{bmatrix} \cos t & -\sin t & c_1 \\ \sin t & \cos t & c_2 \\ 0 & 0 & 1 \end{bmatrix} \tag{5.2.5}$$

要注意变换矩阵的相乘次序是不符合交换律的。若把两者颠倒便会成为

$$\boldsymbol{A}_5\boldsymbol{M}=\begin{bmatrix} \cos(a) & \sin(a) & c_1\cos(a)+c_2\sin(a) \\ -\sin(a) & \cos(a) & -c_1\sin(a)+c_2\cos(a) \\ 0 & 0 & 1 \end{bmatrix} \tag{5.2.6}$$

这种变化的原因，可从例 5.3 中得到更清晰的解释。

例 5.3　设一个三角形的三个顶点坐标为(−1,1),(1,1),(0,2)，要使它旋转 90 度，右移 2，上移 3，试设计变换矩阵 $\boldsymbol{A}$，并画出变换前后的图形。

解　先列出数据矩阵，为了画图方便，把第一点的数据补到最后，构成 2×4 的数据矩阵。根据前面的论述，有平移要求时，必须采用齐次坐标系，因此数据矩阵应该是三行的，即最后要补一个全零行。平移和转动矩阵按上面的方法确定，于是其程序 pla503 核心语句如下：

```
x=[-1,1,0,-1;1,1,2,1;ones(1,4)]                  %将平面坐标改为三维齐次坐标
M=[1,0,4;0,1,3;0,0,1],                           %齐次坐标系中的移位矩阵
t=pi/2,R=[cos(t),-sin(t),0;sin(t),cos(t),0;0,0,1]  %转动矩阵，转角 pi/2
y1=R*x,pause                                     %求出转动后图形参数
y2=M*R*x,pause                                   %求出两次变换后图形参数
```

程序运行中给出的结果为

$$x=\begin{matrix}1 & 1 & 0 & -1\\ 1 & 1 & 2 & 1\\ 1 & 1 & 1 & 1\end{matrix}\qquad R=\begin{matrix}0 & -1 & 0\\ 1 & 0 & 0\\ 0 & 0 & 1\end{matrix}\qquad M=\begin{matrix}1 & 0 & 4\\ 0 & 1 & 3\\ 0 & 0 & 1\end{matrix}$$

$$y1=\begin{matrix}-1 & -1 & -2 & -1\\ -1 & 1 & 0 & -1\\ 1 & 1 & 1 & 1\end{matrix}\qquad y2=\begin{matrix}3 & 3 & 2 & 3\\ 2 & 4 & 3 & 2\\ 1 & 1 & 1 & 1\end{matrix}$$

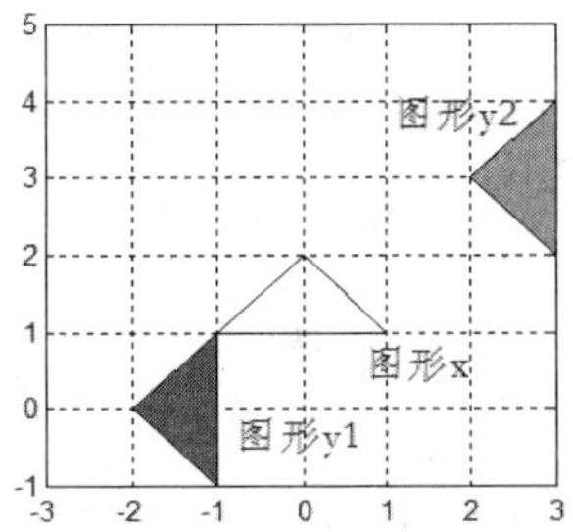

图 5-4　例 5.3 的两次变换图形

得出的图形如图 5-4 所示。矩阵的相乘不符合交换律，所以线性变换也不遵守交换律。本例取的是先转动(绕原点)后平移，也即先用 $\boldsymbol{R}$ 左乘，再用 $\boldsymbol{M}$ 左乘。如果换了次序，先平移再转动，即把 $\boldsymbol{R}$ 和 $\boldsymbol{M}$ 作用次序交换一下，结果就完全不同了。

5.2.4　基向量改变后坐标值的变化

对于空间的固定点或形状不变的刚体，因为基向量变了，其坐标值也必然变化。这可以看做例 5.1 的逆过程。在例 5.1 的 $\boldsymbol{y}=\boldsymbol{A}\boldsymbol{x}$ 中，假定坐标值 $\boldsymbol{x}$ 不变，改变基向量 $\boldsymbol{A}$，向量 $\boldsymbol{y}$ 就发生变化，也就是知道 $\boldsymbol{x}$ 求 $\boldsymbol{y}$。反过来，知道 $\boldsymbol{y}$，也可以求 $\boldsymbol{x}$，这是坐标变换和反变换的关系。工程上往往要研究一个工件在测量仪上测出的数据与 CAD 图纸上的数据如何转换。因为图纸是按照工件自身的基准生成的，而三坐标测量仪的数据则是以夹持器为基准，所以要拿两者进行比较，必须进行坐标转换。

用例 5.1 的数据来分析。取原始直角坐标系中的向量 $\boldsymbol{y}=[1,1]^{\mathrm{T}}$ 为对象，当把基向量换成 $\boldsymbol{A}_1\sim\boldsymbol{A}_5$ 后，这个向量在各新坐标系中的坐标值是多少呢？解就是 $\boldsymbol{x}=\boldsymbol{A}^{-1}\boldsymbol{y}$，在程序 pla501 执行之后，再键入以下 MATLAB 语句：

```
x1=inv(A1)*[1;1], x2=inv(A2)*[1;1],x3=inv(A3)*[1;1], x4=inv(A4)*[1;1], x5=inv(A5)*[1;1]
```

运行结果是：

$$x1=\begin{matrix}-1\\ 1\end{matrix}\qquad x2=\begin{matrix}0.6667\\ 1\end{matrix}\qquad x3=\begin{matrix}1\\ 2\end{matrix}\qquad x4=\begin{matrix}0.5\\ 1\end{matrix}\qquad x5=\begin{matrix}1.366\\ 0.366\end{matrix}$$

前面几项对照图形观察就可以看出，下面只把 y_5 列出一个算式，说明基变量改变后，为什么要把坐标值作相应改变，才能得到原有的向量$[1,1]^T$。

$$y_5 = 1.366\boldsymbol{\alpha}_1 + 0.366\boldsymbol{\alpha}_2 = 1.366 * \begin{bmatrix} 0.866 \\ 0.5 \end{bmatrix} + 0.366 * \begin{bmatrix} -0.5 \\ 0.866 \end{bmatrix} = \begin{bmatrix} 1 \\ 1 \end{bmatrix}$$

可知向量$[1,1]^T$在新坐标系中的坐标值为(1.366, 0.366)，此结果的正确性不难从图 5-2 中看出。

从最简单的二阶变换矩阵的结论出发，推广到三阶，可以得到基变换后坐标变换矩阵的公式。设线性空间 $\mathbf{R}^3$ 中的两组基向量 $\boldsymbol{u} = [\boldsymbol{u}_1, \boldsymbol{u}_2, \boldsymbol{u}_3]$，$\boldsymbol{v} = [\boldsymbol{v}_1, \boldsymbol{v}_2, \boldsymbol{v}_3]$，其中每项都是三维列向量，它们在固定坐标系中的 3 个分量都是已知的，因此 $\boldsymbol{u}$ 和 $\boldsymbol{v}$ 都可以表示为 3×3 矩阵。如果 $\mathbf{R}^3$ 中的一个向量 $\boldsymbol{w}$ 在以 $\boldsymbol{u}$ 为基的坐标系内的坐标为 $\boldsymbol{c}$(3×1 数组)，在以 $\boldsymbol{v}$ 为基的坐标系内的坐标为 $\boldsymbol{d}$(3×1 数组)，则它们在固定坐标系内的坐标应分别为 $\boldsymbol{u}*\boldsymbol{c}$ 和 $\boldsymbol{v}*\boldsymbol{d}$，这两者应该相等，即

$$\boldsymbol{u}*\boldsymbol{c} = \boldsymbol{v}*\boldsymbol{d} \tag{5.2.7}$$

所谓基坐标的变换就是已知 $\boldsymbol{c}$，求出 $\boldsymbol{d}$。将上面的等式左右均左乘以 inv($\boldsymbol{v}$)，得到

$$\boldsymbol{d} = \text{inv}(\boldsymbol{v}) * \boldsymbol{u} * \boldsymbol{c} = \boldsymbol{v} \backslash \boldsymbol{u} * \boldsymbol{c} = \boldsymbol{P} * \boldsymbol{c} \tag{5.2.8}$$

其中坐标变换矩阵 $\boldsymbol{P}(\boldsymbol{u}\rightarrow\boldsymbol{v})$被称为过渡矩阵，可由基向量 $\boldsymbol{u}$ 和 $\boldsymbol{v}$ 求得：

$$\boldsymbol{P}=\boldsymbol{v} \backslash \boldsymbol{u} \tag{5.2.9}$$

当 $\boldsymbol{u}$ 是笛卡尔坐标时，$\boldsymbol{u}=\boldsymbol{I}_3$，$\boldsymbol{P}=\boldsymbol{v}\backslash\boldsymbol{I}_3$=inv($\boldsymbol{v}$)，也就是上面用到的 inv(A1)，…，inv(A5)。

例 5.4　图 5-5 中原来的基向量为 $\boldsymbol{e}_1 = \begin{bmatrix} 1 \\ 0 \end{bmatrix}$, $\boldsymbol{e}_2 = \begin{bmatrix} 0 \\ 1 \end{bmatrix}$，若改用新的基向量 $\boldsymbol{b}_1 = \begin{bmatrix} 1 \\ 0 \end{bmatrix}$，$\boldsymbol{b}_2 = \begin{bmatrix} 1 \\ 2 \end{bmatrix}$，求原来的向量 $\boldsymbol{x} = \begin{bmatrix} 1 \\ 6 \end{bmatrix}$在新基向量下的坐标。

解　因为原基向量组为 $\boldsymbol{e} = \begin{bmatrix} 1 & 0 \\ 0 & 1 \end{bmatrix}$，新基向量组为 $\boldsymbol{b} = \begin{bmatrix} 1 & 1 \\ 0 & 2 \end{bmatrix}$，故原来坐标为 $\boldsymbol{x} = \begin{bmatrix} 1 \\ 6 \end{bmatrix}$的向量具有的新坐标 $\boldsymbol{d}$ 可计算如下：

```
b=[1,1;0,2]; e=[1,0;0,1]; x=[1;6]; d=e*inv(b)*x
```

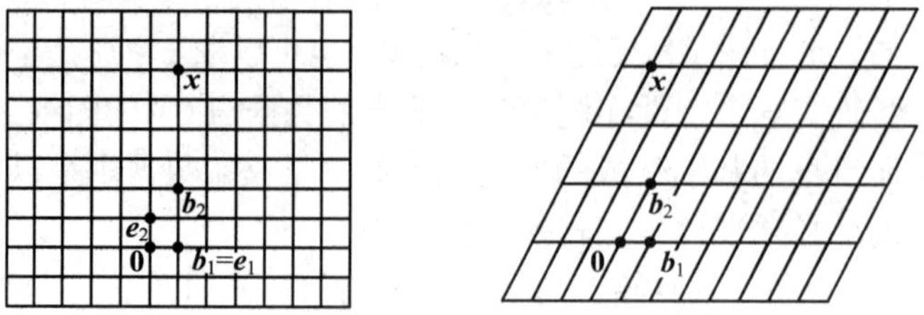

图 5-5　基向量对坐标的影响

左：标准坐标；右：斜坐标

运行结果为 d=[−2;3]，即 $\boldsymbol{x} = -2\boldsymbol{b}_1 + 3\boldsymbol{b}_2 = -2\begin{bmatrix} 1 \\ 0 \end{bmatrix} + 3\begin{bmatrix} 1 \\ 2 \end{bmatrix} = \begin{bmatrix} 1 \\ 6 \end{bmatrix}$，其基向量和坐标值同时

变了，但 $\boldsymbol{x}$ 的位置不变。

5.3 正交坐标系

从上一章知道，构成坐标系的各基向量必须是线性无关的，这只是必要条件，工程上通常还要求这些基向量相互正交。因为在正交坐标系中进行计算，可以避免各个数据分量之间的交叉影响，并保证在整个向量空间内计算精度的一致性。特别是在坐标变换时，不会造成数据对象形状的扭曲，对于刚体这尤其重要。

相互都正交的向量组称为正交向量组。由单位向量组成的正交向量组称为规范正交向量组。以三维为例，设 $\boldsymbol{\alpha}_1$，$\boldsymbol{\alpha}_2$，$\boldsymbol{\alpha}_3$ 为正交向量组，其规范向量组为

$$\boldsymbol{A}_0=[\boldsymbol{\alpha}_{10},\boldsymbol{\alpha}_{20},\boldsymbol{\alpha}_{30}]=\left[\boldsymbol{\alpha}_1/\|\boldsymbol{\alpha}_1\|,\boldsymbol{\alpha}_2/\|\boldsymbol{\alpha}_2\|,\boldsymbol{\alpha}_3/\|\boldsymbol{\alpha}_3\|\right] \tag{5.3.1}$$

在正交条件下有如下关系式：

$$\boldsymbol{\alpha}_{i0}^{\mathrm{T}}\boldsymbol{\alpha}_{j0}\begin{cases}=0, & (i\neq j)\\ =1, & (i=j)\end{cases} \tag{5.3.2}$$

$$\boldsymbol{A}_0^{\mathrm{T}}\boldsymbol{A}_0=\begin{bmatrix}\boldsymbol{\alpha}_{10}^{\mathrm{T}}\\ \boldsymbol{\alpha}_{20}^{\mathrm{T}}\\ \boldsymbol{\alpha}_{30}^{\mathrm{T}}\end{bmatrix}[\boldsymbol{\alpha}_{10},\boldsymbol{\alpha}_{20},\boldsymbol{\alpha}_{30}]=\begin{bmatrix}\boldsymbol{\alpha}_1^{\mathrm{T}}\boldsymbol{\alpha}_1 & \boldsymbol{\alpha}_1^{\mathrm{T}}\boldsymbol{\alpha}_2 & \boldsymbol{\alpha}_1^{\mathrm{T}}\boldsymbol{\alpha}_3\\ \boldsymbol{\alpha}_2^{\mathrm{T}}\boldsymbol{\alpha}_1 & \boldsymbol{\alpha}_2^{\mathrm{T}}\boldsymbol{\alpha}_2 & \boldsymbol{\alpha}_2^{\mathrm{T}}\boldsymbol{\alpha}_3\\ \boldsymbol{\alpha}_3^{\mathrm{T}}\boldsymbol{\alpha}_1 & \boldsymbol{\alpha}_3^{\mathrm{T}}\boldsymbol{\alpha}_2 & \boldsymbol{\alpha}_3^{\mathrm{T}}\boldsymbol{\alpha}_3\end{bmatrix}\Bigg/\left(\|\boldsymbol{\alpha}_1\|\|\boldsymbol{\alpha}_2\|\|\boldsymbol{\alpha}_3\|\right)^2=\begin{bmatrix}1&0&0\\0&1&0\\0&0&1\end{bmatrix}=\boldsymbol{I}_3 \tag{5.3.3}$$

对规范正交向量组，有 $\boldsymbol{A}_0^{\mathrm{T}}\boldsymbol{A}_0=\boldsymbol{I}_3$。这是检验规范正交组的方法。由此推论，正交向量组 $\boldsymbol{\alpha}_1$，$\boldsymbol{\alpha}_2$，$\boldsymbol{\alpha}_3$ 必定线性无关。也即向量组正交的要求比线性无关的要求更为严格。不难推想，n 维规范向量组的正交条件为 $\boldsymbol{A}_0^{\mathrm{T}}\boldsymbol{A}_0=\boldsymbol{I}_n$。

把例 5.1 中的各二维矩阵看做两个向量组成的向量组，由于其行列式都不等于零，故它们显然都是线性无关的。用 MATLAB 语句 X=A'*A/norm(A)^2 对它们进行规范正交性检验，只有 $\boldsymbol{A}_1, \boldsymbol{A}_5$ 两种情况的 $\boldsymbol{X}=\boldsymbol{I}_2$，而 $\boldsymbol{A}_2, \boldsymbol{A}_3$ 和 $\boldsymbol{A}_4$ 都不符合。从变换后的图形可以看出，经 $\boldsymbol{A}_1$，$\boldsymbol{A}_5$ 变换以后，原始图形仍保持正方形不变，只是位置和方向有变化，这符合一切刚体的描述要求，也是规范正交变换得到广泛应用的主要原因之一。

在研究几何空间任何对象形状和运动的时候，必须建立坐标系。通常首先要有一个固定坐标系，它是我们观察和测量运动的基础，在大多数情况下采用地面坐标系。在所研究的对象上，通常要设定另一个坐标系。比如研究飞机、汽车、船舶等运动物体时，就要在这些载体上建立坐标系；在研究机床、测量仪、机械手等部分可动的设备时，也要在其运动终端上建立坐标系。此外还往往需要一些中间坐标系，例如航母坐标系是舰载机与地面坐标的中间坐标系，机械臂坐标系是夹持端与固定基座的中间坐标系等。这些坐标系之间相互转换，都要利用线性代数的理论和方法。

固定坐标系通常取笛卡尔坐标，载体坐标系则多种多样。在大多数情况下它们也多取为正交坐标系。以飞行器为例(图 5-6)，它的机身坐标系的 x 轴沿机身纵轴，指向机首；它的 y 轴与机翼-机身平面垂直，指向上方；而它的 z 轴则与 x, y 轴正交，按右手法则，其正向指向右翼。不管坐标系有多少种，只要知道各个载体坐标轴与固定坐标系之间的三个夹角 α, β, γ，其变换关系就确定了。两组坐标系有 9 个夹角(见图 5-7 及表 5-1)。

图 5-6　中国舰载机

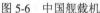

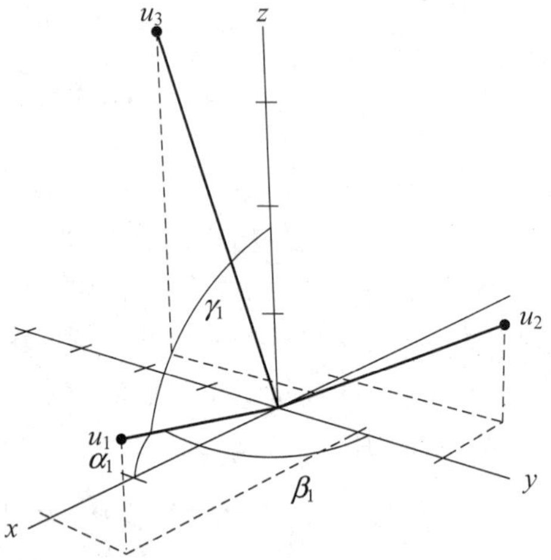

图 5-7　坐标轴 u_1 与 x,y,z 轴的夹角

表 5-1　飞行器的坐标系

		载体坐标系		
		u_1	u_2	u_3
固定坐标系	x	α_1	α_2	α_3
	y	β_1	β_2	β_3
	z	γ_1	γ_2	γ_3

再把它们的方向余弦排成矩阵：

$$\boldsymbol{p}=\begin{bmatrix}\cos(\alpha_1) & \cos(\alpha_2) & \cos(\alpha_3)\\ \cos(\beta_1) & \cos(\beta_2) & \cos(\beta_3)\\ \cos(\gamma_1) & \cos(\gamma_2) & \cos(\gamma_3)\end{bmatrix} \tag{5.3.4}$$

如果固定坐标系是正交系，则任何一个单位向量在三个坐标轴上的投影的平方就等于 1，故变换矩阵 $\boldsymbol{p}$ 各列的平方和均为 1。如果载体坐标系也是正交系，则方阵 $\boldsymbol{p}$ 各行的平方和也均为 1。所以有 $\boldsymbol{p}^{\mathrm{T}}*\boldsymbol{p}=\boldsymbol{p}*\boldsymbol{p}^{\mathrm{T}}=\boldsymbol{I}_3$。

不过这几个空间角 α,β,γ 是很难度量的，通常都要转化为绕具体转轴的转角。空间航行器与地面坐标系的关系通常用三个空间角(欧拉角)来度量，机器人或机械手都有几个自由度(关节)，每一个关节的运动参数多数都是角度，要把这些角度换算为上述 3×3 的方向余弦矩阵。这类新坐标系通常建立在实体对象上。所以新的正交坐标系的变换矩阵会是几个旋转矩阵的乘积。

5.4　以数据为基础建立坐标系

工程上也会遇到一些情况，需要针对给定或测得的数据，由数据处理人员来建立最有利于分析计算的数据坐标系，或者根据测定的数据反过来分析数据坐标的倾斜角度。三坐标测量仪的数据分析就是一个例子。

三坐标测量仪也称三坐标测量机(见图 5-8)，其工作原理如下：一般采用三个直线光栅尺作测量基准，测量头以电触头触发，测量出工件触点的实际(x,y,z)位置。根据工件多点的大量数据，对工件的形状、尺寸的精确性进行分析。这样，测量的数据来自固定坐标系，它与夹持状况有关，图纸的数据则以工件位置为基准，两者之间必须要进行坐标转换才能对比。

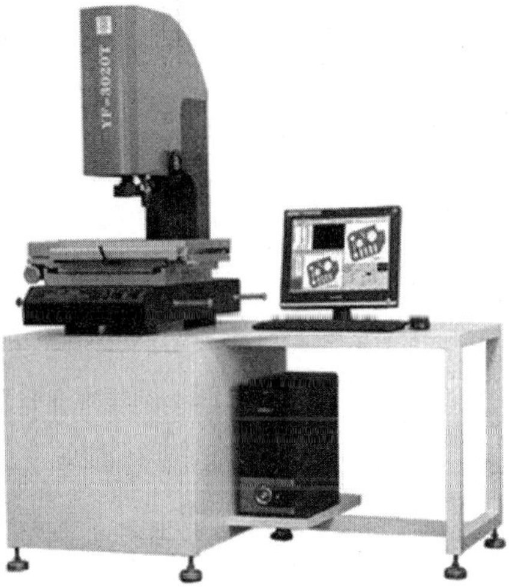

图 5-8　三坐标测量仪

5.4.1　用数据建立坐标系的一个应用实例

例 5.5　用坐标测量仪测出一个工件边界上的四点坐标如表 5-2 所示，问：这四点是否在一根直线上？求此直线方程，及各点离此直线的距离，绘图说明。

表 5-2　坐标测量仪测出的四点坐标值

	a	b	c	d
x	−2	1	0	2
y	3	2.3	1.7	0.33

解　把这四个点进行作图，可以得出图 5-9 的近似斜线。测试数据是来自固定坐标系，坐标原点不在这根线上，要求的各点误差则是在这根斜线的垂直方向，其测量误差的起点都以斜线为准。所以，一种简化问题的思路是做一个坐标变换，把新坐标建立到这根斜线上，把原点放在 d 点。这样从新原点到各点的连线向量(可称为差向量)就都大体沿着新坐标轴，近似共线。以其中首尾 a、d 两点的连线为 x_1 轴，与之垂直的方向为 y_1 轴，在此新坐标系内求出各点的 x_1, y_1 坐标，y_1 就代表了各点的误差。

下面用数学语言表达解题思路：

(1) 列出表示四点原坐标的向量组：

$$\boldsymbol{L}=\begin{bmatrix}-2.0 & -1.0 & 0 & 2.0\\ 3.0 & 2.3 & 1.7 & 0.33\end{bmatrix}$$

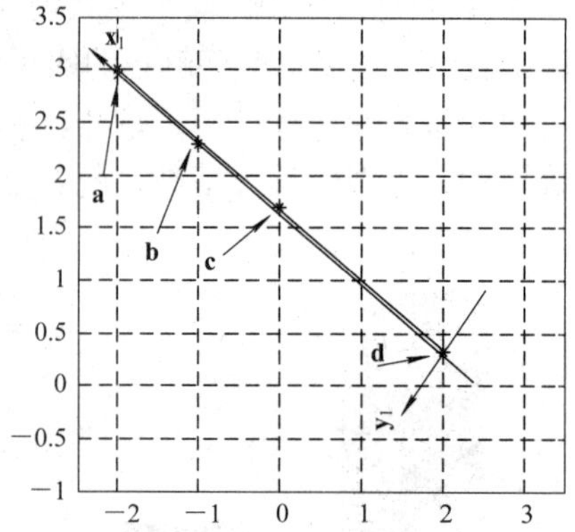

图 5-9　给定四点判断其对拟合直线的误差

(2) 将此向量组各向量都减去 d 点坐标，得到差向量矩阵 $\boldsymbol{M}$，即

$$\boldsymbol{M}=\boldsymbol{L}-\begin{bmatrix}2.0\\0.33\end{bmatrix}*\begin{bmatrix}1 & 1 & 1 & 1\end{bmatrix}=\begin{bmatrix}-4.0 & -3.0 & -2.0 & 0\\2.67 & 1.97 & 1.37 & 0\end{bmatrix}$$

(3) $\boldsymbol{M}$ 中的第一列表示 d、a 两点的连线向量，也就是新坐标系中的 x_1 轴基向量，将它称为 $\boldsymbol{q}_1$，并规范化为单位向量 $\boldsymbol{q}_{10}$，即

$$\boldsymbol{q}_{10}=\boldsymbol{q}_1/\|\boldsymbol{q}_1\|=\begin{bmatrix}-4.0\\2.67\end{bmatrix}\Big/\sqrt{(-4)^2+2.67^2}=\begin{bmatrix}-0.8317\\0.5552\end{bmatrix}$$

第二个基向量 $\boldsymbol{q}_2$ 可以通过把第一个基向量旋转 90 度获得，平面上的旋转矩阵为

$$\boldsymbol{r}(\pi/2)=\begin{bmatrix}\cos\theta & -\sin\theta\\ \sin\theta & \cos\theta\end{bmatrix}_{\theta=\pi/2}=\begin{bmatrix}0 & -1\\1 & 0\end{bmatrix}$$

故

$$\boldsymbol{q}_{20}=\begin{bmatrix}0 & -1\\1 & 0\end{bmatrix}*\boldsymbol{q}_{10}=\begin{bmatrix}-0.5552\\-0.8317\end{bmatrix}$$

得出新的基向量矩阵：

$$\boldsymbol{Q}=[\boldsymbol{q}_{10},\boldsymbol{q}_{20}]=\begin{bmatrix}-0.8317 & -0.5552\\0.5552 & -0.8317\end{bmatrix}$$

可求出其与 x 轴的夹角为 θ_1=arccos(−0.8317)=2.5530(弧度)=146.3(度)。

(4) 由此两个基向量，就可以按基变换的公式(5.4.2)求这四点在新坐标系内的坐标值 $\boldsymbol{R}$。

$$\boldsymbol{R}=\boldsymbol{Q}^{-1}\boldsymbol{M}=\begin{bmatrix}4.8093 & 3.5889 & 2.4241 & 0\\-0.0000 & 0.0270 & -0.0291 & 0\end{bmatrix}$$

可以看出在新的坐标系中，代表这四个点误差的 y_1 坐标都非常小，说明四点基本共线。

解此题的 MATLAB 程序 pla505 如下：

```
L=[-2,-1,0,2;3,2.3,1.7,0.33]      %输入四点的坐标矩阵
M=L-L(:,4)*ones(1,4)              %求出差向量矩阵
q10=M(:,1)/norm(M(:,1))           %把第一个差向量的单位向量作为基向量 q10
q20=[0,-1;1,0]*q10                %求与该基向量正交的第二个基向量 q20
Q=[q10,q20], R=inv(Q)*M           %将 q10,q20 排成向量组，其逆 inv(Q)即坐标变换矩阵
```

5.4.2 QR 分解

例 5.5 说明了以数据为基础建立坐标系并进行变换的作用。它的用途是非常多的，比较麻烦的一项工作就是建立与数据相关的正交坐标系。例 5.5 只是二阶，就已经比较麻烦，如果是高阶，就更加费事。于是有人就研究了以 n 个 n 维向量为基础的构建 n 维正交坐标系的方法，称为施密特正交系生成法。它的思路不错，但算法很麻烦，特别是高阶的时候，会有积累误差。采用它的思想，又经过算法上的改进，形成了“QR 正交分解”。在 MATLAB 中，有 QR 分解的子程序可以调用。在此对它作一介绍。

MATLAB 中的矩阵正交分解子程序 qr 可将 $\boldsymbol{A}$ 分解为 $\boldsymbol{Q}$ 和 $\boldsymbol{R}$ 两个矩阵的乘积。调用方法为：

[Q,R]=qr(A)

得出的 $\boldsymbol{Q}$ 和 $\boldsymbol{R}$ 满足：

$$Q*R=A \tag{5.4.1}$$

当 $\boldsymbol{A}$ 是 $m\times n$ 矩阵时，输出变元 $\boldsymbol{R}$ 是 $m\times n$ 的上三角矩阵。而 $\boldsymbol{Q}$ 则是 $m\times m$ 规范化正交矩阵。在三维空间应用中，m 不大于 3，而 n 是对象的图形中的顶点的数目，可能是很大的数，故一般有 $n\geqslant m$。起主要作用的是前 m 列。从二阶来看，在例 5.5 的程序后面加一句[Q1,R1]=qr(A)，可以发现 Q1=Q,R1=R。可见例 5.5 正是进行了这样的计算，QR 分解代替了好几条语句。

现在看看 QR 分解的几何意义。设两个列向量 $\boldsymbol{v}_1$=[-1,2]，$\boldsymbol{v}_2$=[6,8]，组成向量组：

$$\boldsymbol{A}=[\boldsymbol{v}_1,\boldsymbol{v}_2]=\begin{bmatrix}-1 & 6\\ 2 & 8\end{bmatrix}$$

键入[Q,R]=qr(A)，作 QR 分解，得出

$$\boldsymbol{Q}=\begin{bmatrix}-0.4472 & 0.8944\\ 0.8944 & 0.4472\end{bmatrix},\qquad \boldsymbol{R}=\begin{bmatrix}2.2361 & 4.4721\\ 0 & 8.9443\end{bmatrix}$$

在笛卡尔坐标系中画出列向量 $\boldsymbol{v}_1,\boldsymbol{v}_2$，如图 5-11 所示，$\boldsymbol{Q}$ 满足正交向量组的条件 $\boldsymbol{Q}^{\mathrm{T}}\boldsymbol{Q}=\boldsymbol{I}_2$。它的两个列向量是长度为 1 的单位向量，它们代表了新建立的坐标系 $x1$ 和 $y1$，在图 5-10 中画出了它们的方向。$\boldsymbol{R}$ 则是向量 $\boldsymbol{v}_1,\boldsymbol{v}_2$ 在新坐标系中的坐标值。它的第一列只有一个元素，说明新坐标系的第一根轴取的就是 $\boldsymbol{v}_1$ 方向，第二根轴则是按与 $\boldsymbol{v}_1$ 成正交的条件取的。

QR 分解实际上是一个正交坐标变换，从原来的笛卡尔正交坐标系转到新的正交坐标

系。两者之间仅仅是转动了一个角度 θ，$\boldsymbol{Q}$ 就是按 $\boldsymbol{Q}=\begin{bmatrix}\cos\theta & -\sin\theta\\ \sin\theta & \cos\theta\end{bmatrix}$ 与 θ 关联的。新坐标系的特点是它与数据矩阵 A 固联，其第一根轴沿着 $\boldsymbol{A}$ 的第一个列向量 $\boldsymbol{v}_1$，第二根轴则按正交于 $\boldsymbol{v}_1$ 的条件建立。如果两个向量 $\boldsymbol{v}_1$, $\boldsymbol{v}_2$ 调换一下位置，则 $\boldsymbol{Q}$ 和 θ 都会发生改变，因为这时新坐标系的第一条轴将取为 $\boldsymbol{v}_2$ 的方向。

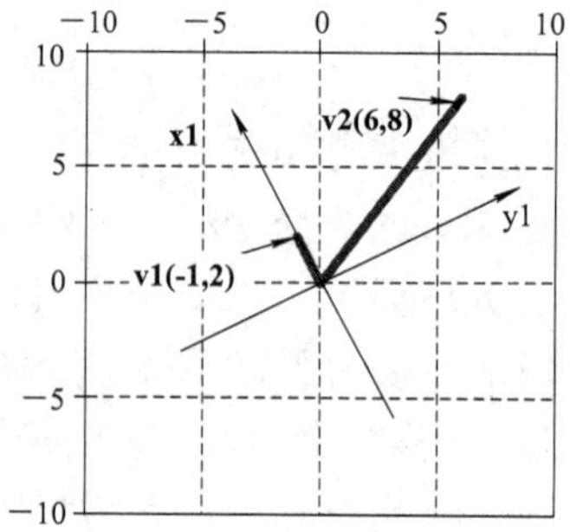

图 5-10　两维矩阵 QR 分解的几何意义

例 5.6　设四个三维列向量 $\boldsymbol{v}_1=[9,-5,2]^{\mathrm{T}}$，$\boldsymbol{v}_2=[0,7,5]^{\mathrm{T}}$，$\boldsymbol{v}_3=[-1,-9,6]^{\mathrm{T}}$，$\boldsymbol{v}_4=[2,5,-3]^{\mathrm{T}}$ 组成向量组 $\boldsymbol{A}$。求 $\boldsymbol{A}$ 的 QR 分解。

解

在程序 pla506 中输入 A=[9,0,−1,2;−5,7,−9,5;2,5,6,−3]，并用语句[Q,R]=qr(A)对 A 作 QR 分解后，得到

```
A =   9   0   -1    2    Q = -0.8581   -0.2475   -0.4499
     -5   7   -9    5         0.4767   -0.7094   -0.5191
      2   5    6   -3        -0.1907   -0.6599    0.7267
R = -10.4881    2.3837   -4.5766    1.2395
     0         -8.2655    2.6727   -2.0622
     0          0         9.4822   -5.6755
```

同样可以检验 $\boldsymbol{Q}^{\mathrm{T}}\boldsymbol{Q}=\boldsymbol{I}_3$，说明 $\boldsymbol{Q}$ 是规范化的三维空间正交坐标系，$\boldsymbol{R}$ 中第一个列向量只有一个元素，说明新坐标的第一条轴取的是 $\boldsymbol{v}_1$ 方向；$\boldsymbol{R}$ 中第二个列向量有两个元素，说明新坐标的第二条轴在 $\boldsymbol{v}_3$ 方向没有分量，它位于 $\boldsymbol{v}_1$, $\boldsymbol{v}_2$ 平面上，方向与 $\boldsymbol{v}_1$ 正交；它的第三个列向量有三个元素，说明它在新坐标系的三个方向都有分量。在程序中还计算了 $\boldsymbol{A}$ 的四个列向量的几何长度(用 norm 函数)和在新坐标中 $\boldsymbol{R}$ 的四个列向量的长度。它们是相等的，在程序中可设相应的语句

```
for i=1:4,   e(i)=norm(A(:,i))-norm(R(:,i)), end
```

检验，它们应该都是零。如果 $\boldsymbol{A}$ 有 n 列，代表对象的复杂形状及很多顶点，它们的长度都不会变，说明正交变换只改变了坐标轴的方向，不影响描述对象的几何形状。

例 5.6 说明了 QR 分解是把新的三维坐标中的两条坐标轴固定在数据矩阵最左边的两个列向量上，第三条轴则与这两条坐标正交。所以做 qr 变换时对数据矩阵 $\boldsymbol{A}$ 的前两列要加以特别的关注。要把真正想要与新坐标 x, y 固连的向量放在第一、二列上，特别注意不要把

零向量放在前两列的位置。QR 分解的应用实例可参阅第 6 章的例 6.7 和例 6.9。

5.5　方阵的对角化及其应用

5.5.1　特征值和特征向量的定义及计算

线性变换 $\boldsymbol{A}$ 对 x 平面上不同方向的向量产生的作用是不同的。取 x 平面上的一个单位向量 $\boldsymbol{x}$，让它渐渐转动，可以看看变换后的 $\boldsymbol{y}=\boldsymbol{Ax}$ 如何变化。MATLAB 设计了这样一个演示程序，程序名为 eigshow，其输入变元是二维矩阵 $\boldsymbol{A}$。键入 eigshow(A4)就出现了图 5-11 所示的图形。用鼠标左键点住绿色的 $\boldsymbol{x}$ 向量并拖动它围绕原点转动，它表示原坐标系中的单位向量。图中同时出现以蓝色表示的 $\boldsymbol{Ax}$ 向量，它表示变换后的新向量 $\boldsymbol{y}$。$\boldsymbol{y}$ 与 $\boldsymbol{x}$ 在长度和相角上的不同就表示了该变换造成的这个向量的幅度增益和相角增量。

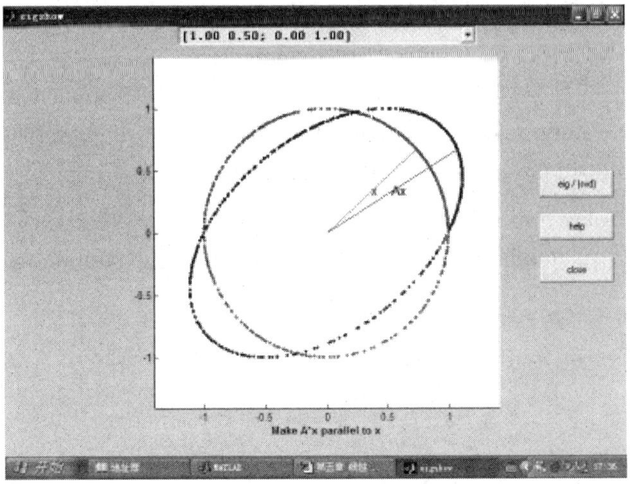

图 5-11　矩阵 $\boldsymbol{A}_4$ 的特征向量和特征值演示

当两个向量处在同一条直线上时(包括同向和反向)，表示 $\boldsymbol{Ax}$ 与 $\boldsymbol{x}$ 的方向重合，只差一个乘子 λ。

$$\boldsymbol{Ax}=\lambda\boldsymbol{x} \qquad 或 \quad (\boldsymbol{A}-\lambda\boldsymbol{I})\boldsymbol{x}=\boldsymbol{0} \tag{5.5.1}$$

把这时的向量 $\boldsymbol{x}$ 称为特征向量，而对应的乘子 λ 称为特征值。在这个图中，当 $\boldsymbol{x}$ 转到 ±1 的水平位置时，$\boldsymbol{Ax}$ 也恰好与 $\boldsymbol{x}$ 重合，并具有同样的长度，说明其特征值等于 1，特征向量则是单位向量 1+j0。至于不同方向的 $\boldsymbol{x}$ 所产生的 $\boldsymbol{y}=\boldsymbol{Ax}$，只靠特征值和特征向量就无法解释了，必须观察整个 $\boldsymbol{x}$~$\boldsymbol{Ax}$ 的曲线。例如在 $\boldsymbol{x}$ 位于 45 度附近时，$\boldsymbol{Ax}$ 变得很长，这就说明了原来单位方格的对角线被拉长，形成了剪切现象。

矩阵 $\boldsymbol{A}$ 的特征向量和特征值是指能满足特征方程(5.5.1)的 $\boldsymbol{x}$ 和 λ，两者分别表征了特征点所处的方向和畸变的大小。对于二阶方阵 $\boldsymbol{A}=\begin{bmatrix} a_{11} & a_{12} \\ a_{21} & a_{22} \end{bmatrix}$，齐次方程(5.5.1)有解的条件是其左端的系数行列式等于零。即

$$|\boldsymbol{A}-\lambda\boldsymbol{I}|=\begin{vmatrix}a_{11}-\lambda & a_{12}\\ a_{21} & a_{22}-\lambda\end{vmatrix}=\lambda^2-(a_{11}+a_{22})\lambda+a_{11}a_{22}-a_{12}a_{21}=0$$

可以用二项式定理解出两个特征根 λ_1、λ_2，代入式(5.5.1)求出特征向量 $\boldsymbol{x}$，写成 $\boldsymbol{p}$。

二维矩阵的特征值表示该变换在原图形的特征向量的方向上的放大量。例如矩阵 $\boldsymbol{A}_1$ 的特征向量矩阵 $\boldsymbol{p}$ 的第一列 $[1\ 0]^{\mathrm{T}}$(代表横轴)对应于其第一个特征值 $\lambda_1(1,1)=-1$，$\boldsymbol{p}_1$ 的第二列 $[0\ 1]^{\mathrm{T}}$(代表纵轴)对应于其第二个特征值 $\lambda_1(2,2)=1$，它表示横轴方向的增益为-1，纵轴方向的增益为 1，其结果是把原图中横轴正方向的部分变换到新图的负方向去了，而纵轴方向的尺度不变；$\boldsymbol{A}_2$ 的特征向量矩阵 $\boldsymbol{p}_2$ 的第一列 $[0\ 1]^{\mathrm{T}}$(代表纵轴)对应的特征值为 $\lambda_2(1,1)=1$，其第二列 $[1\ 0]^{\mathrm{T}}$(代表横轴)对应的特征值为 $\lambda_2(2,2)=1.5$，即纵轴方向的增益为 1，因而使新图和原图在纵轴方向尺度不变，横轴方向的尺度增益为 1.5。

再看 $\boldsymbol{A}_3$，其第一个特征向量 $[0\ \ 1]^{\mathrm{T}}$ 对应的特征值为 0.5，第二个特征向量 $[1\ \ 0]^{\mathrm{T}}$ 对应的特征值为 1，说明新图形纵向是原图形的 0.5 倍，横向和原图形的相同，图中反映的也确实是这种情况。

对于比较复杂、带有形状改变和复数特征值的情况，完全凭简单的几何关系去想象是困难的，建议读者键入 eigshow(A4)和 eigshow(A5)，联系 $\boldsymbol{x}$ 和 $\boldsymbol{Ax}$ 的向量图来加以思考。

为了进一步看出矩阵的特征和它们变换的效果之间的关系，计算出这五个矩阵的特征向量和特征值。特征向量 $\boldsymbol{p}$ 和特征值 λ 的手工计算很繁琐，只要求读者能用 MATLAB 计算即可。调用的命令是[p,lambda]=eig(A)，其中 $\boldsymbol{p}$ 是特征向量，lambda 是特征值，结果如下：

$$\boldsymbol{p}_1=\begin{bmatrix}1 & 0\\ 0 & 1\end{bmatrix},\quad \lambda_1=\begin{bmatrix}-1 & 0\\ 0 & 1\end{bmatrix} \tag{5.5.2}$$

$$\boldsymbol{p}_2=\begin{bmatrix}0 & 1\\ 1 & 0\end{bmatrix},\quad \lambda_2=\begin{bmatrix}1.0 & 0\\ 0 & 1.5\end{bmatrix} \tag{5.5.3}$$

$$\boldsymbol{p}_3=\begin{bmatrix}0 & 1\\ 1 & 0\end{bmatrix},\quad \lambda_3=\begin{bmatrix}0.5 & 0\\ 0 & 1.0\end{bmatrix} \tag{5.5.4}$$

$$\boldsymbol{p}_4=\begin{bmatrix}0 & 0\\ 1 & -1\end{bmatrix},\quad \lambda_4=\begin{bmatrix}1 & 0\\ 0 & 1\end{bmatrix} \tag{5.5.5}$$

$$\boldsymbol{p}_5=\begin{bmatrix}0.7071 & 0.7071\\ -0.7071\mathrm{i} & 0.7071\mathrm{i}\end{bmatrix},\quad \lambda_5=\begin{bmatrix}0.866+0.5\mathrm{i} & 0\\ 0 & 0.866-0.5\mathrm{i}\end{bmatrix} \tag{5.5.6}$$

从 eigshow 的二维变换图形中可以看出，特征值和特征向量可以使问题简化。原来两个方向的不同比例的伸缩，到特征向量方向上就可以归结为单纯的数乘特征值 λ。因此人们就设想进行坐标变换，把复杂的二维矩阵运算转换到特征向量坐标系中，在那里将其化成标量的运算，算完了再通过坐标反变换，把结果恢复到原来的坐标系中。这就是要找到一个变换矩阵 $\boldsymbol{P}$，它能实现 $\boldsymbol{P}^{-1}\boldsymbol{AP}=\boldsymbol{\Lambda}$，其中 $\boldsymbol{\Lambda}$ 为对角矩阵。本节中要介绍的矩阵乘幂、矩阵指数、二次型对角化都是根据这个思路进行的。要做这个工作，先要会解特征方程，会求特征值和特征向量。

式(5.5.1)已经给出了二阶方阵的特征值和特征向量的定义。可将这个定义推广到 n 阶，设 $\boldsymbol{A}$ 是 n 阶方阵，若存在数 λ 和 n 维列向量 $\boldsymbol{x}$，使得 $\boldsymbol{Ax}=\lambda\boldsymbol{x}$ 成立，即满足特征方程 $(\lambda\boldsymbol{I}-\boldsymbol{A})\boldsymbol{x}=0$，则称数 λ 为方阵 $\boldsymbol{A}$ 的特征值，称非零解向量 $\boldsymbol{x}$ 为方阵 $\boldsymbol{A}$ 对应于特征值 λ 的特征向量。把 n

个特征值 λ_i 排列成对角方阵 $\boldsymbol{\Lambda}$，把 n 个特征向量 $\boldsymbol{x}_i$ 排列成变换方阵 $\boldsymbol{P}=[\boldsymbol{x}_1,\boldsymbol{x}_2,\cdots,\boldsymbol{x}_n]$，特征方程就扩展成为 $\boldsymbol{AP}=\boldsymbol{P\Lambda}$，这就实现了 $\boldsymbol{A}=\boldsymbol{P\Lambda P}^{-1}$ 的要求。

求特征值的计算比较繁琐，二阶的还可以笔算，三阶及以上就只能靠计算机来算，而且很难给出几何形象的概念。所以此处只以三阶的计算机解法为例做简述。

求解三阶特征方程$(\lambda\boldsymbol{I}-\boldsymbol{A})\boldsymbol{x}=\boldsymbol{0}$ 特征值 $\boldsymbol{\Lambda}$ 和变换矩阵 $\boldsymbol{P}$ 应遵循以下步骤：

(1) 展开左端系数行列式，得出一个 λ 的特征多项式，令它为零，即

$$|\lambda\boldsymbol{I}-\boldsymbol{A}|=\begin{vmatrix}\lambda-a_{11} & a_{12} & a_{13}\\ a_{21} & \lambda-a_{22} & a_{23}\\ a_{31} & a_{32} & \lambda-a_{33}\end{vmatrix}=\lambda^3+f_1\lambda^2+f_2\lambda+f_3=0 \tag{5.5.7}$$

手工展开行列式十分繁琐，MATLAB 提供了一个函数 f=poly(A)，可以不经过行列式计算而直接得出特征多项式的系数向量。

(2) 由式(5.5.7)求出 $\boldsymbol{A}$ 的全部特征值 $\lambda_1,\lambda_2,\lambda_3$，一元二次代数方程还能用手工解，三次以上用手工计算就难了。MATLAB 提供了求根函数 r=root(f)，可求出全部特征根 λ_i。

(3) 分别将这些 λ_i 代入方程，得到齐次方程组$(\lambda_i\boldsymbol{I}-\boldsymbol{A})x_i=\boldsymbol{B}\boldsymbol{x}_i=0$，求出与 λ_i 对应的特征向量 $\boldsymbol{x}_\mathrm{i}$，因 det(B)=0，故这是一个齐次定方程组基础解的问题，手工解也比较繁琐。

把特征值 λ_1，λ_2，λ_3 排列成对角矩阵 $\boldsymbol{\Lambda}$，将全部特征向量 $\boldsymbol{p}_i=\boldsymbol{x}_i$ 排列成向量组 $\boldsymbol{P}=[\boldsymbol{p}_1,\boldsymbol{p}_2,\boldsymbol{p}_3]$，$\boldsymbol{P}$ 就是能使 $\boldsymbol{P}^{-1}\boldsymbol{AP}=\boldsymbol{\Lambda}$ 的变换矩阵。把方阵 $\boldsymbol{A}$ 对角化就是把它经过适当的线性变换变为对角矩阵 $\boldsymbol{\Lambda}$，而 $\boldsymbol{A}=\boldsymbol{P\Lambda P}^{-1}$。对角矩阵 $\boldsymbol{\Lambda}$ 就是特征值矩阵，$\boldsymbol{P}$ 就是特征向量组。

分这样三步是为了说明原理，其实工程计算时，这已经太繁琐了。对工程人员来说。只要会调用 MATLAB 的集成的命令 eig，通过[P,lambda]=eig(A)完成求特征值和特征向量的工作就行。其中 $\boldsymbol{P}$ 是所求的规范变换矩阵，它是规范向量组，lambda 就是对角矩阵 $\boldsymbol{\Lambda}$ (MATLAB 不识别希腊字母)，它们满足 $\boldsymbol{P}^{-1}\boldsymbol{AP}=\boldsymbol{\Lambda}$ 或 $\boldsymbol{A}=\boldsymbol{P\Lambda P}^{-1}$。

这里就有一个理论问题了，即是否一定能找到这样的 $\boldsymbol{P}$ 和 $\boldsymbol{\Lambda}$？大学的线性代数证明不了这个问题。它只证明了对于 n 阶的实对称方阵，$\boldsymbol{P}$ 和 $\boldsymbol{\Lambda}$ 存在，且特征值必为实数，向量组 $\boldsymbol{P}$ 必正交，但这不说明非对称方阵就不能用这个对角化方法。在工程和科学大量的问题中，$\boldsymbol{A}$ 不是对称矩阵，变换矩阵 $\boldsymbol{P}$ 也不正交，其特征值往往是复数。eig 函数并没有对方阵 $\boldsymbol{A}$ 以及 $\boldsymbol{P}$、$\boldsymbol{\Lambda}$ 作出任何限制，所以在此不去证这个定理。不过读者还是可以大胆调用上述 MATLAB 函数，只要注意对结果进行校核。

5.5.2　方阵高次幂的计算

求特征值的一个重要应用是计算矩阵的高次幂 $\boldsymbol{A}^k$，因为任意方阵的高次幂很难算，但可化成

$$\boldsymbol{A}^k=\underbrace{\left(\boldsymbol{P\Lambda P}^{-1}\right)\left(\boldsymbol{P\Lambda P}^{-1}\right)\cdots\left(\boldsymbol{P\Lambda P}^{-1}\right)}_{k}=\boldsymbol{P\Lambda}^k\boldsymbol{P}^{-1}=\boldsymbol{P}\begin{bmatrix}\lambda_1^k & & \\ & \ddots & \\ & & \lambda_r^k\end{bmatrix}\boldsymbol{P}^{-1}$$

对角方阵的乘幂 $\boldsymbol{\Lambda}^k$ 非常好算，只要把每个对角元素换成其 k 次幂即可。

例 5.7 已知 $\boldsymbol{A}=\begin{bmatrix}4&0&0\\0&3&1\\0&1&3\end{bmatrix}$，求一个正交矩阵 $\boldsymbol{P}$，使 $\boldsymbol{P}^{-1}\boldsymbol{AP}=\boldsymbol{\Lambda}$ 为对角矩阵，并求 $\boldsymbol{A}^{10}$。

解 本例是数字矩阵，可用 MATLAB 求解。其程序 pla507 为

```
A=[4,0,0;0,3,1;0,1,3], [p,lambda]=eig(A),
A10=p*lambda^10*inv(p)
```

运行结果为

$$\mathrm{p}=\begin{bmatrix}0&0&1.0000\\-0.7071&0.7071&0\\0.7071&0.7071&0\end{bmatrix},\ \mathrm{lamda}=\begin{bmatrix}2&0&0\\0&4&0\\0&0&4\end{bmatrix}$$

$$\mathrm{A10}=\mathrm{A}^{10}=\mathrm{P}\begin{bmatrix}2^{10}&0&0\\0&4^{10}&0\\0&0&4^{10}\end{bmatrix}\mathrm{inv(P)}=\begin{bmatrix}1038576&0&0\\0&524800&523776\\0&523776&524800\end{bmatrix}$$

5.5.3 方阵指数的计算

常系数矩阵微分方程 $\dot{\boldsymbol{X}}=\boldsymbol{AX}$ 的解是 $\boldsymbol{X}=\boldsymbol{X}_0\mathrm{e}^{\boldsymbol{A}t}=\boldsymbol{X}_0\exp(\boldsymbol{A}t)$。对矩阵指数的分析和计算是工程中非常重要的问题，矩阵指数 $\mathrm{e}^{\boldsymbol{A}}$ 计算也要靠特征值和特征向量，为了使指数上的印刷文字加大，此处用 $\exp(\boldsymbol{A})$ 代替 $\mathrm{e}^{\boldsymbol{A}}$。

与标量指数相似，矩阵指数也定义为无穷级数：

$$\mathrm{e}^{\boldsymbol{A}}=\exp(\boldsymbol{A})=\lim_{n\to\infty}\{1+\boldsymbol{A}+\boldsymbol{A}^2/2!+\boldsymbol{A}^3/3!+\cdots+\boldsymbol{A}^n/n!+\cdots\}$$

利用 $\boldsymbol{A}^k=\boldsymbol{P\Lambda}^k\boldsymbol{P}^{-1}$ 代入上式右端各幂次项，可以得出：

$$\exp(\boldsymbol{A})=\boldsymbol{P}\left(1+\boldsymbol{\Lambda}+\boldsymbol{\Lambda}^2/2!+\boldsymbol{\Lambda}^3/3!+\cdots+\boldsymbol{\Lambda}^n/n!+\cdots\right)\boldsymbol{P}^{-1}=\boldsymbol{P}\exp(\boldsymbol{\Lambda})\boldsymbol{P}^{-1}$$

而 $\exp(\boldsymbol{\Lambda})=\exp\left(\begin{bmatrix}\lambda_1&&\\&\ddots&\\&&\lambda_r\end{bmatrix}\right)=\begin{bmatrix}\mathrm{e}^{\lambda_1}&&\\&\ddots&\\&&e^{\lambda_r}\end{bmatrix}$，可以按标量指数进行计算。

例 5.8 设 $\boldsymbol{A}=\begin{bmatrix}-2&-6\\1&3\end{bmatrix}$，求矩阵指数 $\mathrm{e}^{\boldsymbol{A}}$。

解 先将矩阵对角化，在 MATLAB 命令窗中输入

```
A=[-2,-6;1,3]; [P,L]=eig(A),V=inv(P)
```

得到

$$\boldsymbol{P}=\begin{bmatrix}-0.9487 & 0.8944\\ 0.3162 & -0.4472\end{bmatrix},\quad \boldsymbol{L}=\begin{bmatrix}0 & 0\\ 0 & 1\end{bmatrix},\quad \boldsymbol{V}=\mathrm{inv}(\boldsymbol{P})=\begin{bmatrix}-3.1623 & -6.3246\\ -2.2361 & -6.7082\end{bmatrix}$$

于是

$$\exp(\boldsymbol{A})=\boldsymbol{P}\exp(\mathbf{L})\boldsymbol{P}^{-1}=\begin{bmatrix}-0.9487 & 0.8944\\ 0.3162 & -0.4472\end{bmatrix}\begin{bmatrix}e^0 & 0\\ 0 & e^1\end{bmatrix}\begin{bmatrix}-3.1623 & -6.3246\\ -2.2361 & -6.7082\end{bmatrix}$$

因为 $\mathrm{e}^1=\mathrm{e}$，$\mathrm{e}^0=1$，最后得到

$$\mathrm{e}^{\boldsymbol{A}}=\begin{bmatrix}3-2\mathrm{e} & 6-6\mathrm{e}\\ \mathrm{e}-1 & 3\mathrm{e}-2\end{bmatrix}=\begin{bmatrix}-2.4366 & -10.3097\\ 1.7183 & 6.1548\end{bmatrix}$$

例 5.8 在许多书上都用作笔算的例子，由于不对特征向量 $\boldsymbol{P}$ 进行规范化处理，所以比较简洁。结果是

$$\boldsymbol{A}=\boldsymbol{P}\boldsymbol{\Lambda}\boldsymbol{P}^{-1}=\begin{bmatrix}-2 & -3\\ 1 & 1\end{bmatrix}\begin{bmatrix}1 & 0\\ 0 & 0\end{bmatrix}\begin{bmatrix}1 & 3\\ -1 & -2\end{bmatrix}$$

$$\mathrm{e}^{\boldsymbol{A}}=\begin{bmatrix}-2 & -3\\ 1 & 1\end{bmatrix}\begin{bmatrix}\mathrm{e}^1 & 0\\ 0 & \mathrm{e}^0\end{bmatrix}\begin{bmatrix}1 & 3\\ -1 & -2\end{bmatrix}=\begin{bmatrix}-2.4366 & -10.3097\\ 1.7183 & 6.1548\end{bmatrix}$$

答案相同。

其实就工程应用的角度来看，不必这么麻烦，MATLAB 已经给出了现成的函数，只要输入 expm(A)就可得到最后结果。

5.5.4　对称方阵与二次型主轴

对于 2×2 对称方阵 $\boldsymbol{A}$，执行 eigshow(A)时，$\boldsymbol{Ax}$ 呈椭圆形状。在椭圆的两个主轴方向，$\boldsymbol{Ax}$ 与 $\boldsymbol{x}$ 在一条直线上，方向相同或相反，长度差 λ 倍，即 $\boldsymbol{Ax}=\lambda\boldsymbol{x}$，当 $\boldsymbol{Ax}$ 与 $\boldsymbol{x}$ 方向相同时，λ 为正数；当 $\boldsymbol{Ax}$ 与 $\boldsymbol{x}$ 方向相反时，λ 为负数。2×2 变换有两个特征值，存在于相互正交的两个主轴方向。

作为 2×2 正交变换的一个应用，在此分析一下它对二次型图形的影响。双变量二次型是指的多项式中只包含二次项 x^2, xy, y^2 的多项式，这样的多项式可以写成如下的矩阵形式：

设 $\boldsymbol{A}=\begin{bmatrix}5 & -2\\ -2 & 5\end{bmatrix}$，则二次型

$$\boldsymbol{x}^{\mathrm{T}}\boldsymbol{A}\boldsymbol{x}=\begin{bmatrix}x_1 & x_2\end{bmatrix}\begin{bmatrix}5 & -2\\ -2 & 5\end{bmatrix}\begin{bmatrix}x_1\\ x_2\end{bmatrix}=5x_1^2-4x_1x_2+5x_2^2=48$$

是一个椭圆方程，其图形如图 5-12(a)所示。

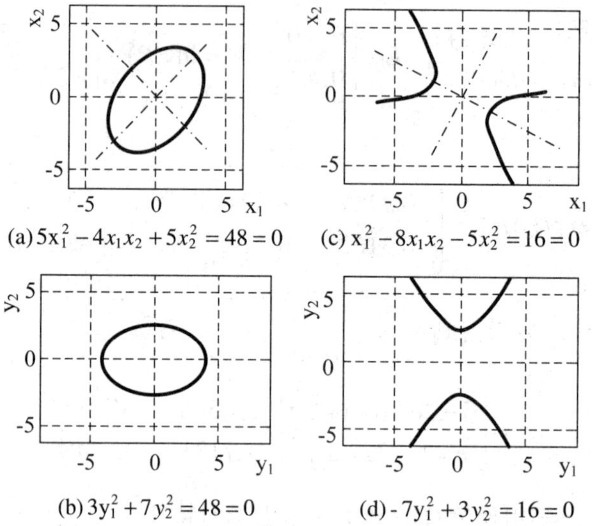

(a) $5x_1^2-4x_1x_2+5x_2^2=48=0$　　(c) $x_1^2-8x_1x_2-5x_2^2=16=0$

(b) $3y_1^2+7y_2^2=48=0$　　(d) $-7y_1^2+3y_2^2=16=0$

图 5-12　二次型经正交坐标变换到主轴方向

如果做一个基坐标的旋转变换，让坐标轴旋转 45 度，这个椭圆的主轴就与新的坐标方向 y_1、y_2 相同，如图 5-12(b)所示，其方程将变为标准型椭圆方程。此变换关系为

$$\boldsymbol{y}=\begin{bmatrix} y_1 \\ y_2 \end{bmatrix}=\begin{bmatrix} x_1\cos\theta+x_2\sin\theta \\ -x_1\sin\theta+x_2\cos\theta \end{bmatrix}=\begin{bmatrix} \cos\theta & \sin\theta \\ -\sin\theta & \cos\theta \end{bmatrix}\begin{bmatrix} x_1 \\ x_2 \end{bmatrix}=\boldsymbol{Px}$$

用 θ=45 度来计算此变换，代入二次型的表达式，有

$$\boldsymbol{x}^{\mathrm{T}}\boldsymbol{Ax}=\boldsymbol{y}^{\mathrm{T}}\boldsymbol{PAP}^{-1}\boldsymbol{y}=\boldsymbol{y}^{\mathrm{T}}\boldsymbol{\Lambda y}=\boldsymbol{y}^{\mathrm{T}}\begin{bmatrix} 3 & 0 \\ 0 & 7 \end{bmatrix}\boldsymbol{y}=3y_1^2+7y_2^2=48$$

其中

$$\boldsymbol{P}=\begin{bmatrix} 0.7071 & 0.7071 \\ -0.7071 & 0.7071 \end{bmatrix}$$

其逆变换为

$$\boldsymbol{P}^{-1}=\begin{bmatrix} 0.7071 & -0.7071 \\ 0.7071 & 0.7071 \end{bmatrix}$$

所以几何图形上寻找二次型主轴的问题，在线性代数中就转化为通过求特征值使方阵对角化的问题。在 MATLAB 中直接输入[P,lambda]=eig([5,−2;−2,5])即可得到同样的结果。

有些教材中不加分析地介绍了“配方法”等其他使方阵对角化的方法。读者必须知道，只有特征值方法是正交变换(或称相似变换)，它能使被变换的图形的形状和尺寸保持不变，这通常是工程问题的基本要求，那些纯数学的方法没有什么工程意义。

图 5-12 中的(c)和(d)表示了对另一种双曲线二次型 $x_1^2-8x_1x_2-5x_2^2=16$ 的处理，它的系

数矩阵是 $\boldsymbol{A}=\begin{bmatrix}1 & -4\\ -4 & -5\end{bmatrix}$，键入[P,lambda]=eig([1,−4;−4,−5])，得到

P = 0.4447　−0.8944　　　**lambda** = −7　0

　　0.8944　0.4472　　　　　　　　0　3

两个特征值一正一负，对应于特征值−7 的特征向量是 ***P*** 中的第一列，它所对应的转角 θ 可按 θ=acos(0.4472)求得，为 63.4358 度；对应于特征值 3 的特征向量是 ***P*** 中的第二列。这个由两个特征向量列排成的矩阵 ***P*** 其实就是可以把 ***A*** 对角化的正交变换矩阵。不难检验如下：

$$\boldsymbol{\Lambda}=\boldsymbol{P}^{-1}\boldsymbol{A}\boldsymbol{P}=\begin{bmatrix}-7 & 0\\ 0 & 3\end{bmatrix}$$

所以按新的坐标系列出的二次型方程是 $\boldsymbol{x}^{\mathrm{T}}\boldsymbol{A}\boldsymbol{x}=\boldsymbol{y}^{\mathrm{T}}\boldsymbol{\Lambda}\boldsymbol{y}=-7y_1^2+3y_2^2=16$，图 5-12(c)和(d)画出的就是这种情况。

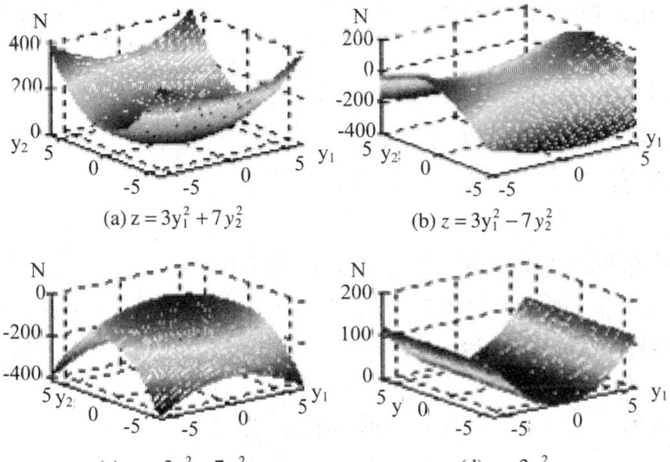

(a) $z=3y_1^2+7y_2^2$　　(b) $z=3y_1^2-7y_2^2$

(c) $z=-3y_1^2-7y_2^2$　　(d) $z=3y_1^2$

图 5-13　特征值正负对曲面极值特性的影响

特征值的正负与二次型的曲面的极值特性有密切关系，如图 5-13 所示。其中图(a)是两个特征值均为正的“正定”情况，曲面有极小值；图(b)是两个特征值一正一负的情况，极值处是一个鞍点；图(c)是两个特征值均为负的“负定”情况，曲面有极大值；图(d)是一个特征值为零的情况，它形成一个柱面；曲面(a)与 z=48 水平平面的交线就是图 5-12 中的椭圆(c)；曲面(b)与 z=16 水平平面的交线就是图 5-12 中的双曲线(d)。由此得知，用正交矩阵把二次型对角化，实际上就是把坐标轴转动到二次型曲面的主轴方向。由于它可以把二次型的方程简化，在许多工程问题中，可以使它的物理意义变得清晰，因而得到了广泛的应用。

5.6 应用实例

5.6.1 字母阴影投影的生成

例 5.9　把字母当成一个直立的广告牌，竖立在第一象限平面上，底部放置于 x 轴上，

阳光从后方斜照过来，在地上(第四象限平面)产生斜的阴影。设阴影的高度为原高的70%，倾斜的角度为右下方60度，试设计其变换矩阵。以例5.2中的字母N为例，在一张图中同时画出字母本体及其阴影。

解 第一个变换 $\boldsymbol{A}_1$ 是反射，以 x 为反射轴，把文字从第一象限反射到第四象限；第二个变换 $\boldsymbol{A}_2$ 是压缩高度；第三个变换 $\boldsymbol{A}_3$ 是偏移。我们可以用它们的基向量来设计矩阵。

反射变换的第一基向量与 x 相同，第二基向量指向 $-y$，因此 $\boldsymbol{A}_1=\begin{bmatrix}1 & 0\\0 & -1\end{bmatrix}$；压缩变换的第一基向量与 x 相同，第二基向量指向 y，但长度只有0.7，因此 $\boldsymbol{A}_2=\begin{bmatrix}1 & 0\\0 & 0.7\end{bmatrix}$。

对于偏移变换，它的第一基向量与 x 相同，第二基向量指向左上方60度，它的单位向量的两个分量为 -0.5 和 $\sqrt{3}/2=0.866$，故其矩阵为 $\boldsymbol{A}_3=\begin{bmatrix}1 & -0.5\\0 & 0.866\end{bmatrix}$。这里要解释一下第二基向量为什么选择左上方，而不是右下方。因为要看此变换把原有笛卡尔坐标的 y 向基准向量改向何方，而不是看把现在的图形变向何方。看 $\boldsymbol{A}_2$ 中的0.7为何没有负号就清楚了！

如果图形的数据矩阵为G，其投影数据矩阵为Gf，则有Gf=A3*A2*A1*G。现在取例5.2中的空心N字母图形数据，编成程序pla561。其核心语句为

```
A1=[1,0;0,-1],            %反射变换矩阵赋值
A2=[1,0;0,0.7],           %压缩变换矩阵赋值
A3=[1,-0.5;0,0.866]       %偏移变换矩阵赋值
Gf=A3*A2*A1*G             %总的变换矩阵
```

程序运行产生的图形见5-14，计算出的总的变换矩阵为

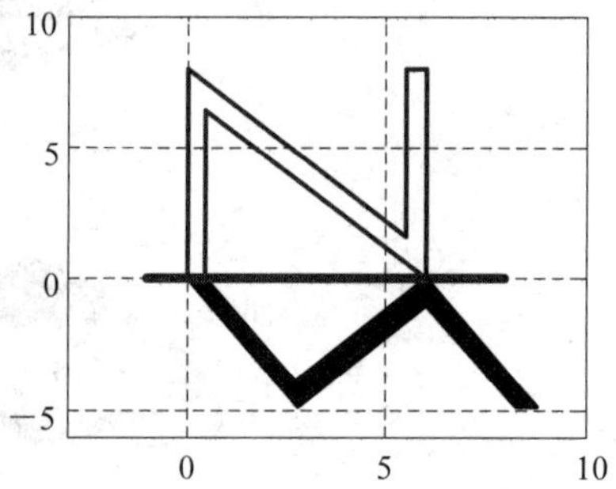

图 5-14 N在阳光下的投影

$$\boldsymbol{A}=\boldsymbol{A}_3*\boldsymbol{A}_2*\boldsymbol{A}_1=\begin{bmatrix}1 & 0.350\\0 & -0.6062\end{bmatrix}$$

5.6.2 雷达坐标与地面坐标的变换

例 5.10 跟踪雷达有两条转轴，第一条转轴是方位轴 z，垂直向上，指向穹顶，构成一个方位旋转平台，其基准轴指向北方，也就是地面坐标系的 x 轴。从 z 轴顶上向下观看，反时针旋转为正，转角 θ 称为方位角，在方位角90度(即正西方)处，建立地面坐标系的 y 轴，显然 x、y、z 轴系符合右手法则。雷达的第二条转轴是俯仰轴，它的方向与地平面平行，与雷达的指向正交，方位角为零时，它与 y 轴重合，方位角转动 θ 后，$(x-y)$ 到达 (x_1-y_1) 的位置，俯仰轴成为 y_1。俯仰角起点为地平线，绕 y_1 向上转动的角度 φ 称为正的俯仰角。转动俯仰角后，(z,x_{10}) 转到 (z_1,x_1) 的位置(见图5-15)，雷达坐标已成为 (x_1,y_1,z_1)。设雷达已测

出目标的斜距 r，试求目标与 x、y、z 三轴的夹角及它的 x、y、z 坐标。

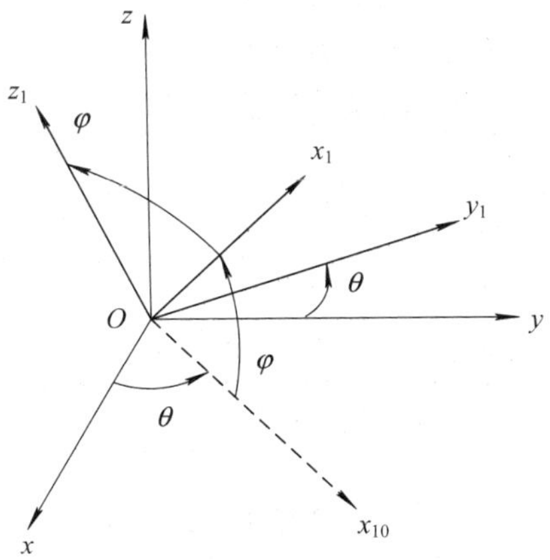

图 5-15　炮瞄雷达的方位角和高低角

解　现在要确定 $Oxyz$ 坐标系与 $Ox_1y_1z_1$ 坐标系之间的方向余弦表。从 $Oxyz$ 坐标系到 $Ox_1y_1z_1$ 坐标系要经过两次旋转，第一次是围绕 z 轴转 θ 角，此时 z 保持不动，x 转到 x_{10} 的位置，y 转到 y_1 的位置，xyz 与 $x_{10}y_1z$ 之间的夹角方向余弦如表 5-3 所示；第二次转动是围绕 y_1 轴，使 x_1 轴离开 xy 平面上的 x_{10} 轴向上转 φ 角，同时 z 轴也转同样角度到达 z_1 的位置。于是，x_1y_1z 与 $x_{10}y_1z_1$ 之间夹角的方向余弦表如表 5-4 所示。

表 5-3　方位角旋转 θ 产生的方向余弦表

	x_{10}	y_1	z
x	$\cos\theta$	$-\sin\theta$	0
y	$\sin\theta$	$\cos\theta$	0
z	0	0	1

表 5-4　俯仰角旋转 φ 产生的方向余弦表

	x_{10}	y_1	z_1
x_{10}	$\cos\varphi$	0	$-\sin\varphi$
y_1	0	1	0
z	$\sin\varphi$	0	$\cos\varphi$

将两个表分别写成矩阵 $\boldsymbol{Q}_1$ 和 $\boldsymbol{Q}_2$，即

$$\begin{bmatrix} x_{10} \\ y_1 \\ z \end{bmatrix} = \begin{bmatrix} \cos\theta & -\sin\theta & 0 \\ \sin\theta & \cos\theta & 0 \\ 0 & 0 & 1 \end{bmatrix} \begin{bmatrix} x \\ y \\ z \end{bmatrix} = \boldsymbol{Q}_1 \begin{bmatrix} x \\ y \\ z \end{bmatrix}, \quad \begin{bmatrix} x_1 \\ y_1 \\ z_1 \end{bmatrix} = \begin{bmatrix} \cos\varphi & 0 & -\sin\varphi \\ 0 & 1 & 0 \\ \sin\varphi & 0 & \cos\varphi \end{bmatrix} \begin{bmatrix} x_{10} \\ y_1 \\ z \end{bmatrix} = \boldsymbol{Q}_2 \begin{bmatrix} x_{10} \\ y_1 \\ z \end{bmatrix}$$

则 $Oxyz$ 坐标系到 $Ox_1y_1z_1$ 坐标系的变换矩阵 $\boldsymbol{Q}$ 就是 $\boldsymbol{Q}_1$ 与 $\boldsymbol{Q}_2$ 的乘积。

$$\boldsymbol{Q} = \boldsymbol{Q}_2 * \boldsymbol{Q}_1 = \begin{bmatrix} \cos\varphi & 0 & -\sin\varphi \\ 0 & 1 & 0 \\ \sin\varphi & 0 & \cos\varphi \end{bmatrix} \begin{bmatrix} \cos\varphi & -\sin\varphi & 0 \\ \sin\varphi & \cos\varphi & 0 \\ 0 & 0 & 1 \end{bmatrix} = \begin{bmatrix} \cos\varphi\sin\varphi & -\cos\varphi\sin\varphi & -\sin\varphi \\ \sin\varphi & \cos\varphi & 0 \\ \sin\varphi\cos\varphi & -\sin\varphi\cos\varphi & \cos\varphi \end{bmatrix}$$

xyz 通过 $\boldsymbol{Q}_1$ 变换为 $x_{10}y_1z_1$，再通过 $\boldsymbol{Q}_2$ 变换为 $x_1y_1z_1$ 坐标系，作用的次序是先 $\boldsymbol{Q}_1$ 后 $\boldsymbol{Q}_2$，因此坐标变换矩阵的乘法次序也要按此进行。如果是反过来，从 $x_1y_1z_1$ 变换为 xyz，则不仅作用的矩阵要变为逆矩阵，次序也要倒过来，即 $\boldsymbol{Q}^{-1} = \boldsymbol{Q}_1^{-1}\boldsymbol{Q}_2^{-1}$，这就从物理意义上解释了矩阵连乘积求逆时为什么其逆阵的连乘次序要反过来。

雷达天线轴 x_1 指向的三个方向余弦就是 x_1 与 x,y,z 夹角的方向余弦，也就是表 5-5 中第一列。目标斜距 r 是沿 x_1 方向的，因此它在 x,y,z 三个方向的投影为

xm=rcosφcosθ, ym=rsinθ, zm=rsinφcosθ

表 5-5　两次旋转后的方向余弦表

	x_1	y_1	z_1
x	$\cos\varphi\cos\theta$	$-\cos\varphi\sin\theta$	$-\sin\varphi$
y	$\sin\theta$	$\cos\theta$	0
z	$\sin\varphi\cos\theta$	$-\sin\varphi\sin\theta$	$\cos\varphi$

设 r=10(公里)，θ=30(度)，φ=60(度)，可求得 x_m=4.33, y_m=5, z_m=7.5。

本题程序 pla562 的核心语句如下：

```
syms s f r        % 设方位角 s、俯仰角 f 及斜距 r 为符号变量
Q1=[cos(s),-sin(s),0;sin(s),cos(s),0;0,0,1]          %给 Q1 赋值
Q2=[cos(f),0,-sin(f);0,1,0;sin(f),0,cos(f)]          %给 Q2 赋值
Q=Q2*Q1,Xm=r*Q(:,1)                                  %求 Q 及 r 乘 Q 的第一列
Xmr=subs(Xm,[s,f,r],[30*pi/180,60*pi/180,10])  %将 s,f,r 代入实际数值,求结果 Xmr
```

5.6.3　人口迁徙模型

例 5.11　设在一个大城市中的总人口是固定的。人口的分布则因居民在市区和郊区之间的迁徙而变化。每年有 6%的市区居民搬到郊区去住，而有 2%的郊区居民搬到市区。假如开始时有 30%的居民住在市区，70%的居民住在郊区，问：十年后市区和郊区的居民人口比例是多少？30 年、50 年后又如何？

解　这个问题可以用矩阵乘法来描述。把人口变量用市区和郊区两个分量表示，即 $\boldsymbol{x}_k=\begin{bmatrix}x_{ck}\\x_{sk}\end{bmatrix}$，其中 x_c 为市区人口所占比例，x_s 为郊区人口所占比例，k 表示年份的次序。在 k=0 的初始状态：$\boldsymbol{x}_0=\begin{bmatrix}x_{c0}\\x_{s0}\end{bmatrix}=\begin{bmatrix}0.3\\0.7\end{bmatrix}$。一年以后，市区人口为 $x_{c1}=(1-0.02)x_{c0}+0.06x_{s0}$，郊区人口 $x_{s1}=0.02x_{c0}+(1-0.06)x_{s0}$，用矩阵乘法来描述，可写成

$$\boldsymbol{x}_1=\begin{bmatrix}x_{c1}\\x_{s1}\end{bmatrix}=\begin{bmatrix}0.94&0.02\\0.06&0.98\end{bmatrix}\cdot\begin{bmatrix}0.3\\0.7\end{bmatrix}=\boldsymbol{A}\boldsymbol{x}_0=\begin{bmatrix}0.2960\\0.7040\end{bmatrix}$$

此关系可以从初始时间到 k 年，扩展为 $\boldsymbol{x}_k=\boldsymbol{A}\boldsymbol{x}_{k-1}=\boldsymbol{A}^2\boldsymbol{x}_{k-2}=\cdots=\boldsymbol{A}^k\boldsymbol{x}_0$，用下列 MATLAB 程序 pla563 进行计算：

```
A=[0.94,0.02;0.06,0.98],x0=[0.3;0.7]
x1=A*x0,x10=A^10*x0,x30=A^30*x0,x50=A^50*x0
```

程序运行的结果为

$$\mathbf{x}_1=\begin{bmatrix}0.2960\\0.7040\end{bmatrix},\quad \mathbf{x}_{10}=\begin{bmatrix}0.2717\\0.7283\end{bmatrix},\quad \mathbf{x}_{30}=\begin{bmatrix}0.2541\\0.7459\end{bmatrix},\quad \mathbf{x}_{50}=\begin{bmatrix}0.2508\\0.7492\end{bmatrix}$$

无限地增加时间 k，市区和郊区人口之比将趋向一组常数 0.25/0.75。为了弄清为什么这个过程趋向于一个稳态值，把坐标系改到特征向量方向。由[p.lamda]=eig(A)得到 $\boldsymbol{P}=\begin{bmatrix}-0.3162 & -0.7071\\-0.9487 & 0.7071\end{bmatrix}$，可知两个特征向量是 $\boldsymbol{p}_1=\begin{bmatrix}-0.3162\\-0.9487\end{bmatrix}$ 和 $\boldsymbol{p}_2=\begin{bmatrix}-0.7071\\0.7071\end{bmatrix}$，选 $\boldsymbol{u}_1,\boldsymbol{u}_2$ 为 $\boldsymbol{p}_1$，$\boldsymbol{p}_2$ 两方向的分量为整数的向量 $\boldsymbol{u}_1=\begin{bmatrix}1\\3\end{bmatrix}$ 和 $\boldsymbol{u}_2=\begin{bmatrix}-1\\1\end{bmatrix}$。可以看到，用 $\boldsymbol{A}$ 乘以这两个向量的结果，不过是改变向量的长度，不影响其相角(方向)：

$$\boldsymbol{A}\boldsymbol{u}_1=\begin{bmatrix}0.94 & 0.02\\0.06 & 0.98\end{bmatrix}\begin{bmatrix}1\\3\end{bmatrix}=\begin{bmatrix}1\\3\end{bmatrix}=\boldsymbol{u}_1$$

$$\boldsymbol{A}\boldsymbol{u}_2=\begin{bmatrix}0.94 & 0.02\\0.06 & 0.98\end{bmatrix}\begin{bmatrix}-1\\1\end{bmatrix}=\begin{bmatrix}-0.92\\0.92\end{bmatrix}=0.92\boldsymbol{u}_2$$

初始向量 $\boldsymbol{x}_0$ 可以写成这两个基向量 $\boldsymbol{u}_1$ 和 $\boldsymbol{u}_2$ 的线性组合，即

$$\boldsymbol{x}_0=\begin{bmatrix}0.30\\0.70\end{bmatrix}=0.25\cdot\begin{bmatrix}1\\3\end{bmatrix}-0.05\cdot\begin{bmatrix}-1\\1\end{bmatrix}=0.25\boldsymbol{u}_1-0.05\boldsymbol{u}_2$$

因此

$$\boldsymbol{x}_k=\boldsymbol{A}^k\boldsymbol{x}_0=0.25\boldsymbol{u}_1-0.05(0.82)^k\boldsymbol{u}_2$$

式中的第二项会随着 k 的增大趋向于零。如果只取小数点后两位，则只要 $k>27$，这第二项就可以忽略不计而得到

$$\boldsymbol{x}_k\big|_{k>27}=\boldsymbol{A}^k\boldsymbol{x}_0=0.25\boldsymbol{u}_1=\begin{bmatrix}0.25\\0.75\end{bmatrix}$$

把基向量选择为特征方向可以使矩阵乘法结果等价于一个简单的实数乘子，避免相角项出现，使得问题简单化。这也是方阵求特征值的基本思想。

本例的矩阵有两个特点：(1) 所有的元素非负；(2) 各列的和为一。这类矩阵称为马尔科夫矩阵。

5.6.4　物料混合问题

例 5.12　如图 5-16 所示，容器 A 中有 200 L 的盐水，其中溶解了 60 g 盐，容器 B 中则有 200 L 的水，两容器中不断泵入和泵出的液体流量如图中所示，试求在时刻 t 两容器中所含的盐。

解　设 $y_1(t)$和 $y_2(t)$为容器 A 和 B 所含的盐，用向量表示为 $\boldsymbol{Y}(t)=\begin{bmatrix}y_1(t)\\y_2(t)\end{bmatrix}$，在初始时刻

$$\boldsymbol{Y}(0)=\begin{bmatrix}y_1(0)\\y_2(0)\end{bmatrix}=\begin{bmatrix}60\\0\end{bmatrix}\tag{5.6.1}$$

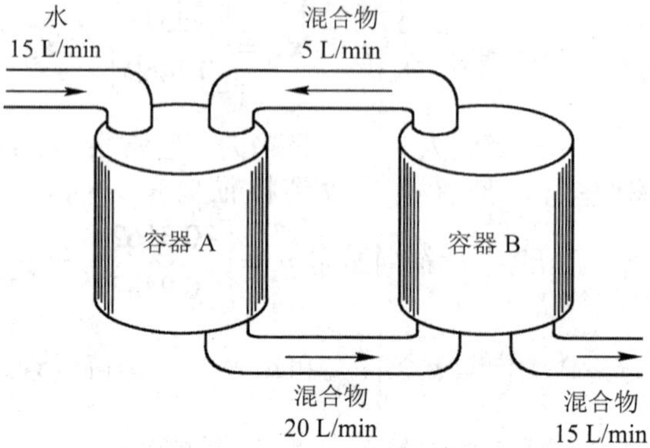

图 5-16　物料混合器示意图

因为泵入和泵出的流量相等，故每个容器中的液体数量保持不变，而其中的盐分的变化率由泵入和泵出的盐量之差决定。对容器 A，盐分泵入、泵出的速率差为

$$y_1'(t)=\frac{y_2}{200}\times 5-\frac{y_1}{200}\times 20=\frac{y_2(t)}{40}-\frac{y_1(t)}{10} \tag{5.6.2a}$$

对容器 B，盐分泵入、泵出的速率差为

$$y_2'(t)=\frac{y_1(t)}{200}\times 20-\frac{y_2(t)}{200}\times 20=\frac{y_1(t)}{10}-\frac{y_2(t)}{10} \tag{5.6.2b}$$

合成的矩阵微分方程为

$$\boldsymbol{Y}'=\boldsymbol{AY} \tag{5.6.2c}$$

初始条件成为 $\boldsymbol{Y}(0)=\boldsymbol{Y}_0$，其中：

$$\boldsymbol{A}=\begin{bmatrix}-1/10 & 1/40\\ 1/10 & -1/10\end{bmatrix},\quad \boldsymbol{Y}_0=\begin{bmatrix}60\\0\end{bmatrix} \tag{5.6.3}$$

规范形一阶微分方程(5.6.2c)的解为

$$\boldsymbol{Y}(t)=\begin{bmatrix}y_1(t)\\ y_2(t)\end{bmatrix}=\mathrm{e}^{\boldsymbol{A}t}\cdot\boldsymbol{Y}_0 \tag{5.6.4}$$

$\mathrm{e}^{\boldsymbol{A}t}$ 的计算公式需要把 $\boldsymbol{A}$ 对角化才能导出。输入 $\boldsymbol{A}$ 并键入[p,lamda]=eig(A)后，得到

$$\mathbf{P}=\begin{bmatrix}0.4472 & -0.4472\\ 0.8944 & 0.8944\end{bmatrix},\quad \mathbf{\Lambda}=\text{lamda}=\begin{bmatrix}-0.05 & 0\\ 0 & -0.15\end{bmatrix} \tag{5.6.5}$$

于是式(5.6.4)成为

$$\boldsymbol{Y}(t)=\exp\left(\boldsymbol{P\Lambda P}^{-1}t\right)\boldsymbol{Y}_0=\boldsymbol{P}\exp\left(\begin{bmatrix}\lambda_1 t & 0\\ 0 & \lambda_2 t\end{bmatrix}\right)\boldsymbol{P}^{-1}\boldsymbol{Y}_0=\boldsymbol{P}\begin{bmatrix}\mathrm{e}^{\lambda_1 t} & 0\\ 0 & \mathrm{e}^{\lambda_2 t}\end{bmatrix}\boldsymbol{P}^{-1}\boldsymbol{Y}_0 \tag{5.6.6}$$

将此题的参数代入式(5.6.6)，得到

$$\boldsymbol{Y}(t)=\boldsymbol{P}\cdot\begin{bmatrix} e^{-0.05t} & 0 \\ 0 & e^{-0.15t} \end{bmatrix}\cdot\boldsymbol{P}^{-1}\boldsymbol{Y}_0$$

$$=\begin{bmatrix} 30e^{-0.05t}+30e^{-0.15t} \\ 60e^{-0.05t}-60e^{-0.15t} \end{bmatrix}$$

用计算机解此题的程序为 pla564。绘出的图形如图 5-17 所示。用 MATLAB 中给出的矩阵指数函数计算这个问题将更为简单，只要在给出矩阵 $\boldsymbol{A}$ 和向量时间 t 后，直接用语句 Y(:,t)=expm(A*t)*[60;0]对连续增加的 t 循环计算，就能得到同样结果。

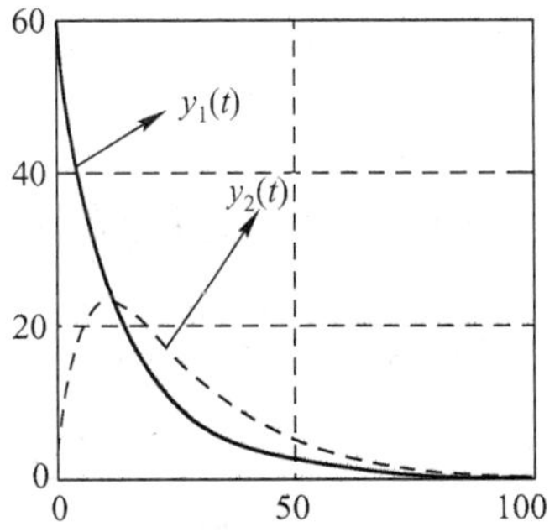

图 5-17　混合罐 A 和 B 中的液体浓度

5.6.5　单自由度机械振动

例 5.13　图 5-18 表示了由一个质量、一个弹簧和一个阻尼器构成的单自由度振动系统，试求在给定初始位置和初始速度下质量的自由运动。

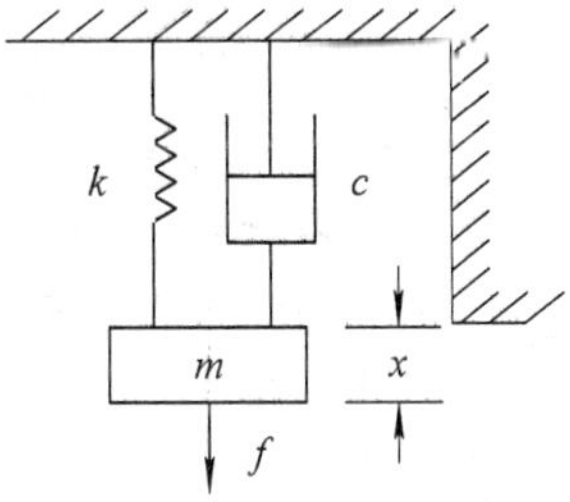

图 5-18　单自由度振动模型

解　设 x 表示该质量对其平衡位置的偏移，则此单自由度振动系统的一般方程为

$$m\frac{d^2x}{dt^2}+c\frac{dx}{dt}+kx=f \tag{5.6.7}$$

其中 m 为质量，c 为阻尼系数，k 为弹簧系数，f 为外加作用力。

这是一个二阶的微分方程，数学上为了使模型更为简洁和归一化，通常把它改写成一阶的微分方程组，然后用矩阵建立其模型，并用矩阵方法求解。

令 $x_1=x$，故

$$\frac{dx_1}{dt}=x_2 \tag{5.6.8}$$

则式(5.6.7)可以化成

$$\frac{dx_2}{dt}=-\frac{k}{m}x_1-\frac{c}{m}x_2+\frac{f}{m} \tag{5.6.9}$$

将两式合成，写成矩阵形式如下：

$$\begin{bmatrix} \dfrac{dx_1}{dt} \\ \dfrac{dx_2}{dt} \end{bmatrix}=\begin{bmatrix} 0 & 1 \\ -\dfrac{k}{m} & -\dfrac{c}{m} \end{bmatrix}\begin{bmatrix} x_1 \\ x_2 \end{bmatrix}+\begin{bmatrix} 0 \\ \dfrac{f}{m} \end{bmatrix} \Rightarrow \dot{\boldsymbol{X}}=\boldsymbol{AX}+\boldsymbol{F} \tag{5.6.10}$$

其中

$$X=\begin{bmatrix}x_1\\x_2\end{bmatrix},\ \dot{X}=\begin{bmatrix}\dot{x}_1\\\dot{x}_2\end{bmatrix},\ A=\begin{bmatrix}0 & 1\\-k/m & -c/m\end{bmatrix},\ F=\begin{bmatrix}0\\f/m\end{bmatrix} \tag{5.6.11}$$

普通一阶微分方程的解可以推广到矩阵微分方程(5.6.10)。如果无外力作用，**F**=0，则质量的自由振动将取决于初始条件 $X_0=\begin{bmatrix}x_{10}\\x_{20}\end{bmatrix}$，此时解为

$$X=X_0\exp(At) \tag{5.6.12}$$

不妨代入一些数字来得出感性的认识。设 m=1, k=4, c=0.1, x20=1, x10=0, f=0，则解为

$$X=\begin{bmatrix}1\\0\end{bmatrix}\exp\left(\begin{bmatrix}1 & 0\\-4 & -0.1\end{bmatrix}t\right) \tag{5.6.13}$$

可用程序 pla564 直接计算并绘图，注意式(5.6.12)中的 exp 是矩阵的指数，在 MATLAB 中要调用 expm 函数(不是对标量的 exp 函数)。程序 pla565 如下：

```
A=[0,1;-4,-0.1], X0=[1;0]
for k=0:1000    t(k+1)=0.1*k;
x([1,2],k+1)=x0'*expm(A*t(k+1)); end
plot(t,x(1,:))
```

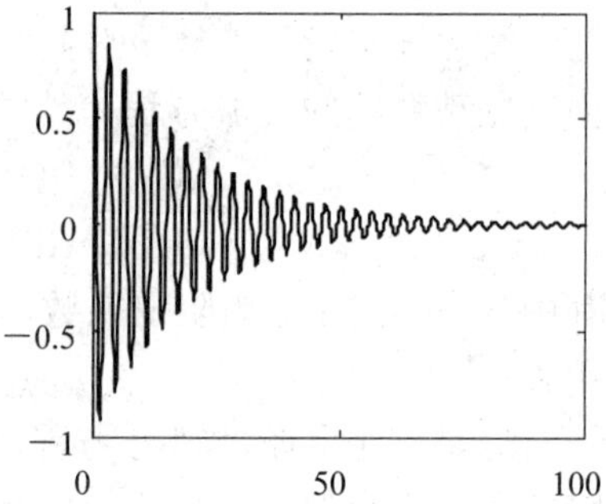

图 5-19　初始条件下自由振动波形

该程序画出的图形如图 5-19 所示，它是一个衰减振动。为了看出振荡波形的来源，分步计算其特征根和特征向量。键入[p,L]=eig(A)，得到

$$\mathbf{p}=\begin{bmatrix}0.0112+0.4471i & 0.0112-0.4471i\\-0.8944 & -0.8944\end{bmatrix}$$

$$\mathbf{L}=\begin{bmatrix}-0.0500+1.9994i & 0\\0 & -0.0500-1.9994i\end{bmatrix}$$

可见其特征值和特征向量都是复数，因为 $\exp(\alpha t+\mathrm{j}\omega t)=\mathrm{e}^{\alpha t}\left(\sin\omega t+\mathrm{j}\cos\omega t\right)$，故特征根的虚部 1.9994 就是振动频率，其实部−0.05 则为衰减系数。如按下式计算：

$$X=\begin{bmatrix}1\\0\end{bmatrix}P\exp\left(\begin{bmatrix}-0.0500+1.9994i & 0\\0 & -0.0500-1.9994i\end{bmatrix}t\right)P^{-1} \tag{5.6.14}$$

则整个输出中虚部的正负值会互相抵消，得出的实数解与图 5-19 相同。可以看出，工程中只要涉及振动，特征根就必定是复数，所以只研究实数特征值的矩阵就太局限了。

5.7　复习要求及习题

5.7.1　本章要求掌握的概念和计算

(1) $\boldsymbol{y}=\boldsymbol{A}\boldsymbol{x}$ 表示向量空间 $\boldsymbol{x}$ 中的向量组成的图形经线性变换 $\boldsymbol{A}$ 变换为向量空间 $\boldsymbol{y}$ 中的图形。

(2) eigshow(A)可显示二维向量 $\boldsymbol{x}$ 沿单位圆转动时经过 $\boldsymbol{A}$ 左乘后 $\boldsymbol{y}=\boldsymbol{Ax}$ 在 $\boldsymbol{y}$ 平面上的形状。当 $\boldsymbol{xy}$ 共线时，有 $\boldsymbol{y}=\boldsymbol{Ax}=\lambda\boldsymbol{x}$，此时的 λ 称为特征值，x 称为特征向量，$(\lambda\boldsymbol{I}-\boldsymbol{A})\boldsymbol{x}=0$，$\det(\lambda\boldsymbol{I}-\boldsymbol{A})=0$ 称为特征方程。

(3) 线性变换 $\boldsymbol{y}=\boldsymbol{Ax}$ 也表示一个坐标变换，$\boldsymbol{A}$ 的各列为 $\boldsymbol{y}$ 坐标的基向量；归一化处理后，它们就是 $\boldsymbol{x}$ 坐标系与 $\boldsymbol{y}$ 坐标系之间夹角的方向余弦。用这关系可进行正反坐标变换。

(4) $\boldsymbol{A}=\boldsymbol{QR}$ 代表一个特定的坐标变换，其新坐标是固连在数据向量组 $\boldsymbol{A}$ 上的正交坐标。

(5) 若有正交矩阵 $\boldsymbol{Q}$，对角矩阵 $\boldsymbol{\Lambda}$，使 $\boldsymbol{A}=\boldsymbol{Q\Lambda Q}^{\mathrm{T}}$，则称其把 $\boldsymbol{A}$ 对角化，对角化后矩阵乘幂和指数计算比较简单。通常 $\boldsymbol{\Lambda}$ 就是特征值矩阵，$\boldsymbol{Q}$ 就是特征向量矩阵。

(6) 解特征方程可用 eig 函数或 poly,roots,null 函数的组合。所有的对称矩阵都可以对角化，对称矩阵具有实特征值和正交的特征向量。

(7) 复特征值和特征向量可描述振动问题，有重要的工程应用价值，所以非对称矩阵特征值也很重要。

(8) MATLAB 实践：正反坐标变换矩阵用法，qr 函数的用法，二阶特征值和特征向量的求法。

(9) MATLAB 函数：eigshow、qr、eig、poly、roots、real、expm、exp。

5.7.2　计算题

5.1　什么样的 2×2 矩阵 $\boldsymbol{R}$ 能把二维空间所有向量旋转 45 度？从而使向量(1,0)变成(0.707,0.707)，向量(0,1)变成(−0.707,0.707)。画出上述过程的图形。

5.2　将行向量 $\boldsymbol{A}=[1,4,5]$ 与列向量 $\boldsymbol{X}=[x,y,z]^{\mathrm{T}}$ 的数量积写成矩阵乘法 $\boldsymbol{AX}$。$\boldsymbol{A}$ 只有一行，$\boldsymbol{AX}=0$ 的解 $\boldsymbol{X}$ 具有什么形状？它与向量 (1,4,5)具有何种几何关系？

5.3　坐标测量仪测出平面上五点的数据如表 5-6 所示，问：

(a) 若用一根直线拟合这五个点，该直线的方程是什么？

(b) 各点到该直线的垂直误差是多少？

表 5-6　题 5.3 的数据表

点	1	2	3	4	5
x	2	3	4	5	6
y	4.8	6.2	7.6	9.1	10.5

5.4　按照制图国标，斜体数字和英文字母的倾斜角度应约为 75 度，问：

(a) $\boldsymbol{A}$ 应如何选择，才能保证其水平基线及高度不变，而垂直基线倾斜成 75 度？

(b) 以数字 7 的空心字为例，说明其正体字的数据集如何建立，又如何用于生成斜体字。用图形加以说明。(提示：设空心字 7 的数据矩阵为 $\boldsymbol{D}1=\begin{bmatrix}1&2&4&0&0&3&1\\0&0&5&5&4&4&0\end{bmatrix}$。)

5.5　在例 5.3 中，若要使三角形先上移 3 和右移 2，再旋转 30 度，则其变换矩阵 $\boldsymbol{A}$ 应具有何种形式？编写程序显示出变换后的图形，该图形用黄色表示，叠加在原图上，以便比较。(提示：程序 pla503a 给出了先移后转 90 度的结果，可以参考。)

5.6　设 $\boldsymbol{Q}=c\begin{bmatrix}1, & -1, & -1, & -1\\-1, & 1, & -1, & -1\\-1, & -1, & 1, & -1\\-1, & -1, & -1, & 1\end{bmatrix}$，选择 $\boldsymbol{c}$ 使得 $\boldsymbol{Q}$ 成为一个规范正交矩阵。

5.7　求将列向量(1,0)及(0,1)转换为(1,4)及(1,5)的矩阵 $\boldsymbol{M}$，使线性组合 $a\begin{bmatrix}1\\4\end{bmatrix}+b\begin{bmatrix}1\\5\end{bmatrix}=\begin{bmatrix}1\\0\end{bmatrix}$ 的 a 和 b 各为多少？这些新坐标如何与 $\boldsymbol{M}$ 及 $\boldsymbol{M}^{-1}$ 联系起来？

5.8　试证明两次转动变换的矩阵乘积等于将两个转动角相加后做一次转动的变换矩阵相等。

提示：转动 β 角对应的变换矩阵为 $\begin{bmatrix}\cos\beta & \sin\beta\\-\sin\beta & \cos\beta\end{bmatrix}$

5.9　将下列矩阵对角化，列出其正交矩阵 $\boldsymbol{P}$ 和对角矩阵 $\boldsymbol{D}$。

(a) $\begin{bmatrix}3 & -2 & 4\\-2 & 6 & 2\\4 & 2 & 3\end{bmatrix}$；(b) $\begin{bmatrix}7 & -4 & 4\\-4 & 5 & 0\\4 & 0 & 9\end{bmatrix}$。

5.10　用 poly 及 roots 函数求特征方程和特征值，用 null([A-λ$_i$I],'r')函数求对应于 λ_i 的特征向量：

(a) $\boldsymbol{A}=\begin{bmatrix}0 & 2\\2 & -1\end{bmatrix}$；　(b) $\boldsymbol{A}=\begin{bmatrix}4 & 0 & 0\\5 & 3 & 2\\-2 & 0 & 2\end{bmatrix}$；(c) $\boldsymbol{A}=\begin{bmatrix}-1 & 0 & 1\\-3 & 4 & 1\\2 & 0 & 2\end{bmatrix}$。

5.11　用 eig(A)函数求上题中的特征值与特征向量，与上题的结果进行对比。

5.12　设 $\boldsymbol{A}=\begin{bmatrix}-1 & 0 & 0\\2 & 1 & 2\\3 & 1 & 2\end{bmatrix}$，写出用特征值和特征向量求 $\boldsymbol{A}^{10}$ 的表达式及 MATLAB 程序。

5.13　计算指数矩阵 $e^{\boldsymbol{A}}$：(提示：对角矩阵指数可用以下语句 exp(D)=diag(exp(diag(D)))实现。diag(D)可把对角矩阵 D 变为单列矩阵，也能把单列矩阵变为对角矩阵。)

(a) $\boldsymbol{A}=\begin{bmatrix}3 & 4\\2 & 3\end{bmatrix}$；　(b) $\boldsymbol{A}=\begin{bmatrix}1 & 2\\-2 & 2\end{bmatrix}$；(c) $\boldsymbol{A}=\begin{bmatrix}4 & 1 & 2\\1 & 2 & 3\\2 & 3 & 2\end{bmatrix}$。

5.14　用正交变换将下列二次型变换为标准形。

(a) $4x_1^2+4x_2^2+3x_1x_2$；

(b) $11x_1^2-x_2^2-12x_1x_2$。

5.15　求马尔科夫矩阵的特征值和特征向量(稳态值)：

(a) $\boldsymbol{A}=\begin{bmatrix}0.9 & 0.15\\0.1 & 0.85\end{bmatrix}$；　(b) $\boldsymbol{A}=\begin{bmatrix}1 & 0.15\\0 & 0.85\end{bmatrix}$；　(c) $\boldsymbol{A}=\begin{bmatrix}0.2 & 1\\0.8 & 0\end{bmatrix}$。

5.16　见表 5-7，设三坐标测量仪测出工件上的六点坐标，问：这六点是否大体在一个平面上？此平面的方程是什么？各点离此平面的误差有多大？

表 5-7　题 5.16 的数据表

	点 a	点 b	点 c	点 d	点 e	点 f
x	1.01	0.80	2.82	0.81	3.04	2.43
y	2.16	0.78	−1.36	0.67	3.58	−1.30
z	2.47	2.40	3.55	2.41	3.50	3.34

第 6 章　线性代数在后续课程中的应用举例

本书前 5 章讲述了线性代数的基本理论，并且把它应用在数学插值与拟合、化学、传热学、物料配比、计算机图形学、成本计算、人口与生态等领域中。为了使不同专业的读者普遍都能够接受，举应用实例时只能以通俗易懂为原则，基本都不用到后续课程和工程中的知识。线性代数的后续应用问题就由第 6、7 两章来介绍。

第 6 章的实例基本上取自大学的机电及信息专业类工科二三年级的后续课程，由于过去的线性代数都不用计算机，阶数稍高就无法使用，故绝大多数后续课程都避开了矩阵建模和计算机求解。学生从这些课程中很难见到用线性代数解题，更不知道它的优越性。这一章可以让后续课程的教师知道如何运用线性代数，同时对于有进一步求知欲望、并打算在大学全过程中使用线性代数的学生有很大的引导意义。

本书的第 7 章是第 6 章中例题的深化，阶数更高，难度更大，专业性更强。有些工程界的读者可能会有兴趣，但这会使书的厚度和价格增加，也会偏离本书的“大众化”目标，因此作者决定把它放到电子文件中，和本书的程序集一起，供有兴趣的读者自行下载阅读。

本章的要点在于建模，读者主要学习如何把实际问题转化为线性代数模型。为了降低对读者的数学水平的要求，本书所选的例题只有个别用到了微分方程。但线性代数的工程应用许多都与微分方程有关。要深入掌握这方面的内容，对数学基础、MATLAB 都要有更高的要求。

6.1　电路中的应用

所有稳态线性电路的问题，都可以根据基尔霍夫定理列出方程组，这些联立的线性方程组必定可以用矩阵模型来表达，因此它们的求解就归结为线性代数的问题。直流稳态电路归结为实系数矩阵方程，交流稳态电路归结为复数系数矩阵方程。用 MATLAB 工具可以方便地求出其数值解。

1. 电阻电路的计算

例 6.1　图 6-1 所示的电路中，已知 $R_1 = 2\ \Omega$，$R_2 = 4\ \Omega$，$R_3 = 12\ \Omega$，$R_4 = 4\ \Omega$，$R_5 = 12\ \Omega$，$R_6 = 4\ \Omega$，$R_7 = 2\ \Omega$，设电压源 $u_s = 10\ \text{V}$。求 i_3，u_4，u_7。

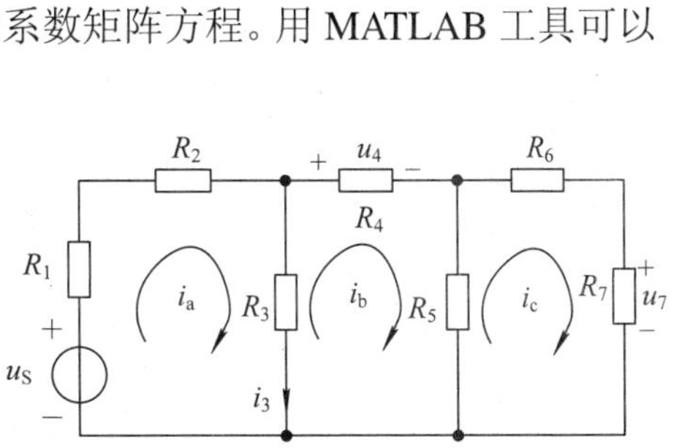

图 6-1　例 6.1 的电路图

解　用回路电流法进行建模。选择如图 6-1 中所示的回路，设三个网孔的回路电流分别为 i_a，i_b 和 i_c。根据基尔霍夫定律，任何回路中诸元件上的电压之和等于零。再根据图 6-1 可列出各回路的电压方程为：

$$(R_1+R_2+R_3)i_a - R_3 i_b = u_s$$
$$-R_3 i_a + (R_3+R_4+R_5)i_b - R_5 i_c = 0$$
$$-R_5 i_b + (R_5+R_6+R_7)i_c = 0$$

写成矩阵形式为：

$$\begin{bmatrix} R_1+R_2+R_3 & -R_3 & 0 \\ -R_3 & R_3+R_4+R_5 & -R_5 \\ 0 & -R_5 & R_5+R_6+R_7 \end{bmatrix}\begin{bmatrix} i_a \\ i_b \\ i_c \end{bmatrix} = \begin{bmatrix} 1 \\ 0 \\ 0 \end{bmatrix} u_s$$

把参数代入，直接列出方程

$$\begin{bmatrix} 18 & -12 & 0 \\ -12 & 28 & -12 \\ 0 & -12 & 18 \end{bmatrix}\begin{bmatrix} i_a \\ i_b \\ i_c \end{bmatrix} = \begin{bmatrix} 1 \\ 0 \\ 0 \end{bmatrix} u_s$$

简写成

$$\boldsymbol{AI} = \boldsymbol{b} u_s$$

式中，$\boldsymbol{I} = [i_a, i_b, i_c]^T$。

已知 $u_s = 10$，解此矩阵方程，可列出 MATLAB 程序 pla601 如下

```
A=[18, -12, 0; -12, 28, -12; 0, -12, 18];
b=[1; 0; 0]; us=10; U=rref([A, b*us])
```

程序运行的结果为

$$U = \left[\begin{array}{ccc|c} 1.0000 & 0 & 0 & 0.9259 \\ 0 & 1.0000 & 0 & 0.5556 \\ 0 & 0 & 1.0000 & 0.3704 \end{array}\right]$$

意味着 $I = \begin{bmatrix} i_a \\ i_b \\ i_c \end{bmatrix} = \begin{bmatrix} 0.9259 \\ 0.5556 \\ 0.3704 \end{bmatrix}$。

任何稳态电路问题，都可以用线性代数方程描述。实际的电路往往有很多个回路组成，手工解这些高阶方程组将非常繁琐且不可靠，使用矩阵方程和计算机软件是必不可少的。

2. 交流稳态电路的计算

例 6.2　如图 6-2 所示的电路，设 $Z_1 = -j250\ \Omega$，$Z_2 = 250\ \Omega$，$I_s = 2\angle 0°$ A，负载 $Z_L = 500 + j500\ \Omega$，求负载电压。

解　(1) 用节点电压法建模。设节点电压 $\dot{U}_a$、$\dot{U}_b$ 和电流 $\dot{I}_1$ 为变量(都是复数)，根据进出 a，b 点的电流相等，可以列出如下方程组，其中方程组的系数(阻抗值)也都是复数。

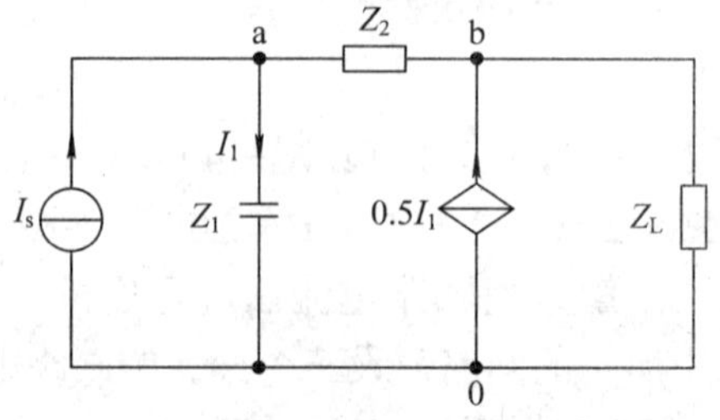

图 6-2　例 6.2 的电路

$$\left(\frac{1}{Z_1}+\frac{1}{Z_2}\right)\dot{U}_a-\frac{1}{Z_2}\dot{U}_b=\dot{I}_s$$

$$-\frac{1}{Z_2}\dot{U}_a+\frac{1}{Z_2}\dot{U}_b=\frac{\dot{U}_b}{Z_L}+0.5\dot{I}_1\,,\quad \frac{1}{Z_1}\dot{U}_a=\dot{I}_1$$

整理以上方程，将变量$\dot{U}_a,\dot{U}_b,\dot{I}_1$均移到等号左端，得：

$$\begin{bmatrix}\frac{1}{Z_1}+\frac{1}{Z_2} & -\frac{1}{Z_2} & 0\\ -\frac{1}{Z_2} & \frac{1}{Z_2}-\frac{1}{Z_L} & -0.5\\ \frac{1}{Z_1} & 0 & -1\end{bmatrix}\begin{bmatrix}\dot{U}_a\\ \dot{U}_b\\ \dot{I}_1\end{bmatrix}=\begin{bmatrix}1\\0\\0\end{bmatrix}\dot{I}_s \Rightarrow \boldsymbol{AX}=\boldsymbol{BI}_s$$

令 $\dot{I}_s=2\angle0^\circ=2+\mathrm{j}0$，则可用矩阵运算求得$\dot{U}_a,\dot{U}_b,\dot{I}_1$(程序中变量都已是复数)。

(2) MATLAB 程序 pla602 的核心语句如下：

```
Z1=-j*250; Z2=250; ki=0.5; Is=2+j*0; zL=500+j*500;      %设定元件参数
a11=1/Z1+1/Z2; a12=-1/Z2; a13=0;                         %设定系数矩阵 A
a21=-1/Z2; a22=1/Z2-1/zL; a23=-ki; a31=1/Z1; a32=0; a33=-1;
A=[a11, a12, a13; a21, a22, a23; a31, a32, a33]; B=[1; 0; 0];     %设定系数矩阵 A，B
X=A\B*Is;     Ub=X(2)                          %求方程解 X=[Ua; Ub; I1] 及负载电压
absUb=abs(Ub), angleUb=angle(Ub)*180/pi                  %负载电压的幅度和相角
```

程序运行结果显示出 Ub 的实部和虚部，也可用向量的幅值 absUb 和相角 angleUb 来表示，如下：

Ub = −2.5000e+002 −7.5000e+002i 即 Ub = −250 − 750 i

absUb = 790.5694，angleUb = −108.4349

6.2　力学中的应用

在力学中，静力学是一个代数问题，它主要研究物体受力后的平衡方程。一个物体在平面上平衡，需要两个方向力的平衡方程和一个力矩平衡方程。空间物体的平衡需要三个坐标方向的力平衡和力矩平衡，总共六个平衡方程。如果是几个物体相互作用下的平衡，那么方程的总数就会成几倍的增加。若用手工方法一个一个地去解联立方程，那是非常麻烦的。

这些方程组通常都是线性的，所以可以归结为矩阵方程求解。用线性代数的方法可以避免解单个方程和单个变量，只要把系数矩阵输入程序中，就可同时得出所有的解。

1. 求双杆系统的支撑反力

例 6.3　两杆系统的受力图如图 6-3 所示，已知 $G_1=200$，$G_2=100$，$L_1=2$，$L_2=\sqrt{2}$，$\theta_1=\pi/6$，$\theta_2=\pi/4$，求所示杆系的支撑反力 N_a, N_b, N_c。

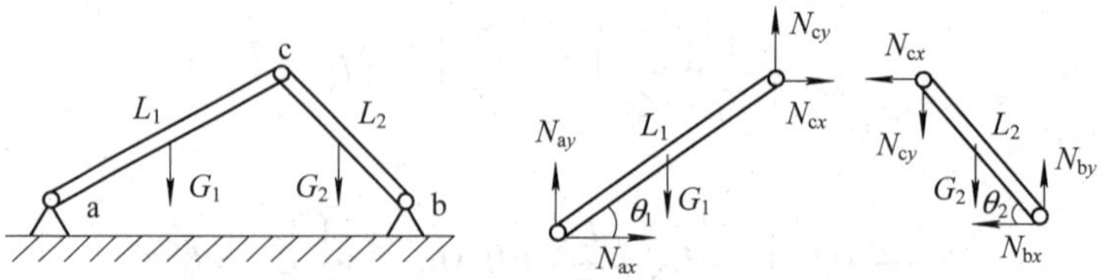

(a) 两杆系统的受力图　　(b) 分离体受力图

图 6-3　例 6.3 的分离体图

解　画出杆 1 和杆 2 的受力图，如图 6-3(b)所示。其中，N_a，N_b，N_c 都用其 x，y 方向上的分量 N_{ax}，N_{ay}，N_{bx}，N_{by}，N_{cx}，N_{cy} 表示，于是可列出方程如下：

(1) 对杆件 1。

x 方向力平衡：　$\Sigma X = 0$，　$N_{ax} + N_{cx} = 0$　　(6.2.1)

y 方向力平衡：　$\Sigma Y = 0$，　$N_{ay} + N_{cy} - G_1 = 0$　　(6.2.2)

绕 a 点力矩平衡：$\Sigma M_a = 0$，　$N_{cy}L_1\cos\theta_1 - N_{cx}L_1\sin\theta_1 - G_1L_1/2\cos\theta_1 = 0$　　(6.2.3)

(2) 对杆件 2：

x 方向力平衡：　$\Sigma X = 0$，　$N_{bx} - N_{cx} = 0$　　(6.2.4)

y 方向力平衡：　$\Sigma Y = 0$，　$N_{by} - N_{cy} - G_2 = 0$　　(6.2.5)

绕 b 点力矩平衡：$\Sigma M_b = 0$，　$N_{cy}L_2\cos\theta_2 + N_{cx}L_2\sin\theta_2 + G_2L_2/2\cos\theta_2 = 0$　　(6.2.6)

这是一组包含六个未知数 N_{ax}，N_{ay}，N_{bx}，N_{by}，N_{cx}，N_{cy} 的线性代数方程组，用 MATLAB 中的函数就可直接列出矩阵方程 $\boldsymbol{AX} = \boldsymbol{B}$，其中 $\boldsymbol{X}$ 为列矩阵$[N_{ax}, N_{ay}, N_{bx}, N_{by}, N_{cx}, N_{cy}]^{\mathrm{T}}$，用矩阵除法来解。

在编写程序时，先输入已知条件，尽量用图 6-3 中的变量，在程序开始处给它们赋值，这样得出的程序具有一定的普遍性，要修改参数时只需修改头几行的数据即可。

MATLAB 程序 pla603 为：

```
G1=200; G2=100; L1= 2; L2 = sqrt(2) ;          %给原始参数赋值
theta1 =pi/6; theta2 =pi/4;                    %将度化为弧度
% 则按此次序，系数矩阵 A, B 可写成下式
A=[1, 0, 0, 0, 1, 0; 0, 1, 0, 0, 0, 1; 0, 0, 0, 0, –sin(theta1), cos(theta1); ...
0, 0, 1, 0, –1, 0; 0, 0, 0, 1, 0, –1; 0, 0, 0, 0, sin(theta2), cos(theta2)];
B=[0; G1; G1/2*cos(theta1); 0; G2; –G2/2*cos(theta2)];
X = A\B                                        %用左除求解线性方程组
```

程序运行后，显示出系数矩阵 A, B 如下：

```
A = 1   0   0   0    1.0000    0            B = 0
    0   1   0   0    0         1.0000          200.0000
    0   0   0   0   –0.5000    0.8660          86.6025
    0   0   1   0   –1.0000    0               0
    0   0   0   1    0        –1.0000          100.0000
    0   0   0   0    0.7071    0.7071         – 35.3553
```

并解得

```
X = 95.0962
   154.9038
   -95.0962
   145.0962
   -95.0962
    45.0962
```

即 $N_{ax}=95.0962$，$N_{ay}=154.9038$，$N_{bx}=-95.0962$，$N_{by}=145.0962$，$N_{cx}=-95.0962$，$N_{cy}=45.0962$。

这样求解的方法不仅适用于全部静力学题目，而且可用于材料力学和结构力学中的超静定问题。这是因为那里只多了几个形变变量和变形协调方程，通常也是线性的，只是把矩阵方程扩大了几阶，解法没有什么差别。

2. 双滑块动力学方程

例 6.4　物体 A(质量为 m_1)在具有斜面的物体 B(质量为 m_2)上靠重力下滑，设斜面和地面均无摩擦力，求 A 沿斜面下滑的相对加速度 a_1 和 B 的加速度 a_2，并求斜面和地面的支撑力 N_1 及 N_2。

解　分别画出 A 和 B 的受力图，如图 6-4 所示。

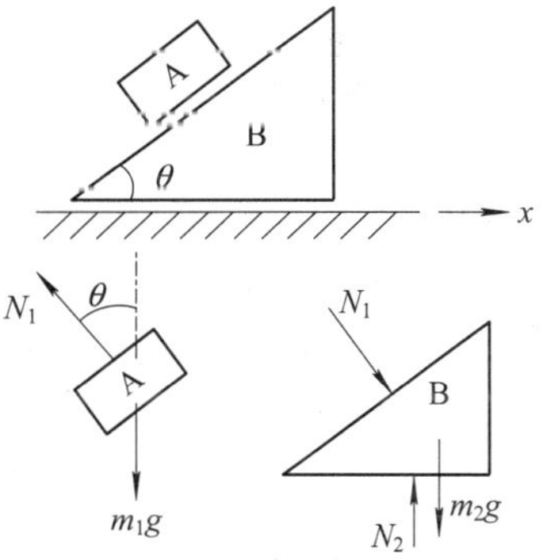

图 6-4　例 6.4 的双滑块受力图

对物体 A 列写动力学方程(注意它的绝对加速度是 a_1 和 a_2 的合成)：

x 方向：
$$m_1(a_1\cos\theta-a_2)=N_1\sin\theta \tag{6.2.7}$$

y 方向：
$$m_1a_1\sin\theta=m_1g-N_1\cos\theta \tag{6.2.8}$$

对物体 B 列写动力学方程：

x 方向：
$$m_2a_2=N_1\sin\theta \tag{6.2.9}$$

y 方向：
$$N_2-N_1\cos\theta-m_2g=0 \tag{6.2.10}$$

四个方程包含 a_1，a_2，N_1，N_2 四个未知数。将含未知数的项移到等式左端，常数项移到等式右端，得到矩阵方程：

$$\begin{bmatrix} m_1\cos\theta & -m_1 & -\sin\theta & 0 \\ m_1\sin\theta & 0 & \cos\theta & 0 \\ 0 & m_2 & -\sin\theta & 0 \\ 0 & 0 & -\cos\theta & 1 \end{bmatrix}\begin{bmatrix} a_1 \\ a_2 \\ N_1 \\ N_2 \end{bmatrix}=\begin{bmatrix} 0 \\ m_1g \\ 0 \\ m_2g \end{bmatrix} \Rightarrow \boldsymbol{AX}=\boldsymbol{B}$$

解此题的 MATLAB 程序 pla604 如下：

```
m1=input( 'm1=(千克) ' ); m2=input( 'm2=(千克) ' );
theta=input('theta(度)= ' );
theta=theta*pi/180; g=9.81;
A = [ m1*cos(theta), -m1, -sin(theta), 0; ...
```

```
        m1*sin(theta),   0,   cos(theta), 0; ...
                 0           , m2, -sin(theta), 0; ...
                 0           ,   0, -cos(theta), 1 ];
    B = [ 0, m1*g, 0, m2*g]'; X=A\B;
    a1=X(1), a2=X(2), N1=X(3), N2=X(4)
```

输入 m1=2, m2=4 及 theta=30 后，运行结果如下：

```
    a1 = 6.5400;     a2 = 1.8879
    N1 = 15.1035;   N2 = 52.3200
```

静力学平衡和动力学中求力与加速度关系的问题，通常都可归结为线性方程组的求解。

6.3 信号与系统中的应用

1. 信号流图模型[11]

信号流图是用来表示和分析复杂系统内的信号变换关系的工具。它和交通流图或其他的物流图不同，其基本概念如下：

(1) 系统中每个信号用图上的一个节点表示。如图 6-5 中的 u、x_1、x_2。

(2) 系统部件对信号实施的变换关系用有向线段表示，箭尾为输入信号，箭头为输出信号，箭身标注对此信号进行变换的乘子。如图 6-5 中的 G_1 和 G_2。如果乘子为 1，可以不必标注。

(3) 每个节点信号的值等于所有指向此节点的箭头信号之和，每个节点信号可以向外输出给多个节点，其值都等于节点信号。

根据这些概念，图 6-5 可以表示为两个节点 x_1 和 x_2 处的两个方程的联立，即

$$x_1 = -G_2x_2 + u$$
$$x_2 = G_1x_1$$

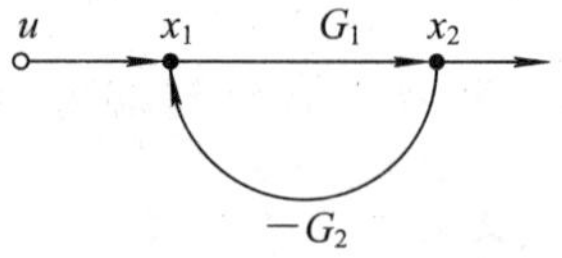

图 6-5 带反馈的简单信号流图

写成矩阵方程为

$$\begin{bmatrix} x_1 \\ x_2 \end{bmatrix} = \begin{bmatrix} 0 & -G_2 \\ G_1 & 0 \end{bmatrix} \begin{bmatrix} x_1 \\ x_2 \end{bmatrix} + \begin{bmatrix} 1 \\ 0 \end{bmatrix} u \quad \text{或} \qquad \boldsymbol{x} = \boldsymbol{Qx} + \boldsymbol{Pu}$$

移项整理后，可以得到求未知信号向量 $\boldsymbol{x}$ 的公式为：

$$\boldsymbol{x} = (\boldsymbol{I} - \boldsymbol{Q})^{-1}\boldsymbol{Pu}$$

定义系统的传递函数 $\boldsymbol{W}$ 为输出信号与输入信号之比 $\boldsymbol{x}/\boldsymbol{u}$，则 $\boldsymbol{W}$ 可按下式求得：

$$\boldsymbol{W} = \boldsymbol{x}/\boldsymbol{u} = (\boldsymbol{I} - \boldsymbol{Q})^{-1}\boldsymbol{P}$$

因为

$$\boldsymbol{I} - \boldsymbol{Q} = \begin{bmatrix} 1 & 0 \\ 0 & 1 \end{bmatrix} - \begin{bmatrix} 0 & -G_2 \\ G_1 & 0 \end{bmatrix} = \begin{bmatrix} 1 & G_2 \\ -G_1 & 1 \end{bmatrix}$$

按照二阶矩阵的求逆公式(2.2.6)求得为：

$$(\boldsymbol{I}-\boldsymbol{Q})^{-1}=\frac{1}{1+G_1G_2}\begin{bmatrix}1 & -G_2\\ G_1 & 1\end{bmatrix}$$

故
$$\boldsymbol{x}/\boldsymbol{u}=\begin{bmatrix}x_1/u\\ x_2/u\end{bmatrix}=(\boldsymbol{I}-\boldsymbol{Q})^{-1}\boldsymbol{P}=\frac{1}{1+G_1G_2}\begin{bmatrix}1 & -G_2\\ G_1 & 1\end{bmatrix}\begin{bmatrix}1\\ 0\end{bmatrix}=\frac{1}{1+G_1G_2}\begin{bmatrix}1\\ G_1\end{bmatrix}$$

即对 x_1 的传递函数为 $\dfrac{1}{1+G_1G_2}$，对 x_2 的传递函数为 $\dfrac{G_1}{1+G_1G_2}$。

对于阶次高的情况，求逆必须用软件工具。因为信号流图中有符号变量 G_1，故它的求解要先定义符号变量。对于本题，其 MATLAB 语句为：

```
syms G1 G2, Q=[0, -G2; G1, 0], P=[1; 0], W=inv(eye(2)-Q)*P
```

程序运行的结果是：

$$\mathbf{W}=\begin{matrix}1/(1+G_2G_1)\\ G_1/(1+G_2G_1)\end{matrix}$$

与前面的结果相同。

2．用“矩阵建模法”取代梅森公式[11] 解信号流图

信号流图中每一个节点可列出一个线性方程，全图就是一个联立方程组。在信号与系统课程中，传统的“梅森公式”就是用图形拓扑的方法得到信号流图的公式，但不给证明，要靠死记笔算。若系统阶次高一些，就非常繁琐。用线性代数与计算机结合的方法可严格地解决这个问题，我们称之为“矩阵建模法”。它归结为三个步骤：

步骤 1　建立方程组(根据物理定理或信号流图)；

步骤 2　将方程组写成矩阵模型——矩阵建模；

步骤 3　用数学软件解矩阵方程。

不管阶数多高，都可由计算机快速准确地得出结果。

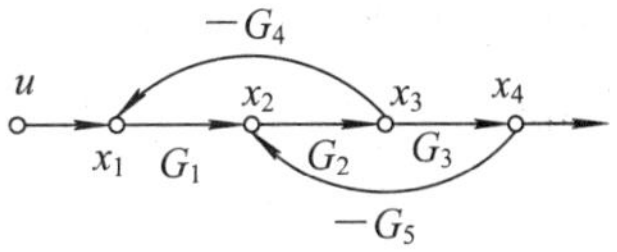

图 6-6　带双重反馈的信号流图

例 6.5　图 6-6 是一个具有两个反馈支路的信号流图。照上述方法列出它的求解步骤如下：

步骤1 建立方程组；　　步骤2 化为矩阵方程　　步骤3 软件求解

$$\left.\begin{aligned}x_1&=-G_4x_3+u\\ x_2&=G_1x_1-G_5x_4\\ x_3&=G_2x_2\\ x_4&=G_3x_3\end{aligned}\right\}\Rightarrow\begin{bmatrix}x_1\\ x_2\\ x_3\\ x_4\end{bmatrix}=\begin{bmatrix}0 & 0 & -G_4 & 0\\ G_1 & 0 & 0 & -G_5\\ 0 & G_2 & 0 & 0\\ 0 & 0 & G_3 & 0\end{bmatrix}\begin{bmatrix}x_1\\ x_2\\ x_3\\ x_4\end{bmatrix}+\begin{bmatrix}1\\ 0\\ 0\\ 0\end{bmatrix}u\Rightarrow\boldsymbol{x}=\boldsymbol{Qx}+\boldsymbol{Pu}$$

公式 **W=x/u** = inv(**I** – **Q**)***P** 同样是正确的，不过这里的 **Q** 和 **P** 分别为 4×4 和 4×1 矩阵。其中求逆很繁琐，只能用数学软件来计算，程序 pla605 如下：

```
syms G1 G2 G3 G4 G5
Q=[0,0,-G4,0;G1,0,0,-G5;0,G2,0,0;0,0,G3,0],P=[1;0;0;0]
W=inv(eye(4)-Q)*P, pretty(W(4))
```

程序运行的结果为：

$$\boldsymbol{W}=\begin{bmatrix}x_1/u\\x_2/u\\x_3/u\\x_4/u\end{bmatrix}=\begin{bmatrix}[\ (1+G2*G5*G3)/(1+G2*G5*G3+G1*G2*G4)]\\ [\quad G1/(1+G2*G5*G3+G1*G2*G4)]\\ [\quad G1*G2/(1+G2*G5*G3+G1*G2*G4)]\\ [\quad G1*G2*G3/(1+G2*G5*G3+G1*G2*G4)]\end{bmatrix}$$

人们关心的输出通常是 x_4，也就是最后那个传递函数 W(4)=x(4)/u，其结果整理后为

$$W(4)=\frac{x(4)}{u}=\frac{G1*G2*G3}{1+G2*G5*G3+G1*G2*G4}$$

“矩阵建模法”是解决联立线性方程组的普遍方法，手工编程解一、二十阶的问题轻而易举。它严密简明、精确快捷、不需画图、易于查错，远远超过了“梅森公式”。它的核心是用 MATLAB 对符号矩阵求逆，这个功能 1993 年才由 Mathworks 公司发布，所以这一创新不可能更早出现，我们于 2002 年在教材[13]中首次提出，停留于 1950 年前水平的经典线性代数不可能使用这个方法。这又一次证明了我们教给学生的线性代数要面向应用，就必须使用计算机。

6.4　数字信号处理中的应用

数字滤波器的网络结构图实际上也是一种信号流图。它的特点在于所有的相加节点都限定为双输入相加器。另外，数字滤波器器件有一个迟延一个节拍的运算，它也是一个线性算子，它的标注符号为 z^{-1}。根据这样的结构图，也可以用类似于例 6.5 的方法，求出它的输入与输出之间的传递函数，在数字信号处理中称为系统函数。

例 6.6　图 6-7 所示为某个数字滤波器的结构图，现在要求出它的系统函数，即输出 y 与输入 u 之比。

解　先在它的三个中间节点上标注信号的名称 x_1，x_2，x_3，以便对每个节点列写方程。由于迟延算子 z^{-1} 不是数，要用 MATLAB 能接受的符号代替，所以取 $q=z^{-1}$，按照图 6-7 所示情况，可以写出：

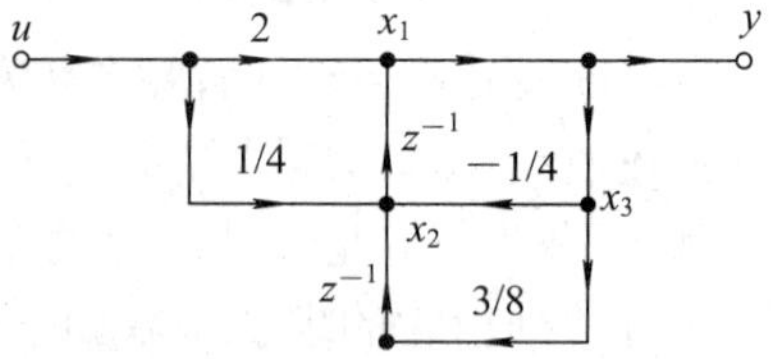

图 6-7　例 6.6 的数字滤波器的结构图

$$x_1=qx_2+2u$$

$$x_2=\left(\frac{3}{8}q-\frac{1}{4}\right)x_3+\frac{1}{4}u$$

$$x_3=x_1$$

写成矩阵形式为：

$$\boldsymbol{x}=\begin{bmatrix}x_1\\x_2\\x_3\end{bmatrix}=\begin{bmatrix}0&q&0\\0&0&\frac{3}{8}q-\frac{1}{4}\\1&0&0\end{bmatrix}\begin{bmatrix}x_1\\x_2\\x_3\end{bmatrix}+\begin{bmatrix}2\\\frac{1}{4}\\0\end{bmatrix}u$$

即

$$\boldsymbol{x}=\boldsymbol{Qx}-\boldsymbol{Pu}$$

经过移项后，系统函数 $\boldsymbol{W}$ 可以写成

$$W = x/u = (I-Q)^{-1}P$$

编写计算系统函数的 MATLAB 程序 pla606 如下：

```
syms q                                          %规定符号变量
Q(1, 2)=q; Q(2, 3)=3/8*q-1/4; Q(3, 1)=1;        %给非零元素赋值
Q(3, 3)=0;        %给右下角元素 Q(3, 3)赋值后，矩阵中未赋值元素都自动置零
P=[2; 1/4; 0]                                   %给 P 赋值
W=inv(eye(3)-Q)*P                               %求传递函数的公式
```

程序运行的结果为：

$$W=\begin{bmatrix} x_1/u \\ x_2/u \\ x_3/u \end{bmatrix}=\begin{bmatrix} -16/(-8+3*q^2-2*q)-2*q/(-8+3*q^2-2*q) \\ -2*(3*q-2)/(-8+3*q^2-2*q)-2/(-8+3*q^2-2*q) \\ -16/(-8+3*q^2-2*q)-2*q/(-8+3*q^2-2*q) \end{bmatrix}$$

我们关心的是以 $y=x_3$ 作为输出的系统函数，故再键入：pretty(simple(W(3)))，其中 simple 命令是把 $W(3)$进行整理，pretty 命令是把整理结果以易读的形式显示。再经过人工整理后为：

$$W(3)=\frac{y}{u}=-2\frac{q+8}{(3q+4)(q-2)}=\frac{-2z^{-1}-16}{(3z^{-1}+4)\ (z^{-1}-2)}$$

用线性代数方法的好处是它可适用于多输入多输出系统，并能用计算机解决问题。

6.5　空间解析几何中的应用

许多大学已把空间解析几何部分地与线性代数相结合，这是一个正确的方向。当三坐标测量仪、机械手等精密设备日益广泛地得到应用时，工程中的空间几何难题更加突现，例如分析一组空间测量点集的共面性及求误差等问题，线性代数及其软件工具的使用对解题显得更重要。例 6.7 将初步展示这一点。

1. 空间五点共面性的分析

例 6.7　数控坐标测量仪测出某气缸截面上五个点的 x、y、z 坐标如表 6-1 所示。试问：

表 6-1　例 6.7 的数据表

	x	y	z
点 1	−0.28	−0.03	0.55
点 2	4.00	4.60	3.00
点 3	0.72	0.71	−0.13
点 4	2.70	4.20	6.20
点 5	2.00	1.80	−0.32

(1) 这五点是在一个平面上吗？离平面有多大误差？

(2) 试写出该近似平面的数学方程。

(3) 这五点在该平面上是否近似构成一个圆？此圆的圆心坐标是多少？它的半径又是多少？

解 (1) 如果五点在同一平面，则它们之间的连线向量(可称为差向量)应该共面。设各点的原始向量组为 A，任意取第五点为基准，由它引向各点的向量组为 B，则 B = A − A(: , 5)，矩阵减法规则要求两个矩阵是同维的，故应表为：

```
A=[-0.28, 4.00, 0.72, 2.70, 2.00; -0.03, 4.60, 0.71, 4.20, 1.80; 0.55, 3, -0.13, 6.20, -0.32]
B=A-A(: , 5)*[1, 1, 1, 1, 1]
```

得

```
A =  -0.28   4.00    0.72   2.70    2.00
     -0.03   4.60    0.71   4.20    1.80
      0.55   3.00   -0.13   6.20   -0.32
B =  -2.28   2.00   -1.28   0.70    0
     -1.83   2.80   -1.09   2.40    0
      0.87   3.32    0.19   6.52    0
```

如果这四个向量共面，则它们组成的向量组的秩必须为 2。简单的试算结果是 rank(B)=3，因为测试结果只取了两位小数，故不大可能严格地位于同一平面上。怎样来判断它的近似性呢？这就要允许在第三维上有一些小的突起。在求秩命令中包含了这个因素，即用 rank(B, tol)，tol 是容差，它的默认值是 MATLAB 中的最小数 eps。我们现在把它取得大一些，认为有 0.1 的起伏仍可看做一个平面，于是键入：

```
rB=rank(B, 0.1)
```

得出的结果是 2，就是在最大误差 0.1 的意义下，这五点仍可看成共面。

(2) 要找到这个平面的方程，首先要确定平面法线的方向余弦。办法之一是改变坐标系，使新坐标的 x、y 两个主轴与此平面重合并使第三条轴与平面垂直。qr 正交分解函数恰好能够完成这个工作，于是键入：

```
[Q, R]=qr(B)
```

结果为：

```
Q =  -0.75   -0.08    0.66
     -0.60   -0.35   -0.72
      0.29   -0.93    0.21
R =   3.05   -2.23    1.66   -0.10    0
      0      -4.23    0.30   -6.98    0
      0       0      -0.02    0.11    0
```

Q 的三列表示三个基向量，其中前两列是组成主要平面的基向量，第三列是与此平面正交的(即该平面法线的)基向量，R 中的前两行表示在新坐标系主平面中的各点坐标值，这个新坐标系是以前两个向量为基准的。因为 R 中第一个列向量只有一个分量，说明它就是沿着第一个新坐标轴，R 中第二个列向量有两个分量，在第三条轴上的分量为零，说明它在第一、二两条轴所组成的平面上。R 的第三行则表示各点对此新坐标平面的偏离和突起。

知道了法线方向余弦为 Q(:, 3)，又知道平面上一点坐标 A(:, i)，例如 A(:, 2)=(4, 4.6, 3))^T

后，该平面的方程即可用解析几何中的点法式公式写出，即

$$0.66(x-4)-0.72(y-4.6)+0.21(z-3)=0$$

化简后成为：

$$0.66x-0.72y+0.21z=0.042$$

(3) 研究新的 xy 平面上各点坐标 R(1, :)和 R(2, :)是否构成圆。可参阅本章的例 6.9，此处从略，本题的完整程序见 Pla607。

2. 圆锥截面二次型方程插值问题

若二元二次方程 $a'x^2+b'xy+c'y^2+d'x+e'y+f'=0$ 中的系数均为实数，且 a'，b'，c' 中至少有一个不等于零，则它是圆锥曲线。设 $f'\neq 0$，将方程两端除以 f'，得

$$ax^2+bxy+cy^2+dx+ey+1=0$$

在平面上给出任意一点的坐标 (x_i, y_i)，代入此方程，表示这条曲线应该通过该点。如果规定了平面上的五个点，就可以得到五个关于五个系数的线性联立方程并可解出它们。

例 6.8　求通过(−1, 0)，(0, 2)，(2, 3)，(2, −2)，(0, −3)五个点的二次圆锥截面曲线。

解　将这五个点的 x、y 值依次代入圆锥曲线方程，可以得到五个关于变量 a、b、c、d、e 的线性方程：

$$\begin{cases} a \qquad\qquad -d \qquad +f=0 \\ \qquad 4c \qquad +2e+f=0 \\ 4a+6b+9c+2d+3e+f=0 \\ 4a-4b+4c+2d-2e+f=0 \\ \qquad 9c \qquad -3e+f=0 \end{cases} \Rightarrow [\boldsymbol{A},\ \boldsymbol{b}]=\left[\begin{array}{ccccc:c} 1 & 0 & 0 & -1 & 0 & -1 \\ 0 & 0 & 4 & 0 & 2 & -1 \\ 4 & 6 & 9 & 2 & 3 & -1 \\ 4 & -4 & 4 & 2 & -2 & -1 \\ 0 & 0 & 9 & 0 & -3 & -1 \end{array}\right]$$

高明的方法不是一点一点的代入，而是用元素群来计算，程序 pla608 的语句为：

```
x=[-1; 0; 2; 2; 0]; y=[0; 2; 3; -2; -3];
A=[x.^2, x.*y, y.^2, x, y],
b=-ones(5, 1)，K=inv(A)*b
```

得到

K=[a; b; c; d; e]= −[1/3; −1/6; 1/6; −2/3; 1/6]

将方程两端同乘以 −6，得到此椭圆的方程为：

$$2x^2-xy+y^2-4x+y-6=0$$

绘制此椭圆的 MATLAB 语句为：

```
[X, Y]=meshgrid(-4：0.1：4);
Z=2*X.^2-X.*Y+Y.^2-4*X+Y-6;
contour(X, Y, Z, [0 0]), hold on
plot(x, y, 's'), grid on
```

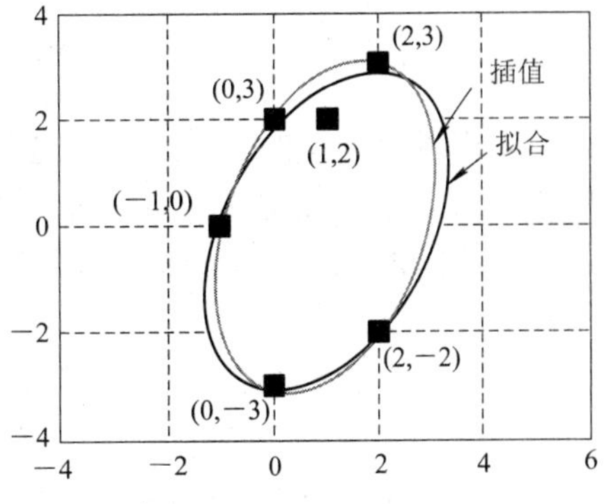

图 6-8　五点插值及六点拟合的椭圆

得出的曲线如图 6-8 中的浅色椭圆所示。

如果随意增加一个点(1, 2)，它不在椭圆上，则此时就变为超定方程。程序中需修改的

地方为：一是将给定点的坐标向量 $\boldsymbol{x}$、$\boldsymbol{y}$ 加长一位，使 $\boldsymbol{A}$ 增加一行；二是用最小二乘解的公式 K=inv(A)*b。其他可以不变。程序名为 pla608a。算出的方程系数向量为：

K= [32/117; −89/468; 43/234; −265/468; 107/468]

用同样方法画出的图形如图 6-8 中的深色椭圆所示。比较两个图可以看出插值和拟合之间的不同。在插值的情况，椭圆曲线将通过所有给定的点，也就是表明方程有准确的唯一的解；而在拟合的情况，椭圆曲线将不通过任何给定的点，它取的是能使各点误差的均方值为最小的曲线，也就是最小二乘解。

6.6　测量学中的应用

1. 舰载机按测定数据判断甲板的偏斜角

例 6.9　设船体甲板上四个标志点在船体坐标(x_b, y_b)中的取值为 $T_1(0,\ 0)$，$T_2(10,\ 0)$，$T_3(5,\ 5)$，$T_4(5,\ -5)$，故 T_1、T_2 两点相距 10 米，其连线沿船的中轴线指向船头方向，T_3、T_4 两点在 T_1 左右 45 度配置，这四个点构成一个正方菱形(如图 6-9 所示)。舰载机上测出这四点的机上坐标如表 6-2 所示。试分析机上坐标与船体坐标之间的夹角。

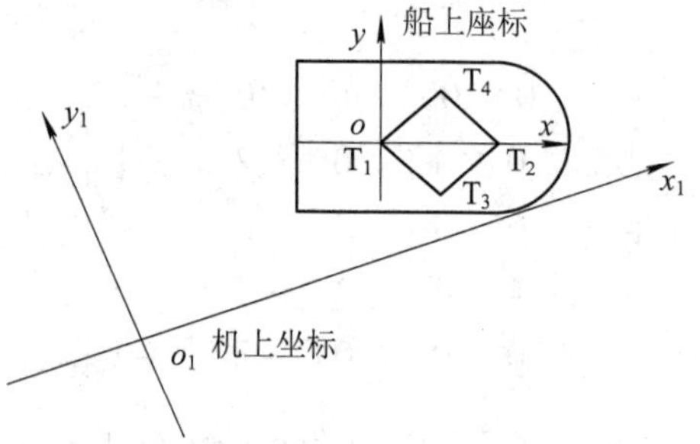

图 6-9　机上坐标与船上坐标

表 6-2　例 6.9 的数据表

	T_1	T_2	T_3	T_4
x_b	100.00	109.950	105.47	104.476
y_b	200.000	199.002	204.476	194.526

解　首先将机上测试数据写成一个向量组，即

$$\boldsymbol{A}=\begin{bmatrix} 100.0 & 109.950 & 105.470 & 104.476 \\ 200.0 & 199.002 & 204.476 & 194.526 \end{bmatrix}$$

求出机上测试的这些基准点之间的差向量。若以 T_1 点为基准，则应把各点坐标减去 T_1 点坐标，设这样构成的向量组为 $\boldsymbol{S}$，于是有：

```
S=A−A( : , 1)*ones(1, 4)
```

得到：

```
S= 0        9.9500      5.4700      4.4760
   0       −0.9980      4.4760     −5.4740
```

其中第一个向量为零向量，第二个向量是机上坐标系中观测的甲板上 T_1 和 T_2 的连线。我们可以把它作为判别机上坐标轴的基准。于是要把 S 向量中的第一个零向量调到最后去，而把第二个向量放到第一列，这可令 S1=S(: , [2 : 4, 1])来实现。然后对 S1 做 QR 分解，键入[Q, R]=qr(S1)，得：

```
Q =   -0.9950    0.0998
       0.0998    0.9950
R =   -9.9999   -4.9960   -5.0000   0
       0         4.9996   -5.0000   0
```

$\boldsymbol{Q}$ 就是机上坐标轴与船体坐标轴之间的旋转变换矩阵 $\boldsymbol{Q}=\begin{bmatrix}\cos\theta & -\sin\theta \\ \sin\theta & \cos\theta\end{bmatrix}$，可从中求出机上坐标与舰上坐标之间的夹角：Theta = asin(0.0998) = – 0.1(弧度)。

2. 用坐标测量仪检验圆形工件

精密三坐标测量仪可以测量物体表面上任何一点的三维坐标，人们根据这些点的坐标就能推算出物体的各特征尺寸。例如，为了测量一个圆形截面的半径，要在 xy 平面内测量其圆周上 n 个点的坐标$(x_i, y_i)(i=1, \cdots, n)$，然后拟合出其最小二乘圆的半径。

设圆周方程为：

$$(x-c_1)^2+(y-c_2)^2=r^2$$

式中，c_1, c_2 为圆心的坐标，r 为半径。整理上述方程，得到：

$$2xc_1+2yc_2+(r^2-c_1^{\ 2}-c_2^{\ 2})=2xc_1+2yc_2+c_3=x^2+y^2 \tag{6.6.1}$$

式中，$c_3=r^2-c_1^{\ 2}-c_2^{\ 2}$，因而 $r=\sqrt{c_3+c_1^{\ 2}+c_2^{\ 2}}$，求出 c_1,c_2,c_3 就可求出 r。

用 n 个测量点坐标(x_i, y_i)代入，得到：

$$\begin{bmatrix}2x_1 & 2y_1 & 1\\ 2x_2 & 2y_2 & 1\\ \vdots & \vdots & \vdots\\ 2x_n & 2y_n & 1\end{bmatrix}\begin{bmatrix}c_1\\ c_2\\ c_3\end{bmatrix}=\begin{bmatrix}x_1^{\ 2} & +y_1^{\ 2}\\ x_2^{\ 2} & +y_2^{\ 2}\\ \vdots & \vdots\\ x_n^{\ 2} & +y_n^{\ 2}\end{bmatrix}\Rightarrow \boldsymbol{Ac}=\boldsymbol{B} \tag{6.6.2}$$

这是一组关于三个未知数 c_1,c_2,c_3 的 n 个线性方程，所以是一个超定问题。解出 c_1,c_2,c_3 就可求得这个最小二乘圆的圆心坐标和半径 r 的值。

例 6.10　设测量了某工件圆周上的 7 个点，其坐标如下：

$x=$	–3.000	–2.000	–1.000	0	1.000	2.000	3.000
$y=$	3.03	3.90	4.35	4.50	4.40	4.02	3.26

试求此工件的拟合直径及圆心坐标。

解　7 个点应该有 7 个方程，其结构相同，只是数据不同而排成 7 行。可以把数据写成列向量，用元素群运算一次列出所有的 7 个方程。用最小二乘法解超定方程组，其程序为：

```
x=[-3:3]'; y=[3.03, 3.90, 4.35, 4.50, 4.40, 4.02, 3.26]';    %把 x, y 赋值为列向量
A=[2*x, 2*y, ones(size(x))]                                 %按式(6.10)求出系数矩阵
B=x.^2+y.^2, c=inv(A'*A)*A'*B,                              %求超定方程的解，得出 c
```

```
r=sqrt(c(3)+c(1)^2+c(2)^2)                %由 c 求出 r
```

程序运行的最后结果为：

```
c =   0.1018          工件圆心的 x 坐标
      0.4996          工件圆心的 y 坐标
     15.7533
r =   4.0017          工件的半径 r
```

程序 pla610 中还给出了画出这个拟合圆图形的语句，得出的图形见图 6-10。为了便于读者理解，把运行此程序前四行得出的 **A** 和 **B** 的结果写成方程：$\boldsymbol{Ac}=\boldsymbol{B}$，可得：

$$\begin{bmatrix} -6.0000 & 6.0600 & 1.0000 \\ -4.0000 & 7.8000 & 1.0000 \\ -2.0000 & 8.7000 & 1.0000 \\ 0 & 9.0000 & 1.0000 \\ 2.0000 & 8.8000 & 1.0000 \\ 4.0000 & 8.0400 & 1.0000 \\ 6.0000 & 6.5200 & 1.0000 \end{bmatrix} \begin{bmatrix} c_1 \\ c_2 \\ c_3 \end{bmatrix} = \begin{bmatrix} 18.1809 \\ 19.2100 \\ 19.9225 \\ 20.2500 \\ 20.3600 \\ 20.1604 \\ 19.6276 \end{bmatrix}$$

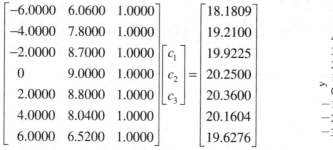

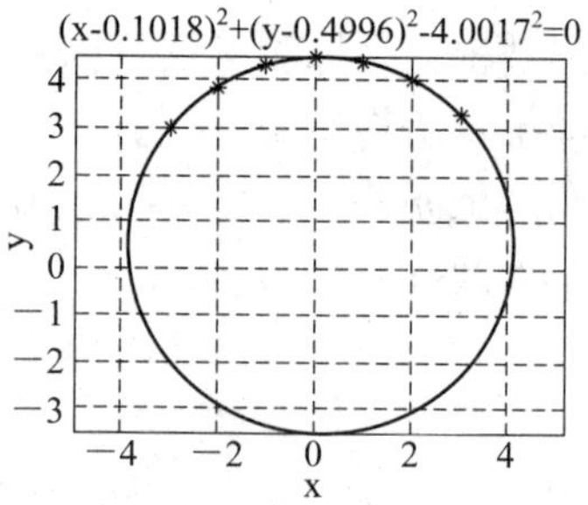

图 6-10　测出的 7 点及拟合圆图

可以看出，把 MATLAB 的元素群运算和矩阵运算相结合，可以把复杂的计算变得非常简单。

6.7　动漫技术中的应用

借助计算机实现动漫技术是一项新兴的极具竞争力的产业。线性代数在其中具有基础性的作用。比如把任何一个空间物体用多个多顶点物体合成，把物体的动作分别用各个顶点的位置变化来表述。再把这些顶点在两个时间点之间的位移进行插补，使得动作可以用较小的步长连续地实现。最后要把立体的形象投影到屏幕的平面上。这个过程中几乎每一个环节都和线性代数相关。实际问题很复杂，我们在这里只举一个最简单的三角形平面运动的插补问题加以说明。

例 6.11　在例 5.3 中已经研究过一个用矩阵描述三角形在平面上运动的问题，并且求出了相应的变换矩阵。从动漫的角度就会提出，希望通过 N 次连续的小变换来完成这个运动，问这样的小变换矩阵具备什么形式？

解　若把例 5.3 中的变换矩阵 $\boldsymbol{A}=\begin{bmatrix} 0 & -1 & 3 \\ 1 & 0 & 4 \\ 0 & 0 & 1 \end{bmatrix}$ 看做一系列(N 次)小变换 $\boldsymbol{K}$ 的连乘积，即 $\boldsymbol{K}^N=\boldsymbol{A}$，则 $\boldsymbol{K}$ 可通过对 $\boldsymbol{A}$ 开 N 次方求得。

在程序 pla503 中已设定三角形的顶点的初始数据矩阵为 Q0，终点数据矩阵为 Qf，本题需要在后面加一些绘图语句和相应的人机交互语句，构成程序 pla611，其核心语句为：

```
N=input('分 N 份，输入 N= ')
K=A^(1/N);
```

```
for i=1:N-1
   Qs=K^i*Q0; pause(2/N);                    %转动后图形
   fill(Qs(1, : ), Qs(2, : ), 'r' );          %画填充红色图
end
fill(Qf(1, : ), Qf(2,  :  ), 'g' ), pause     %画填充绿色图
⋮
```

运行程序并按提示输入 N=8 时，执行的结果如下：

A = 0	−1	3	**K** = 0.9808	−0.1951	0.6732
1	0	4	0.1951	0.9808	0.1648
0	0	1	0	0	1.0000

所得的图形会顺序出现，如图 6-11 所示。对于真正的动画，还要加上消隐语句，让先出现的图形消除，以获得更好的视觉效果。

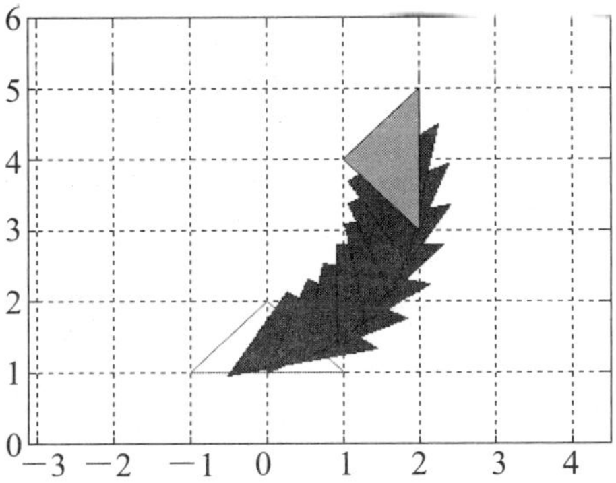

图 6-11　位置移动分解为多次

6.8 自动控制系统中的应用

例 6.12　分析图 6-12 所示系统，该系统有四个方框 G_1，G_2，G_3，G_4，两个输入信号 u_1，u_2，图中任意选定了四个状态变量 x_1，x_2，x_3，x_4。如果它是一个随动系统，则 G_3 为 1，x_1 为测量误差，x_3 为输出，不含测量噪声 u_2 的真正误差为 $e = x_3 - u_1$。现在要求出以 u_2 为输入，x_1，x_2，x_3，x_4，e 为输出的传递函数。

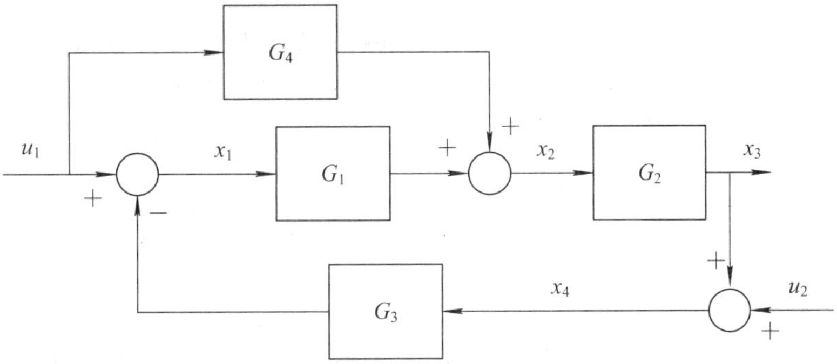

图 6-12　控制系统结构图实例

解　系统虽然简单，但却不能按一般自控教材给出的方法，化成并联、串联和反馈三种简单情况的合成，除非把第二个合成节点移到第一个合成节点之前，但这将改变变量 x_1 的原始物理意义，另外也不能把结构框图所没有表示出的真正误差 e 涵盖进去。

线性代数的方法是从原始方程组出发，建立矩阵模型，可以不受结构图画法的局限。这样的方程组保持了各信号节点原来的物理意义，各环节的传递函数可以先用简单的符号来代表。在本例中，取 x_1，x_2，x_3，x_4，e 五个信号节点列写方程，有：

$$\left.\begin{aligned} x_1 &= -G_3x_4 + u_1 \\ x_2 &= G_1x_1 + G_4u_1 \\ x_3 &= G_2x_2 \\ x_4 &= x_3 + u_2 \\ e &= x_3 - u_1 \end{aligned}\right\} \Rightarrow \begin{bmatrix} x_1 \\ x_2 \\ x_3 \\ x_4 \\ e \end{bmatrix} = \begin{bmatrix} 0 & 0 & 0 & -G_3 & 0 \\ G_1 & 0 & 0 & 0 & 0 \\ 0 & G_2 & 0 & 0 & 0 \\ 0 & 0 & 1 & 0 & 0 \\ 0 & 0 & 1 & 0 & 0 \end{bmatrix} \begin{bmatrix} x_1 \\ x_2 \\ x_3 \\ x_4 \\ e \end{bmatrix} + \begin{bmatrix} 1 & 0 \\ G_4 & 0 \\ 0 & 0 \\ 0 & 1 \\ -1 & 0 \end{bmatrix} \begin{bmatrix} u_1 \\ u_2 \end{bmatrix} \tag{6.8.1}$$

写成矩阵形式并推导为：

$$\boldsymbol{X} = \boldsymbol{QX} + \boldsymbol{PU} \quad \Rightarrow \quad (\boldsymbol{I} - \boldsymbol{Q})\boldsymbol{X} = \boldsymbol{PU} \quad \Rightarrow \quad \boldsymbol{X}/\boldsymbol{U} = (\boldsymbol{I} - \boldsymbol{Q})^{-1}\boldsymbol{P} \tag{6.8.2}$$

系数矩阵 $\boldsymbol{Q}$ 和 $\boldsymbol{P}$ 的内容一旦被赋值，根据 $\boldsymbol{W} = \boldsymbol{X}/\boldsymbol{U} = (\boldsymbol{I} - \boldsymbol{Q})^{-1}\boldsymbol{P}$，就可以求出以 u_1，u_2 为输入，x_1，x_2，x_3，x_4，e 为输出的 5×2 传递函数矩阵，其中包括 10 个传递函数。编成的程序如 pla612，其核心语句为：

```
syms G1 G2 G3 G4
Q(1, 4)=-G3;   Q(2, 1)=G1;                              %给 Q 赋值
Q(3, 2)=G2;   Q(4, 3)=1; Q(5, 3)=1; Q(5, 5)=0;
P(2, 1)=G4;   P(1, 1)=1; P(4, 2)=1;   P(5, 1)=-1;   P(5, 2)=0;      %给 P 赋值
W=inv(eye(5)-Q)*P;                                   %信号流图方程解
```

程序运行结果为：

$$\boldsymbol{W} = \boldsymbol{X}/\boldsymbol{U} = \begin{bmatrix} x_1/u_1 & x_1/u_2 \\ x_2/u_1 & x_2/u_2 \\ x_3/u_1 & x_3/u_2 \\ x_4/u_1 & x_4/u_2 \\ e/u_1 & e/u_2 \end{bmatrix} = \frac{1}{1+G_1G_2G_3} \begin{bmatrix} 1-G_2G_3G_4 & -G_3 \\ G_1+G_4 & G_1G_3 \\ G_1G_2+G_2G_4 & -G_1G_2G_3 \\ G_1G_2+G_2G_4 & 1 \\ G_1G_2+G_2G_4 & -G_1G_2G_3 \end{bmatrix} \tag{6.8.3}$$

它显示了呈矩阵排列的 10 个传递函数。用线性代数建模解决控制系统化简问题的最大优点是从原始方程出发，一步到位，不但避免了一切中间步骤的差错，而且能解出多输入多输出(MIMO)系统的全部传递函数。

6.9　机器人运动学中的应用

例 6.13　求机械臂速度变换及雅可比矩阵。

解　设一个两自由度平面机械臂如图 6-13 所示，执行端 B 点坐标与两转动关节转角度的关系为：

$$\begin{aligned} x &= l_1\cos\theta_1 + l_2\cos(\theta_1+\theta_2) \\ y &= l_1\sin\theta_1 + l_2\sin(\theta_1+\theta_2) \end{aligned} \tag{6.9.1}$$

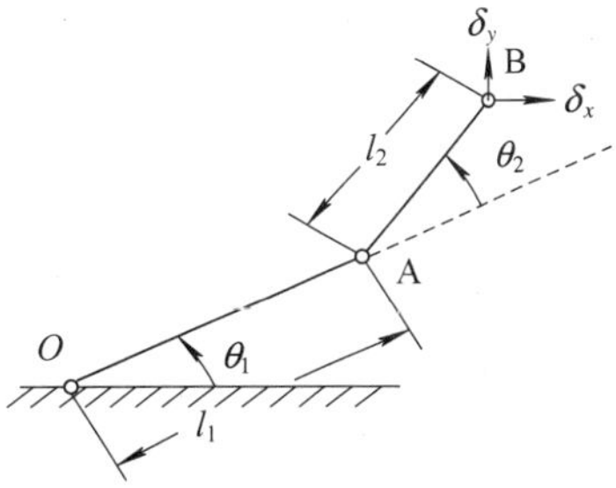

图 6-13　两自由度机械臂示意图

输入量 θ_1，θ_2 和输出量 x，y 之间是非线性函数的关系，但两个关节转动角度的微增量 $\delta\theta_1$、$\delta\theta_2$ 所引起执行端 B 点微位移 δ_x、δ_y 却是线性关系，并以下列矩阵表示：

$$\begin{bmatrix}\delta_x\\ \delta_y\end{bmatrix} = \begin{bmatrix}\partial x/\partial\theta_1 & \partial x/\partial\theta_2\\ \partial y/\partial\theta_1 & \partial y/\partial\theta_2\end{bmatrix}\begin{bmatrix}\delta\theta_1\\ \delta\theta_2\end{bmatrix} \tag{6.9.2}$$

这个偏导数矩阵 $\mathbf{J} = \begin{bmatrix}\partial x/\partial\theta_1 & \partial x/\partial\theta_2\\ \partial y/\partial\theta_1 & \partial y/\partial\theta_2\end{bmatrix}$ 称为雅可比矩阵，它确定了机械臂关节转动增量与执行器移动增量之间的线性关系。如果把方程两端都除以时间增量 δt，则雅可比矩阵反映了两个转动速度 ω 与执行端移动速度 v 之间的变换关系，即

$$\begin{bmatrix}v_x\\ v_y\end{bmatrix} = \begin{bmatrix}\partial x/\partial\theta_1 & \partial x/\partial\theta_2\\ \partial y/\partial\theta_1 & \partial y/\partial\theta_2\end{bmatrix}\begin{bmatrix}\omega_1\\ \omega_2\end{bmatrix} = \boldsymbol{J}\begin{bmatrix}\omega_1\\ \omega_2\end{bmatrix} \tag{6.9.3}$$

按图 6-13 的结构，经过对式(6.9.1)求导，可以得出矩阵 $\boldsymbol{J}$：

$$\begin{bmatrix}v_x\\ v_y\end{bmatrix} = \begin{bmatrix}-(l_1\sin\theta_1 + l_2\sin(\theta_1+\theta_2)) & -l_2\sin(\theta_1+\theta_2)\\ (l_1\cos\theta_1 + l_2\cos(\theta_1+\theta_2)) & l_2\cos(\theta_1+\theta_2)\end{bmatrix}\begin{bmatrix}\omega_1\\ \omega_2\end{bmatrix}$$

工程实践中常常遇到的是逆问题，即规定了执行端的直线移动速度和方向，控制两个驱动轴的转动速度，那就要用到雅可比矩阵的逆阵，即

$$\begin{bmatrix}\omega_1\\ \omega_2\end{bmatrix} = \begin{bmatrix}\partial x/\partial\theta_1 & \partial x/\partial\theta_2\\ \partial y/\partial\theta_1 & \partial y/\partial\theta_2\end{bmatrix}^{-1}\begin{bmatrix}v_x\\ v_y\end{bmatrix} = \boldsymbol{J}^{-1}\begin{bmatrix}v_x\\ v_y\end{bmatrix}$$

对 $\boldsymbol{J}$ 求逆，可以得到：

$$\mathrm{inv}(\mathbf{J}) = \frac{1}{l_1 l_2\sin(t_1)}\begin{bmatrix} l_2\cos(t_1+t_2) & l_2\sin(t_1+t_2)\\ -l_2\cos(t_1+t_2) - l_1\cos(t_1) & -l_2\sin(t_1+t_2) - l_1\sin(t_1)\end{bmatrix}$$

复杂的机器人或机械臂具有很多自由度，对其执行端要求既有三方向的移动速度又有三方向的转动速度时，雅可比矩阵将可能达到 6×6 维，甚至更高，计算量是很大的。

6.10　文献管理中的应用

因特网上数字图书馆的发展对情报的存储和检索提出了更高的要求，现代情报检索技术就构筑在矩阵理论的基础上。通常，数据库中收集了大量的文件，我们希望从中搜索出那些能与特定关键词相匹配的文件。文件的类型可以是杂志中的研究报告、因特网上的网页、图书馆中的书或胶片库中的电影等。

假如数据库中包括了 n 个文件，而搜索所用的关键词有 m 个，就可以把数据库表示为 $m\times n$ 的矩阵 $\boldsymbol{A}$。其中每个关键词占矩阵的一行，每个文件用矩阵的列表示。$\boldsymbol{A}$ 的第 j 列的第一个元素是一个数，它表示第一个关键词出现的相对频率；第二个元素表示第二个关键词出现的相对频率；依次类推。用于搜索的关键词清单用 $\mathbf{R}^m$ 空间的列向量 $\boldsymbol{x}$ 表示。如果关键词清单中第 i 个关键词在搜索列中出现，则 $\boldsymbol{x}$ 的第 i 个元素就赋值 1，否则就赋值 0。为了进行搜索，只要把 $\boldsymbol{A}^{\mathrm{T}}$ 乘以 $\boldsymbol{x}$ 即可。

例 6.14　用线性代数创建情报检索模型。

假如数据库中包含有以下书名：B1—应用线性代数，B2—初等线性代数，B3—初等线性代数及其应用，B4—线性代数及其应用，B5—线性代数及应用，B6—矩阵代数及应用，B7—矩阵理论。而搜索的 6 个关键词组成的集按以下的拼音字母次序排列：初等、代数、矩阵、理论、线性、应用。

因为这些关键词在书名中最多只出现 1 次，所以其相对频率数不是 0 就是 1。当第 i 个关键词出现在第 j 本书名上时，元素 $\boldsymbol{A}(i,\ j)$就等于 1，否则就等于 0。于是数据库矩阵成为表 6-3。

表 6-3　例 6.14 的数据表

关键词	书						
	B1	B2	B3	B4	B5	B6	B7
初等	0	1	1	0	0	0	0
代数	1	1	1	1	1	1	0
矩阵	0	0	0	0	0	1	1
理论	0	0	0	0	0	0	1
线性	1	1	1	1	1	0	0
应用	1	0	1	1	1	1	0

设输入的关键词是“应用、线性、代数”，则数据库矩阵 $\boldsymbol{A}$、搜索向量 $\boldsymbol{x}$ 及其两者的乘积 $\boldsymbol{y}=\boldsymbol{A}^{\mathrm{T}}\boldsymbol{x}$ 可以表示为

$$\boldsymbol{A}=\begin{bmatrix}0&1&1&0&0&0&0\\1&1&1&1&1&1&0\\0&0&0&0&0&1&1\\0&0&0&0&0&0&1\\1&1&1&1&1&0&0\\1&0&1&1&1&1&0\end{bmatrix},\quad \boldsymbol{x}=\begin{bmatrix}0\\1\\0\\0\\1\\1\end{bmatrix},\quad \boldsymbol{y}=\boldsymbol{A}^{\mathrm{T}}\boldsymbol{x}=\begin{bmatrix}0&1&0&0&1&1\\1&1&0&0&1&0\\1&1&0&0&1&1\\0&1&0&0&1&1\\0&1&0&0&1&1\\0&1&1&0&0&1\\0&0&1&1&0&0\end{bmatrix}\begin{bmatrix}0\\1\\0\\0\\1\\1\end{bmatrix}=\begin{bmatrix}3\\2\\3\\3\\3\\2\\0\end{bmatrix}$$

$\boldsymbol{y}$ 的各个分量就表示各书与搜索向量匹配的程度。因为 $y_1=y_3=y_4=y_5=3$，故说明四本书 B1、B3、B4、B5 必然包含所有三个关键词。这四本书就被认为具有最高的匹配度，因而在搜索的结果中会把这几本书排在最前面。

互联网中的搜索引擎不仅要考虑匹配度，还要用网页的重要性进行加权，于是矩阵 $\boldsymbol{A}$ 就不再是 0、1 矩阵，而可能是取值为 0～10 的加权矩阵。Page(人名)提出了用网站的链接

和访问次数作为重要性加权指标，这项加权算法在数学上表现为两个超大矩阵的乘法。Google 采纳了这种算法(其商标名为 Pagerank)，使用户总能优先得到最重要的搜索结果，从而在搜索领域取得很大的成功。

本例把线性变换的概念进一步扩展。它不一定是在具体的几何空间内进行变量的变换(或映射)，在本例中，它是从“关键词”子空间变换为“文献目录”子空间。在信号处理中，可以把时域信号变换为频域的频谱，也属于线性变换。

现代的搜索中往往包括几百万个文件和成千的关键词，所以数据库矩阵会变得非常大。但是也要注意到数据库矩阵和搜索向量中的大部分的元素为零，这种矩阵和向量被称为稀疏的。利用这个性质，可以用稀疏矩阵设计存储和计算方法，以节省计算机的存储空间和搜索时间。MATLAB 中就设有一个稀疏矩阵的子程序库。

6.11　经济管理中的应用

Leontiff 教授因为宏观经济建模和 1949 年首创用计算机求解线性方程组而获得 1973 年诺贝尔奖。其建模思路如下：假定一个国家的经济可以分解为 n 个部门，这些部门都有生产产品或服务的独立功能。设单列 n 元向量 $\boldsymbol{x}$ 是这 n 个部门的产出向量。考虑该国要向外提供产品，设 $\boldsymbol{d}$ 为外部需求向量，表示其他国家和部门对该国经济体的需求，如政府消费、出口贸易和战略储备等。

当各经济部门进行满足外部需求的生产时，它们也必须增加内部的相互需求，这种各部门的内部交叉需求非常复杂。Leontiff 提出的问题是，为了满足外部的最终需求向量 $\boldsymbol{d}$，各生产部门的实际产出 $\boldsymbol{x}$ 应该是多少，这对于经济计划的制订当然很有价值。这是因为 $\boldsymbol{x}=\{$内部需求$\}+\{$外部需求 $\boldsymbol{d}\}$。

Leontiff 的输入/输出模型中的一个基本假定是，对于每个部门，存在着一个在 $\mathbf{R}^n$ 空间单位消耗列向量 $\boldsymbol{v}_i$，它表示第 i 个部门每产出一个单位(比如 100 万美金)产品，需要消耗其他部门产出的数量。把这 n 个 $\boldsymbol{v}_i$ 并列起来，它可以构成一个 $n\times n$ 的系数矩阵，称为内部需求矩阵 $\boldsymbol{V}$。由于要向外部提供产品，故内部需求矩阵各列向量元素的和必然小于 1。

例 6.15　国民经济宏观模型。

设国民经济由制造业、农业和服务业三部门组成。它们的单位消耗列向量如表 6-4 所示。

表 6-4　例 6.15 的数据表

向下列部门购买	每单位输出的输入消耗		
	制　造　业	农　　业	服　务　业
制造业	0.5	0.4	0.2
农业	0.2	0.35	0.15
服务业	0.15	0.1	0.3

如果制造业产出了 100 个单位的产品，有 50 个单位会被自己消耗，20 个单位被农业

消耗，而被服务业消耗的是 15 个单位，用算式表示为：

$$100\boldsymbol{v}_1 = 100\begin{bmatrix}0.5\\0.2\\0.15\end{bmatrix} = \begin{bmatrix}50\\20\\15\end{bmatrix}$$

这就是内部消耗的计算方法，把几个部门都算上，可以写出：

$$\{内部需求\} = x_1\boldsymbol{v}_1 + x_2\boldsymbol{v}_2 + x_3\boldsymbol{v}_3 = [\boldsymbol{v}_1, \boldsymbol{v}_2, \boldsymbol{v}_3]\begin{bmatrix}x_1\\x_2\\x_3\end{bmatrix} = \begin{bmatrix}0.5 & 0.4 & 0.2\\0.2 & 0.35 & 0.15\\0.15 & 0.1 & 0.3\end{bmatrix}\boldsymbol{x} = \boldsymbol{Vx}$$

于是总的需求方程可以写为：

$$\boldsymbol{x} - \boldsymbol{Vx} = \mathbf{d} \quad 或 \quad (\boldsymbol{I} - \boldsymbol{V})\boldsymbol{x} = \boldsymbol{d}$$

从而可用 MATLAB 语句写出其解的表达式为：

```
x = inv (I – V)*d
```

用数字来试算一下，设外部需求 d=[30; 20; 10]，可以用程序 pla615 解出 $\boldsymbol{x}$，其核心语句如下：

```
V=[0.5, 0.4, 0.2; 0.2, 0.35, 0.15; 0.15, 0.1, 0.3]
d = [30; 20; 10]
x = inv(eye(3)–V)*d
```

程序运行的结果为：

```
x=  160.4563
    94.4867
    62.1673
```

这个结果是合理的，因为实际产出应该比外部需求大得多，以应付生产过程中内部的消耗。我们常常说，某某外部需求可以拉动国民经济增长多少个百分点，就是从这样的模型中得出的。

内部需求矩阵 $\boldsymbol{V}$ 要满足一些基本要求，一般各列的列向元素总和必须小于 1，否则这个部门就将因入不敷出而造成计划混乱。当所有的列向量都出现元素总和大于 1 的情况时，解 $\boldsymbol{x}$ 中会出现负值，因而是庸解，读者可分析其实际意义。

附录 A　MATLAB 的矩阵代数和作图初步

MATLAB 是“矩阵实验室”(MATrix LABoratoy)的缩写，它是一种以矩阵运算为基础的交互式程序语言，专门针对科学、工程计算及绘图的需求。与其他计算机语言相比，其特点是简洁和智能化；适应科技专业人员的思维方式和书写习惯；它还包含了大量的科学计算函数库，使得编程和调试效率大大提高；它用解释方式工作，键入程序后立即得出结果；它的自学也十分方便，通过它的演示(demo)和求助(help)命令，人们可以方便地在线学习各种函数的用法及其内涵。

MATLAB 语言与高等数学的关系十分密切。作者认为最好是尽早入门，但入门起码要有矩阵的基础，所以和线性代数同步学习是最佳的选择。

1. MATLAB 的工作界面

在 Windows 桌面上，双击 MATLAB 的图标，就可进入 MATLAB 的工作环境。如图 A-1 所示。它的右方是键入命令和获得数字计算结果的区域，称为命令窗。>> 是它的提示符，在 >> 之后键入命令，图中已显示了该命令产生的计算结果。数据的默认显示格式为五位有效数字，可用 format 命令改变输出格式。help 是获取帮助的命令，在它之后应该跟一个主题词，例如 help format，系统就会对 format 的用法提供说明。图 A-1 中在 help 之后没有主题，它只列出了在此系统中所有的 MATLAB 函数库名。

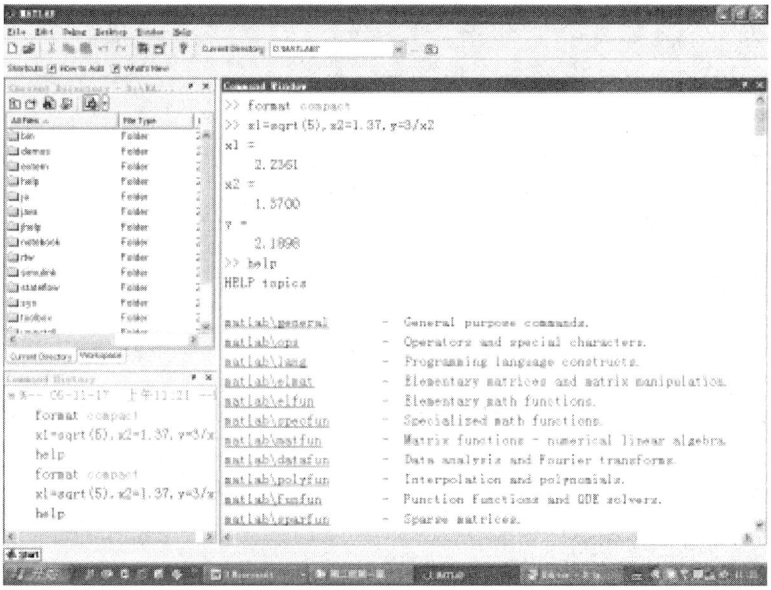

图 A-1　MATLAB 的工作界面

键入 figure 命令可以生成图形窗，以显示 MATLAB 程序产生的图形。另一个常用到的视窗是“文本编辑窗”，只要点击命令窗上部最左边的两个菜单图标就可打开，可用它来编辑和修改程序文件。

2. 矩阵及其赋值

1) 标识符与数

标识符是标识变量名、常量名、函数名和文件名的字符串的总称。在 MATLAB 中，变量和常量的标识符最长为 19 个字符，函数和文件名则通常不超过 8 个字符。这些字符包括全部的英文字母(大小写共 52 个)、阿拉伯数字和下划线等符号，但其中第一个字符必须是英文字母。MATLAB 对大小写敏感(Case Sensitive)，即它把 A 和 a 看做两个不同的字符。

MATLAB 内部只有一种数据格式，那就是双精度(即 64 位二进制)，对应于十进制 16 位有效数和 ± 308 次幂。MATLAB 做运算和存储时都用双精度格式，这对绝大多数工程计算是足够的。虽然它的数据存储格式只有一种，但显示格式有多种，format short 是默认条件，显示 5 位十进制有效数位；用 format long 命令后，显示 16 位有效数位；用 format rat 命令后显示有理数分数；format compact 则使显示结果紧凑，去掉空行。

MATLAB 的每一个元素都可以是复数，实数是复数的特例。复数的虚数部分用 i 或 j 表示。这是在 MATLAB 启动时就在内部设定的。

2) 矩阵及其元素的赋值

赋值就是把数赋予代表变量的标识符。MATLAB 中的变量或常量都代表矩阵，标量应看做 1×1 阶的矩阵。

矩阵的值放在方括号中，同一行中各元素之间以逗号或空格分开，不同的行则以分号隔开，语句的结尾可用回车符或逗号，此时会立即显示运算结果。如果不希望显示结果，就以分号结尾。此时运算仍然执行，只是不显示。例如输入语句

```
a=[1  2  3;  4  5  6;  7  8  9]
```

则显示结果为：

```
a=  1  2  3
    4  5  6
    7  8  9
```

元素也可以用表达式代替，如输入：

```
x=[-1.3, sqrt(3), (1+2+3)/5*4]
```

结果为：

```
x=-1.3000     1.7321     4.8000
```

变量中的元素序号用“()”中的数字(也称为下标)来注明，一维矩阵(也称数组或向量)中的元素用一个下标表示，二维的矩阵可有行号和列号两个下标数，以逗号分开。用户可以单独给元素赋值，如果赋值元素的下标超出了原来矩阵的大小，则矩阵的行列会自动扩展。如在上述 x 的赋值语句之后键入：

```
x(5)=abs(x(1))
```

得：

```
x = −1.3000    1.7321    4.8000    0    1.3000
```

给全行赋值，可用冒号。例如，给 a 的第 5 行赋值。可键入：

```
a(4, 3)=6.5;   a(5, : )=[5, 4, 3]
```

得：

```
a =  1.0000    2.0000    3.0000
     4.0000    5.0000    6.0000
     7.0000    8.0000    9.0000
     0         0         6.5000
     5.0000    4.0000    3.0000
```

可见，跳空的元素 x(4)，a(4，1)，a(4，2)被自动赋值为 0。这种自动扩展维数的功能只适用于赋值语句。在其他语句中若出现超维调用的情况，系统将给出出错提示。一个矩阵的所有元素都要用同样的格式显示，因为出现了 a(4, 3)=6.5，所以 a 的所有元素都有了小数点。

把 a 的第二，四行及第一，三列交点上的元素取出，构成一个新矩阵 b。可键入：

```
b = a([2, 4], [1, 3])
```

得：

```
b =  4.0000    6.0000
     0         6.5000
```

要删除 a 中的第二、四、五行，可利用空矩阵([ ])的概念。

键入：

```
a([2, 4, 5], :) = [ ]
```

得：

```
a =  1    2    3
     7    8    9
```

注意，“空矩阵”是指没有元素的矩阵。对任何一个矩阵赋以值 [ ]，就是使它的元素都消失掉。这完全不同于“零矩阵”，后者是元素存在，只是其数值为零而已。可以看出，空矩阵是使矩阵减缩时不可缺少的概念。

a' 为矩阵 a 的共轭转置命令。若 a 是实数矩阵，则它就是矩阵 a 的转置。此处键入 a'，得到：

```
ans =    1  7
         2  8
         3  9
```

3) 基本赋值矩阵

为了方便给矩阵赋值，MATLAB 提供了一些最常用的基本矩阵如表 A-1 所示。其用法可从下面的例子中看到。其中，魔方矩阵 magic(n)的特点是：其元素由 1 到 n^2 的自然数组成；每行、每列及对角线上的元素之和均等于$(n^3 + n)/2$。eye(n)是 n 阶单位矩阵，其对角线上的元素为 1，其余元素为 0。

表 A-1　基本赋值矩阵函数表

基本矩阵	zeros(m, n)	全 0 矩阵($m\times n$ 阶)	linspace	均分向量($1\times n$ 维数组)
	ones(m, n)	全 1 矩阵($m\times n$ 阶)	logspace	对数均分向量($1\times n$ 维数组)
	rand(m, n)	随机数矩阵($m\times n$ 阶)	meshgrid	画三维曲面时的 X，Y 网格
	randn(m, n)	正态随机数矩阵($m\times n$ 阶)	magic(n)	魔方矩阵
	eye(n)	单位矩阵(方阵)	size(A)	多维矩阵的各维长度
	length	一维矩阵的长度	diag	提取或建立对角阵
结构变换	fliplr	矩阵左右翻转	tril	取矩阵的左下三角部分
	flipud	矩阵上下翻转	triu	取矩阵的右上三角部分

大矩阵可由若干小矩阵组成，但其行、列数必须正确，必须能恰好填满全部元素。如键入：

```
f1=ones(3, 2); f2=zeros(2, 3); f3=magic(3); f4=eye(2);
    fb1=[f1, f3; f4, f2]
```

得：

```
fb1 =  1    1    8    1    6
       1    1    3    5    7
       1    1    4    9    2
       1    0    0    0    0
       0    1    0    0    0
```

4) 变量检查和清除

在调试程序时，往往需要检查工作空间中的变量及其维数。可键入 who，得：

```
a     b     f1    f3    f5    x
   ans   c     f2    f4    fb1
```

这些就是前面用过的变量，如果还需要知道它们的详细特征，可键入 whos，结果为：

```
Name      Size          Bytes  Class
a         2x3           48     double array
ans       2x3           48     double array
b         2x2           32     double array
⋮         ⋮             ⋮      ⋮
x         1x5           40     double array
```

Grand total is 107 elements using 864 bytes (共 107 个元素，占 864 字节)

可以看出，每个实元素占八个字节，复元素则占十六个字节。读者可自行解释其原因。

系统工作空间中实际上还有几个内定的变量，在变量检查时不作显示。比如虚数字符 i、j，圆周率 pi 等，其中的 Inf 和 NaN 需要专门介绍一下。

Inf(还有 –Inf)是无穷大，键入 1/0 就可得到它。NaN 是非数(Not a Number)的缩写，由 0/0，0*Inf 或 Inf/Inf 而得。在许多其他算法语言中遇到上述非法运算时，系统就停止运算并退出。而 MATLAB 却不停止运算，只把结果赋为 Inf 或 NaN，并继续把程序执行完。这有很大的好处，可以避免因为一个数据出错而破坏全局。

当执行一个新程序时，通常要清除以前在工作空间中留下的变量，以免混乱。所以许多程序都以 clear 命令开始。若还要清除原来的图形窗，用 close all 命令。

3. 矩阵的四则运算

1) 矩阵的加、减、乘法

矩阵算术运算的书写格式与普通算术相同，包括加、减、乘、除，也可用括号来规定运算的优先次序。但它的乘法定义与普通数(标量)不同。相应地，作为乘法逆运算的除法也不同，有左除(\)和右除(/)两种符号。

两矩阵的相加(减)就是其对应元素的相加(减)。因此，要求相加的两矩阵的阶数(行数和列数)必须相同。检查矩阵阶数的 MATLAB 语句是 size，例如：

键入：

```
[m，n]=size(fb1)
```

得：

```
m = 5          n = 5          (5 行 5 列)
```

当两个相加矩阵中有一个是标量时，MATLAB 就承认算式有效，它自动把该标量扩展成同阶等元素矩阵，与另一矩阵相加。例如：

键入：

```
X = [-1 0 1];   Y=X - 1
```

得

```
Y = -2    -1    0
```

矩阵的数乘：如果乘数是标量，则称为数乘，即用该数乘以矩阵的每个元素。例如：键入：

```
pi*X
```

得：

```
ans = -3.1416          0      3.1416
```

矩阵的乘法：$m \times p$ 阶矩阵 $\boldsymbol{A}$ 与 $p \times n$ 阶矩阵 $\boldsymbol{B}$ 的乘积 $\boldsymbol{C}$ 是一个 $m \times n$ 阶矩阵，它的任何一个元素 $\boldsymbol{C}(i，j)$的值为 $\boldsymbol{A}$ 阵的第 i 行和 $\boldsymbol{B}$ 阵的第 j 列对应元素乘积的和。即

$$\boldsymbol{C}(i,\ j) = \boldsymbol{A}(i,\ 1)\boldsymbol{B}(1,\ j) + \boldsymbol{A}(i,\ 2)\boldsymbol{B}(2,\ j) + \cdots + \boldsymbol{A}(i,\ p)\boldsymbol{B}(p,\ j) = \sum_k \boldsymbol{A}(i,\ k)\boldsymbol{B}(k,\ j)$$

式中，p 是 $\boldsymbol{A}$ 阵的列数，也是 $\boldsymbol{B}$ 阵的行数，称为两个相乘矩阵的内阶数，两矩阵相乘的必要条件是它们的内阶数相等。

上述 $\boldsymbol{X}$ 和 $\boldsymbol{Y}$ 是不能相乘的，因为它们都是(1×3)阶，内阶数分别为 3 和 1。若把 $\boldsymbol{Y}$ 转置，成为 3×1 阶，则内阶数与 $\boldsymbol{X}$ 的相同，$\boldsymbol{X}$*$\boldsymbol{Y}'$ 就可成立，并得出答案为 2。不难用心算来检验其正确性。这个式子可读成 $\boldsymbol{X}$ 左乘 $\boldsymbol{Y}''$。

如果让 $\boldsymbol{X}$ 右乘 $\boldsymbol{Y}'$，成为(3×1)阶乘(1×3)阶，这时两者的内阶数是 1，外阶数成了 3。于是键入 Y'*X 后就得到：

```
ans =    2    0    -2
         1    0    -1
         0    0     0
```

显然，$\boldsymbol{X}$ 左乘和右乘 $\boldsymbol{Y}'$ 所得的结果是完全不同的，说明矩阵乘法不服从交换律。

2) 矩阵“除法”及线性方程组的解

在线性代数中，没有除法，只有逆矩阵。矩阵除法是 MATLAB 从逆矩阵的概念引深来的。先介绍逆矩阵的定义，对于任意 $n \times n$ 阶方阵 $\boldsymbol{A}$，如果能找到一个同阶的方阵 $\boldsymbol{V}$，使

$$\boldsymbol{AV}=\boldsymbol{I}$$

其中，$\boldsymbol{I}$ 为 n 阶的单位矩阵 eye(n)。则 $\boldsymbol{V}$ 就是 $\boldsymbol{A}$ 的逆阵。数学符号表示为：

$$\boldsymbol{V}=\boldsymbol{A}^{-1}$$

逆阵 $\boldsymbol{V}$ 存在的条件是 $\boldsymbol{A}$ 的行列式 det($\boldsymbol{A}$)不等于 0。MATLAB 已把求逆做成了内部函数 inv，键入 V=inv(A)，就可得到 $\boldsymbol{A}$ 的逆矩阵 $\boldsymbol{V}$。如果 det($\boldsymbol{A}$)等于或很接近于零，MATLAB 会显示出错或警告信息：“A 矩阵病态(ill-conditioned)，结果精度不可靠”。

现在来看方程 $\boldsymbol{AX}=\boldsymbol{B}$，设 $\boldsymbol{X}$ 为未知矩阵，在等式两端同时左乘以 inv(A)，得到

X = inv(A)*B = A\B

MATLAB 把 A 的逆阵左乘以 B 记作 A\，称之为“左除”。从 $\boldsymbol{AX}=\boldsymbol{B}$ 的阶数检验可知，$\boldsymbol{B}$ 与 $\boldsymbol{A}$ 的行数相等，因此，左除时的阶数检验条件是：两矩阵的行数必须相等。

矩阵除法可以用来方便地解线性方程组。例如要求下列方程组的解 $\boldsymbol{x}=[x_1; x_2; x_3]$，即

$$6x_1+3x_2+4x_3=3$$
$$-2x_1+5x_2+7x_3=-4$$
$$8x_1-4x_2-3x_3=-7$$

此式可写成矩阵形式 $\boldsymbol{Ax}=\boldsymbol{B}$，求解的 MATLAB 程序为：

```
A = [6, 3, 4; -2, 5, 7; 8, -4, -3]; B = [3; -4; -7];  x = A\B
```

得

```
x =    0.6000
       7.0000
      -5.4000
```

3) 矩阵的乘方和幂次运算

MATLAB 中，矩阵的连乘可以写成指数形式。即 $\boldsymbol{A}*\boldsymbol{A}=\boldsymbol{A}$^2 $=\boldsymbol{A}^2$ 或 $\boldsymbol{A}*\boldsymbol{A}*\boldsymbol{A}*\boldsymbol{A}=\boldsymbol{A}$^4 $=\boldsymbol{A}^4$。根据乘法内阶数必须相等的规则，$\boldsymbol{A}$ 必须是方阵才能有乘幂。

矩阵的指数函数定义为：

$$\exp(\boldsymbol{A})=1+\frac{\boldsymbol{A}}{1!}+\frac{\boldsymbol{A}^2}{2!}+\cdots+\frac{\boldsymbol{A}^n}{n!}+\cdots$$

可见，指数定义来自乘幂，$\boldsymbol{A}$ 也必须是方阵，指数才能成立，MATLAB 程序名为 expm(A)。

MATLAB 的运算符 *、/、\ 和 ^，指数函数 expm、对数函数 logm 和开方函数 sqrtm 是对矩阵进行的，即把矩阵作为一个整体来运算。除此之外的其他 MATLAB 函数都是对矩阵中的元素分别进行的。英文直译为数组运算(Array Operations)，较准确的意义应为“元素群运算”，将在下面讨论。

4. 元素群运算

元素群运算能大大简化编程，提高运算的效率，是 MATLAB 的一个特色。

1) 数组及其赋值

数组通常是指单行或单列的矩阵，一个 N 阶数组就是 $1\times N$ 阶或 $N\times 1$ 阶矩阵。例如，

设时间数组 t 从 0 到 1 之间，每隔 0.02 秒取一个点，共 51 个点。如果逐点给它赋值，将非常麻烦。MATLAB 提供了两种为等间隔数组赋值的简易方法。

(1) 用两个冒号组成等增量语句，其格式为：t=[初值：增量：终值]。如键入：

```
t=[0: 0.02: 1]
```

得

```
t = 0    0.020    0.040    …    …    0.960    0.980    1.000
```

(2) 用 linspace 函数。其格式为：linspace(初值，终值，点数)。如键入：

```
theta = linspace(0，2*pi，9)
```

得

```
theta = 0   0.7854   1.5708   2.3562   3.1416   3.9270   4.7124   5.4978   6.2832
```

在圆周上 0 和 2*pi 实际上是同一个点，所以，这个命令是把圆周分为 8 份。

2) 元素群的四则运算和幂次运算

元素群运算也就是矩阵中所有元素按单个元素进行运算。为了与矩阵作为整体的运算符号相区别，要在运算符 *、/、\、^ 前加一点符号“.”，以表示在做元素群运算。参与元素群运算的两个矩阵必须是同阶的。表 A-2 中表示两个 1×3 阶的向量 X = [1, 2, 3]，Y = [4, 5, 6]。因为数取的很简单，故运算的结果很容易检验。

表 A-2　简单的元素群运算

运　算　式	输 出 结 果
Z = X.*Y	Z = 4　　10　　18
Z = X.\Y	Z = 4.0000　　2.5000　　2.0000
Z = X.^Y	Z = 1　　32　　729
Z = X.^2	Z = 1　　4　　9

3) 元素群的函数

大部分的 MATLAB 函数都适用于做元素群运算，只有专门说明的几个是专对矩阵整体的(*、/、\、^ 运算符和 sqrtm、expm、logm 三个函数)。表 A-3 基本函数库中的常用函数都可用于元素群运算，也即矩阵中所有元素自身分别作为自变量。

表 A-3　基本函数库(elfun)中的部分函数

三角函数	sin	正弦	cos	余弦
	tan	正切	asin	反正弦
	acos	反余弦	atan	反正切
	atan2(x, y)	4 象限反正切	exp	指数
取整函数	round	四舍五入为整数	fix	向 0 舍入为整数
	floor	向 −∞舍入为整数	ceil	向∞舍入为整数
	sign	符号函数	rem(a，b)	a 整除 b，求余数

下面的例子可以说明利用元素群运算的优越性。例如，要求列出一个三角函数表。这在 MATLAB 中只要两个语句。键入：

```
x=[0: 0.1: pi/4]'; [x, sin(x), cos(x), tan(x)]
```

第一条语句把数组 x 赋值，经转置后成为一个列向量。因为 sin、cos、tan 函数都对元素群有效，故得出的都是同阶的列向量。第二条语句把 4 个列向量组排列成一个矩阵，并进行显示。

5. 基本绘图方法

MATLAB 可以根据给出的数据，用绘图命令在屏幕上画出其图形，通过图形对科学计算进行描述。它可选择多种类型的绘图坐标，可以对图形加标号、加标题、或画上网状标线。还有一些命令可用于屏幕控制、坐标比例选取、三维旋转以及颜色绘图命令等。本附录只作简要介绍。

1) 直角坐标中的两维曲线

如果 y 是一个数组，则函数 plot(y)可绘制出线性直角坐标系下的二维图，以 y 中元素的下标作为 X 坐标，y 中元素的值作为 Y 坐标，一一对应画在 X-Y 坐标平面图上，而且将各点以直线相连。例如键入一个包含 10 个元素的向量 y = [−1.4, −2.2, 0.9, 0.9, 2., −0.6, 0.1, 1.7, −2.3, −2.2]，再键入 plot(y)，MATLAB 会产生一个图形窗，自动规定最合适的坐标比例绘图。X 方向是横坐标，从 1 到 10，Y 方向范围则是 −4 到 4，并自动标出刻度。

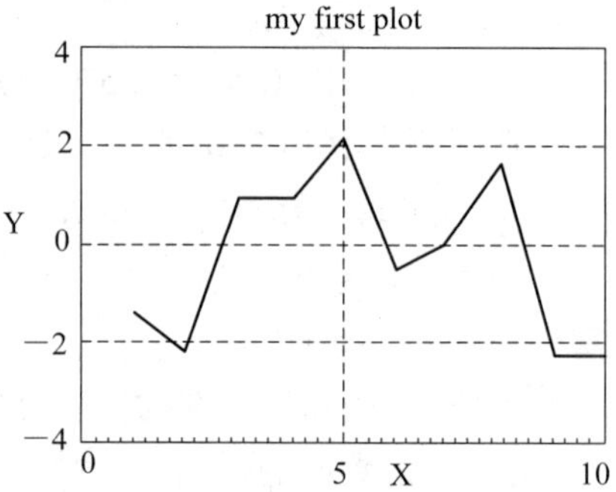

图 A-2　第一张简单的随机数图

可以用 title 命令给图加上标题，用 xlabel, ylabel 命令给坐标轴加上说明，用 text 或 gtext 命令可在图上任何位置加标注，也可用 grid on 命令在图上打上坐标网格线。键入：

title('my first plot'),

xlabel('x')，ylabel('Y')，grid on

最后结果如图 A-2 所示。

2) 输入两个数组的情况 plot(x, y)

如果数组 x 和 y 具有相同长度，则命令 plot(x，y)将绘出以 x 元素为横坐标，y 元素为纵坐标的曲线。例如，设 t 为时间数组 t=0: 0.5: 4*pi，y 是一个随 t 作衰减振荡的变量，y=exp(−0.1*t).*sin(t)，则 plot(t，y)就以 t 为横坐标，y 为纵坐标画曲线。如图 A-3 中的实线曲线。

要在一张图上画多根曲线时，可在画完前一张图后，用 hold on 命令保持住，再画下一根曲线。如接着键入：

hold on, y1=exp(−0.1*t).*sin(t+1), plot(t，y1，':')

就会出现图 A-3 中的虚线曲线。线型和颜色都可由用户在 plot 命令的输入变元中规定。

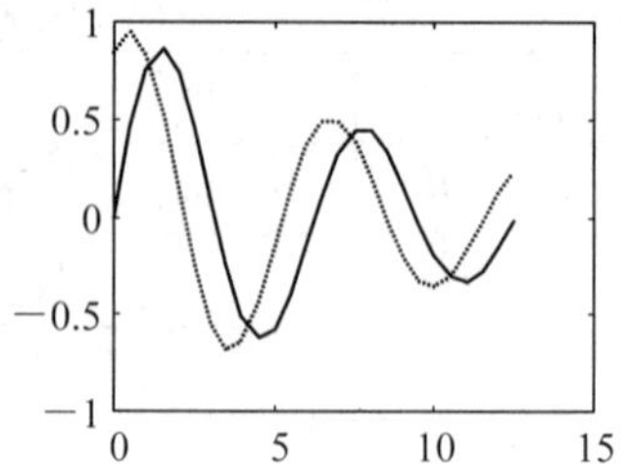

图 A-3　两根曲线画在同一图上

3) 空间曲面的绘制

函数 mesh(或 surf)用来绘制三维曲面。三维曲面方程应有 x，y 两个自变量，因此，先在 x-y 平面上建立网格坐标，每一个网格点上的数据 Z 坐标就定义了曲面上的点。用直线连接相邻的点就构成了三维曲面。这里只介绍平面的绘制。

假如在 x 方向取 5 个点，坐标为 [−1, −0.5, 0, 0.5, 1]，y 方向也取 5 个点，坐标也为 [−1,

−0.5, 0, 0.5, 1]，则在 x−y 平面上建立的自变量网格共有 25 个点，如图 A-4 所示。

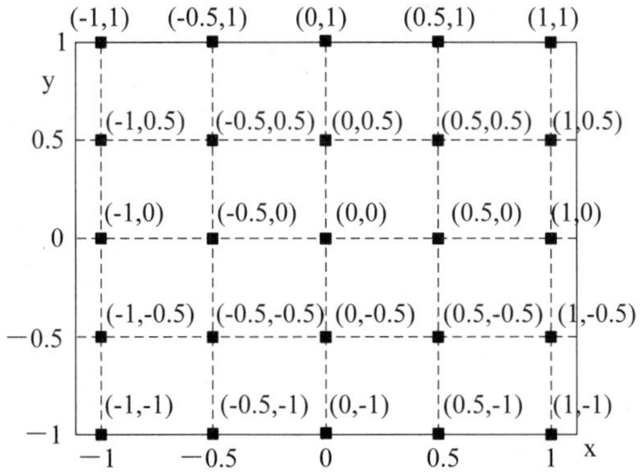

图 A-4　二维自变量网格的 x，y 坐标

将这 25 点的 x 坐标和 y 坐标分别用矩阵 X 和 Y 表示，可用[X, Y]=meshgrid(x, y)实现。假如要在此定义域内绘制平面 z−2x−3y=2，则程序可编写如下：

```
% 生成两个方向的自变量向量
x=[-1: 0.5: 1]; y=[-1: 0.5: 1];
% 生成两维自变量网格坐标矩阵
 [X, Y]=meshgrid(x, y);
Z=2*X+3*Y+2;                 %按方程求出因变量Z矩阵数据
mesh(X, Y, Z), pause         %画三维曲面
```

前两行命令建立了共有 $5\times5=25$ 个网格点的坐标矩阵 X 和 Y，形成了 5×5 网格的矩阵；第三行程序计算出 25 个网格点上的 z 坐标，构成与 X 和 Y 同阶的 Z 矩阵，最后用 mesh 函数绘出图形。

执行了第三、四行程序后将得出图 A-5 所示的图形。同样可以用 hold on 命令将它保持，并画入另一个平面方程的图形。例如键入：

```
hold on, Z1=X-2*Y; mesh(X, Y, Z1)
```

此时，图 A-5 出现两个平面，因为我们取的自变量网格太稀，所以它们的交线只能隐约地看出。

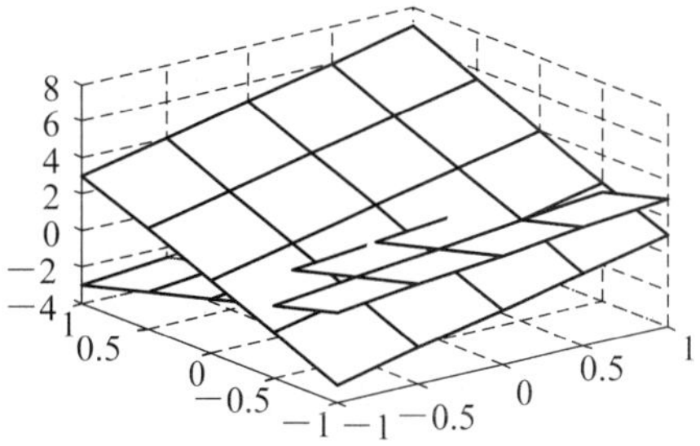

图 A-5　三维空间中的两个平面

6. 快速绘图

1) 直线的快速绘制

MATLAB 中的 ezplot 可以绘制很多函数的曲线，在它的第一输入变元中可以直接输入用 MATLAB 语句写出函数的形式，不过要用单引号括起来。第二输入变元为自变量的取值范围，在默认情况下其取值范围为[−2π，2π]。

键入 ezplot('sin(x)*cos(x)')，就绘制出 y=sin(x)*cos(x)在 $-2\pi\leqslant x\leqslant 2\pi$ 范围内的曲线。如果引号中的函数有两个自变量，那就代表隐函数，其典型格式为：

```
ezplot('3*x1+2*x2+3' [a, b])
```

含义为，在 $a<x<b$ 的范围内画出 $3x_1+2x_2+3=0$。

2) 平面的快速绘制

MATLAB 中的 ezmesh(或 ezsurf)函数可以绘制函数的曲面。与 ezplot 函数相仿，它的第一输入变元为用 MATLAB 语句写出函数的形式，注意要用单引号括起来。第二输入变元为自变量的取值范围，在 x，y 两个方向的默认取值范围都是[−2π，2π]。引号中的函数是显函数 z=f(x, y)中的 f(x, y)。它应该有两个自变量，例如键入：

ezmesh('3*x1+2*x2+3')

系统就绘制出 $z_1=3x_1+2x_2+3$ 在$-2\pi\leqslant x_1, x_2\leqslant 2\pi$，范围内的平面图形。

要在同一张图上画出第二个平面，在画完第一个平面后，必须键入 hold on，再键入第二个平面的 ezmesh 命令。例如：

hold on, ezmesh('x1−2*x2+1')

这时所得到的图形如图 A-6 所示。

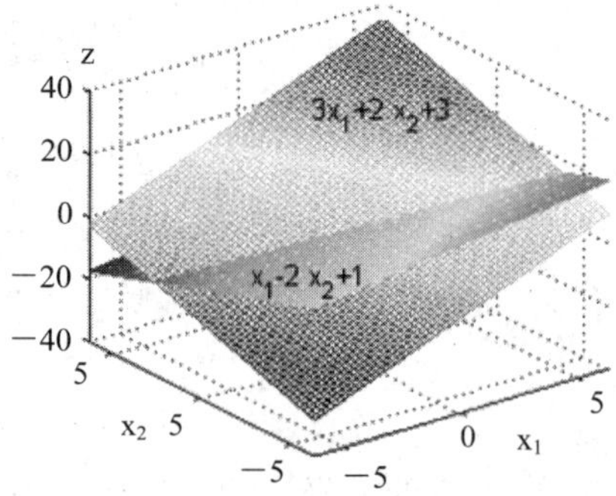

图 A-6 用 ezmesh 函数绘制两个平面

7. 符号变量与公式推导

MATLAB 数值计算的许多功能可以扩展为公式的推演。安装了符号数学(Symbolic)工具箱后，在许多情况下，可以把符号变量像数字那样直接运算。首先要使系统知道，用户给出的标识符(例如 x)是数字变量还是符号变量。为此对自变量要用 syms 命令作出定义，但因变量不得强行定义为符号变量，而应该用与自变量的函数关系来自然构成。比如求 a, b, c, d 四个元素组成的方阵的行列式 D 和逆阵 V，因变量 A, D 和 V 虽然是符号变量，但就不能放在 syms 语句中。其程序如下：

```
syms a b c d, A=[a, b; c, d], D=det(A), V=inv(A)
```

得到：

```
A = [a, b]
    [c, d]
D = a*d−b*c
V = [   d/(a*d−b*c), −b/(a*d−b*c)]
    [−c/(a*d−b*c),   a/(a*d−b*c)]
```

8. 程序文件(M 文件)

在入门阶段，通常在行命令模式下工作。键入一行命令后，让系统立即执行该命令。用这种方法时，操作虽然简单，但程序可读性很差且难以存储。对于复杂的问题，应编成可存储的程序文本，让 MATLAB 执行。这种工作模式称为程序文件模式。

由 MATLAB 语句构成的程序文件称为 M 文件，它将 m 作为文件的扩展名。例如：文件 expm.m 用来计算矩阵指数函数的值。因为它是 ASCII 码文本文件，所以可以直接阅读并用任何编辑器来建立。

M 文件可分为两种：一种是主程序，也称为脚本文件(script file)，是由用户为解决特定的问题而编制的；另一种是子程序，也称为函数文件(function file)，它必须由其他 M 文件来调用。函数文件往往具有一定的通用性，并且可以进行递归调用。MATLAB 的基础部分中已有了七百多个函数文件，它的工具箱中还有几千个函数文件，并在不断扩充积累。MATLAB 软件的大部分功能都是来自其建立的函数集，利用这些函数可以使用户方便地解决各自的问题。

1) 主程序文件

主程序文件就是把要求计算机执行的各条语句依次排列组成的文件。给它一个文件名并存储在 MATLAB 的搜索路径上。以后，只要键入这个文件名，系统就执行这些语句。本书上为各个例题所写的命名为“pla***”的程序都是主程序文件。这里提出三点注意事项：

(1) 最好用 clear、close all 等语句开始，清除掉工作空间中原有的变量和图形，以避免其他已执行的程序残留数据对本程序运行的影响。

(2) 程序中必须都用半角英文字母和符号，只有单引号括住的部分和 % 号后的内容可用汉字。特别要注意英文和汉字的有些标点符号(如句号、冒号、逗号、分号、引号乃至()、%、= 等)，看起来很相似，其实代码不同。用错了，不但程序执行不通，而且有时会造成死机。用 MATLAB 的编辑器来编写比较好，因为它对出现的非法字符会显示出鲜明的红色，引起用户的注意。而且在它的菜单 View 选项中，选 Auto Indent Selection 可以自动对程序进行缩进排版，便于阅读和查错。

(3) 整个程序应按 MATLAB 标识符的命名规则的要求起文件名，并加上后缀 m。文件名中不允许用汉字，将文件存入自己确定的子目录中，缺省子目录为根目录下的 work。

完成了程序的编制后，在 MATLAB 的命令窗中键入该文件名，系统就开始执行文件中的程序，主程序文件中的语句将对工作空间中的所有数据进行运算操作。

2) 函数文件

函数文件是用来定义子程序的。它与程序文件的主要区别有 3 点：

(1) 由 function 起头，后跟的函数名必须与文件名相同；

(2) 紧跟 function 的语句格式是[输出变元]=函数名(输入变元)，变元用来进行变量传递；

(3) 程序中的变量均为局部变量，不保存在工作空间中，除非专门声明。

下面看一个简单的求平均值的函数文件，其文件名为 mean.m。

键入 type mean 得到(这个文件中的注释语句已译成中文)：

```
function    y = mean(x)
%MEAN  求平均值。对于向量，mean(x)返回该向量 x 中各元素的平均值
%对于矩阵，mean(x)是一个包含各列元素平均值的行向量
[m，n] = size(x);
if m==1 m=n;          end        %处理单行向量
y=sum(x)/m
```

文件的第一条语句定义了函数名、输入变元以及输出变元。没有这条语句，该文件就成为主程序文件，而不再是函数文件。输入变元和输出变元都可以有若干个，但必须在第一条语句中明确地列出。

程序中的前几条带%的字符行为文件提供注解，键入 help mean 命令后，系统将显示这几条文字，作为对文件 mean.m 的说明，这和主程序文件相同。

变量 m，n 和 y 都是函数 mean 的局部变量，当 mean.m 文件执行完毕，这些变量值会

自动消失，不保存在工作空间中。如果在该文件执行前，工作空间中已经有同名的变量，系统会把两者看做各自无关的变量，不会混淆。这样，调用子程序时就不必考虑其中的变量与程序变量冲突的问题了。

给输入变元 x 赋值时，应把 x 代换成主程序中的已知变量，假如它是一个已知向量或矩阵 Z，可写成 mean(Z)，该变量 Z 通过变元替换传递给 mean 函数后，在子程序内，它就变成了局部变量 x，计算的结果再回送给输出变元 y。

3) 程序中常用到的人机交互命令

input('提示文字')：程序执行到此处暂停，在屏幕上显示引号中的字符串，要求用户输入数据。

如程序为 X=input('X=')，则屏幕上显示 X=，输入的数据将赋值给 X。数据输入后，程序继续运行。input('提示文字', 's')可以接收字符串。

^C：强行停止程序运行的命令。^C 念做(Control-C)，即先按下 Ctrl 键，不抬起再按 C 键。在发现程序运行有错，停不下来时，可用此方法强制终止它。

9. 本书用到的其他矩阵函数

1) 将自编函数库放入 MATLAB 运行环境的方法

对于 MATLAB 系统中固有的函数库，因为它已经被装在 MATLAB 的搜索路径上，所以可以直接调用。要知道细致的用法，可以用 help 命令得到。对于由 Mathworks 公司以外的单位和个人所提供的函数库，比如我们这本教材提供的函数库“实用大众线性代数程序集”，就必须先把这个函数库放在 MATLAB 系统的搜索路径下，其操作步骤如下：

(1) 首先要把这些函数库拷贝进计算机硬盘的一个目录下(拷在 U 盘中插入 USB 接口也行)。

(2) 在命令窗中单击【File】→【Set Path】，就会出现如图 A-7 所示的【Set Path】对话框。

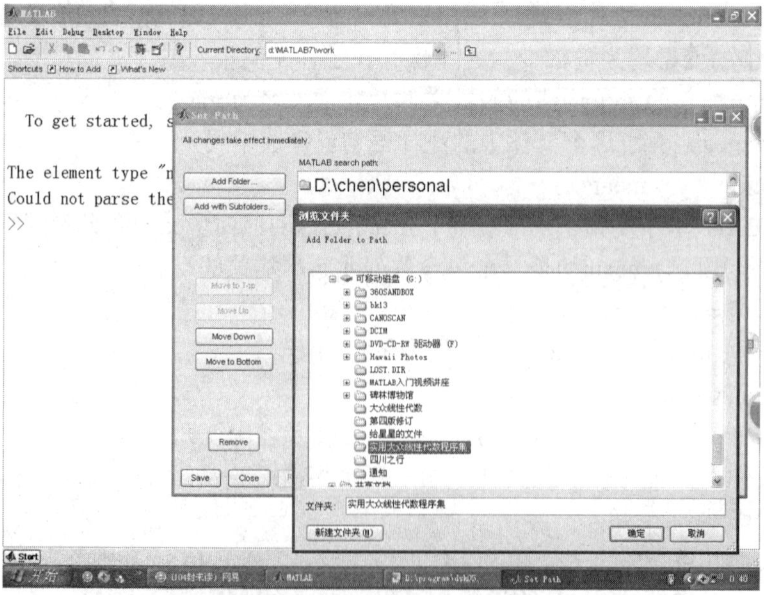

图 A-7　把外来函数库设置到 MATLAB 搜索路径下的界面

该对话框左侧是一排按钮。包括【Add Folder】、【Add with Subfolders】等。如果要将某文件夹(连它的子文件夹)都列入 MATLAB 搜索路径上去，可单击【Add with Subfolders】，此时将弹出一个系统文件浏览框，即图 A-7 右下角的小框。在其中找到该文件夹，选中它，再按【确定】，小框即关闭。然后，再在【Set Path】对话框中下面一横排按钮中，按【Save】和【Close】按钮即可。

本书用到的自编函数库，都已放在我们提供的“实用大众线性代数程序集”中，在使用时把整个程序集设置到搜索路径下即可。

2) 矩阵的分解函数(MATLAB 的 matfun 库中的部分函数)

矩阵可以分解为几个具有特殊构造性质的矩阵的乘积，这是分析矩阵的一种重要手段。MATLAB 提供了一些现成的函数可供调用，主要有表 A-4 所列的几种。

表 A-4　MATLAB 中的一些常用函数

矩阵分析	det	行列式(限方阵)	rref	最简行阶梯分解
	rank	矩阵的秩	norm	矩阵或向量的范数
	trace	主对角线上元素的和	null	基础解系正交基
	diag	对角矩阵生成和提取	prod	向量元素连乘积
线性方程	lu	行阶梯三角分解	qr	正交三角分解
	inv	矩阵求逆(必须是方阵)	pinv	矩阵广义逆
	eig	特征值和特征向量	poly	求特征多项式系数(限方阵)
	cond	矩阵条件数	roots	多项式求根

3) 本书自编的函数

本书自编的函数如表 A-5 所示。

表 A-5　本书自编的函数

函 数 名	功　　能	函 数 名	功　　能
randintr(m, n, k, r)	随机整数矩阵生成	rrefdemo	无行交换的行阶梯变换
U=ref1(A)	行阶梯变换，成上三角阵	rrefdemo1	有行交换的行阶梯变换
U=ref2(A)	行阶梯变换，成对角阵	plotangle(x, y)	画向量 x, y 之间夹角
pla***(popular Linear Algebra 缩写 pla)后接例题编号：例题解题程序			

习题　矩阵输入和运算的初步练习

A.1　在 MATLAB 命令窗中键入以下命令，观察结果并做出解释。

```
A=20*rand(4, 5), B=round(A), C=round(A-10), [m, n] =size(A)
D=B(:, [2, 4]), E=B([2, 4], :), F= linspace(1, 2*pi, 16), A([2, 4], :)=[]
G=[1:2:10], H=[B; G], I=eye(5), K=G*G', L=G'*G
```

A.2　设 $\boldsymbol{A}=\begin{bmatrix}1 & 4 & 8 & 13\\ -3 & 6 & -5 & -9\\ 2 & -7 & -12 & -8\end{bmatrix}$，$\boldsymbol{B}=\begin{bmatrix}5 & 4 & 3 & -2\\ 6 & -2 & 3 & -8\\ -1 & 3 & -9 & 7\end{bmatrix}$

求 $\boldsymbol{C}_1=\boldsymbol{A}\boldsymbol{B}^{\mathrm{T}}$，$\boldsymbol{C}_2=\boldsymbol{A}^{\mathrm{T}}\boldsymbol{B}$，$\boldsymbol{C}_3=\boldsymbol{A}\boldsymbol{B}$ 并求它们的逆阵。

A.3　(a) 列出 2×2 阶的单位矩阵 $\boldsymbol{I}$，4×4 阶的魔方矩阵 $\boldsymbol{M}$ 和 4×2 阶的全零矩阵 $\boldsymbol{A}$、全零矩阵 $\boldsymbol{B}$。

(b) 将这些矩阵拼接为 6×6 阶的矩阵 $\boldsymbol{C}=\begin{bmatrix}\boldsymbol{I} & \boldsymbol{A}^{\mathrm{T}}\\ \boldsymbol{B} & \boldsymbol{M}\end{bmatrix}$。

(c) 取出 $\boldsymbol{C}$ 的第二、四、六行，组成 3×6 阶矩阵 $\boldsymbol{D}$，取出第二、四、六列，组成 6×3 阶矩阵 $\boldsymbol{E}$。

(d) 求 $\boldsymbol{F}=\boldsymbol{DE}$ 及 $\boldsymbol{G}=\boldsymbol{ED}$。

A.4　键入以下程序，观察得到的矩阵。分析其特点，并说明如何不用特殊矩阵函数，而用基本矩阵输入及其组合得到这样的矩阵。

(a) A=[zeros(2, 3), ones(2, 2); magic(3), randn(3, 2)]。

(b) 在键入 format rat 后，再执行上面的语句。

(c) 键入 pi, exp(1)，再键入 format long 和 format rat 后，看 pi, exp(1)有什么变化。

(d) 键入命令 whos，观察工作空间中的变量名称和大小。

A.5　rand(m, n)可以产生 0～1 之间均匀分布的 m×n 阶随机数矩阵，问：

(a) A=rand(4, 6)−0.5*ones(4, 6)所得矩阵，其 24 个元素的均值是多少？

(b) 试用此函数构成一个 4×6 阶的整数矩阵，各元素的值限在 −10～10 之间，平均值在零附近。

A.6　设矩阵 $\boldsymbol{A}=\begin{bmatrix}1 & 2\\ 3 & 4\end{bmatrix}$，问：

(a) B=A^3 与 C=A.^3 有何差别？

(b) B=exp(A)与 C=expm(A)有何差别？

A.7　v=[1 : 7]，A=v'*v 与 B=v*v'有什么区别？要将 A 中的奇数行、奇数列取出来组成新的矩阵 C，应该用什么语句？

A.8　对于线性方程组：

$$\begin{aligned} x_1+2x_2+3x_3&=8\\ 2x_1-x_2+4x_3&=7\\ 3x_1-x_2+x_3&=1 \end{aligned}$$

(a) 如写成矩阵相乘的形式 $\boldsymbol{AX}=\boldsymbol{b}$，求 $\boldsymbol{A}$、$\boldsymbol{X}$ 和 $\boldsymbol{b}$，如何用矩阵“除法”解出 $\boldsymbol{X}$？

(b) 如写成矩阵相乘形式 $\boldsymbol{X}_1\boldsymbol{A}_1=\boldsymbol{b}_1$，求 $\boldsymbol{A}_1$、$\boldsymbol{X}_1$ 和 $\boldsymbol{b}_1$，如何用矩阵“除法”解出 $\boldsymbol{X}_1$？

A.9　下列语句产生的结果是什么？它能说明什么问题？

syms a b c d; A=[a, b; c, d], V=inv(A), pretty(V)

A.10　将本书的程序集“实用大众线性代数程序集”拷贝在硬盘上(或拷贝在 U 盘上插入接口)，并将它置于 MATLAB 的搜索路径下，执行其中的程序 pla106 及 pla407。

A.11　给出 6 个顶点的数据(1, 2)、(2, 4)、(3, 1)、(3, −1)、(2, −3)、(0, −2)，试画出封闭的六边形。

附录 B　本书中应用例题索引

序号	例 题 名 称	矩阵阶数	方程类型	向量空间线性变换	矩阵运算	页码
1	例 1.8　插值多项式	4	适定			15
2	例 1.9　平板稳态温度的计算	4	适定			16
3	例 1.10　交通流量的分析	4	欠定	补充其他条件求解		17
4	例 1.11　化学方程的配平	3	欠定	补充其他条件求解		18
5	例 2.14　成本核算问题	3			矩阵乘法	38
6	例 2.15　列乘行生成网格矩阵	10×21			矩阵乘法	39
7	例 2.16　Vander 矩阵的生成	4*4			矩阵乘法	40
8	例 2.17　特殊矩阵的生成	4			求逆阵	40
9	例 2.18　图及其矩阵表述	4			矩阵乘法	41
10	例 2.19　网络的矩阵分割和连接	2×2			矩阵乘法	42
11	例 2.20　微分矩阵和积分矩阵	3			求逆阵	43
12	例 3.7　用行列式判解的存在性	n			行列式计算	57
13	例 3.8　行列式为零时无逆阵	3			求逆阵	57
14	例 3.9　用行列式计算面积	2			行列式计算	58
15	例 3.10　特征行列式的计算	2			行列式计算	59
16	例 4.7　欠定方程解的几何意义	2×3	欠定	空间概念		76
17	例 4.8　超定方程解的几何意义	3×1	超定	空间概念		78
18	例 4.9　超定方程解的几何意义	3×2	超定	空间概念		79
19	例 4.10　减肥配方的实现	3	适定			82
20	例 4.11　三维空间中的平面方程	3		空间概念		83
21	例 4.12　价格平衡模型	3	适定			85
22	例 4.13　混凝土配料中的应用	5	超定			86
23	例 5.1　平面线性变换的几何意义	2		空间概念线性变换		90
24	例 5.2　斜体字母生成	2		空间概念线性变换		94
25	例 5.3　刚体平面运动	3		空间概念线性变换		96
26	例 5.5　测量数据直线性判断	4×2	超定	空间概念线性变换		101
27	例 5.9　字母阴影投影的生成	2		线性变换		109
28	例 5.10　雷达坐标与地面坐标系	3		正交线性变换		110
29	例 5.11　人口迁徙模型	2		矩阵幂次	实特征根	112

续表

序号	例 题 名 称	矩阵阶数	方程类型	向量空间线性变换	矩阵运算	页码
30	例 5.12　物料混合问题	2		微分方程矩阵指数	实特征根	113
31	例 5.13　单自由度机械振动	2		微分方程矩阵指数	复特征根	115
32	例 6.1　电阻电路的计算	3	适定			119
33	例 6.2　交流稳态电路的计算	3	适定		复数矩阵	120
34	例 6.3　双杆系统的支撑反力	6	适定			121
35	例 6.4　双滑块动力学系统	4	适定			123
36	例 6.5　信号流图和梅森公式	3	适定	符号运算公式推导		125
37	例 6.6　数字滤波器系统函数	6	适定			126
38	例 6.7　空间五点共面性的分析	3×5	超定		QR 分解	127
39	例 6.8　圆锥截面插值问题	5	适定超定			129
40	例 6.9　舰载机测定甲板偏转角	2			QR 分解	130
41	例 6.10　坐标测量仪检验圆形	7×3	超定			131
42	例 6.11　三角形运动连续化	3		线性变换	方阵分数幂	132
43	例 6.12　控制系统结构图的化简	5×5	适定	符号运算公式推导		133
44	例 6.13　机械臂速度和雅可比矩阵	2×2		公式推导线性变换		134
45	例 6.14　情报检索模型	7×6		矩阵乘法		136
46	例 6.15　宏观经济模型	3	适定			137

附录 C　线性代数在工程中的应用举例

序号	例 题 名 称	矩阵阶数	方程类型	向量空间 线性变换	矩阵运算与 线性变换
47	例 7.1　拉压杆桁架结构	13 × 13	适定		高阶方程组
48	例 7.2　格型滤波器系统函数	13 × 13	适定		高阶方程组
49	例 7.3　计算频谱用的 DFT 矩阵	256		高阶复数乘	
50	例 7.4　显示器色彩制式转换问题	3		线性变换	
51	例 7.5　人员流动问题	2			实特征根
52	例 7.6　二氧化碳分子结构振动	6		微分方程	复特征根
53	例 7.7　二自由度机械振动	4		微分方程	复特征根
54	例 7.8　FIR 数字滤波器最优化设计	8×5	超定		
55	例 7.9　弹性梁的柔度矩阵	3	适定		矩阵求逆
56	例 7.10　用二次样条函数插值	11 × 11	适定		高阶方程组
57	例 7.11　三维运动的矩阵描述	4		线性变换	齐次坐标系
58	例 7.12　支付基金的流动	2			实特征根
59	例 7.13　质谱图实验结果分析	6 × 5	超定		
60	例 7.14　解 Fibonacci 数列	2			实特征根
61	例 7.15　简单线性规划问题	3			线性规划

第 7 章的简要介绍

在工程中可以看到很多复杂问题都在线性代数解决的范围内。例如下面左图是一个复杂的桁架结构，下面右图则是一个格型梯形滤波器，它们都要用 13 个联立方程表示。笔算是不可能的。用线性代数加计算机，几分钟就算出来了，第 7 章给出了它们的方程和程序。

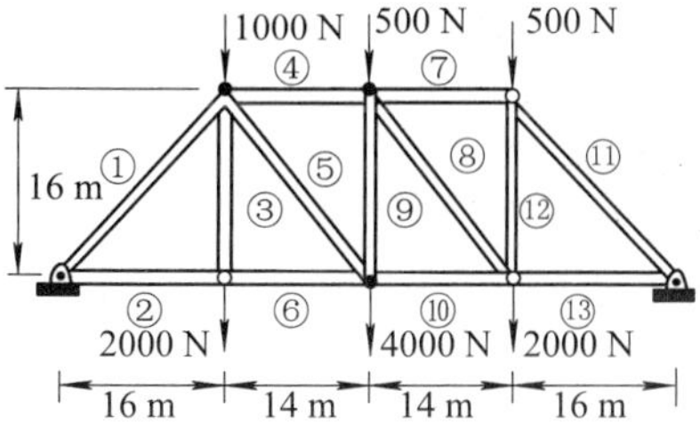

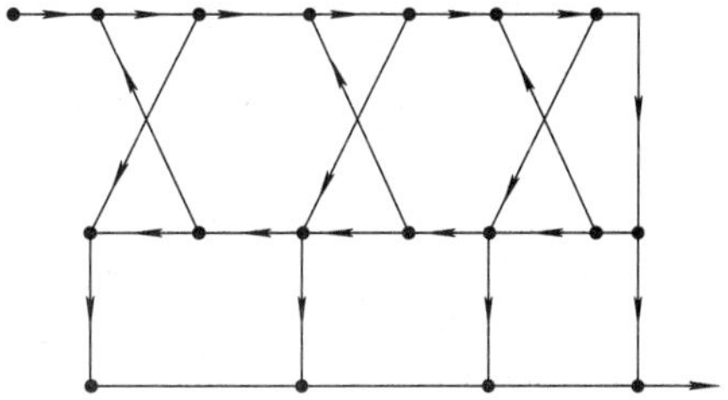

频谱的计算通常要取 1024 个时间样本点，进行 1024 × 1024 的复数矩阵乘法，才能算出频谱，这可以看做一个线性变换问题，正变换是从时间曲线变为频谱分布，反变换是从频谱函数转换为时域波形。机械和结构上研究多自由度振动，首先要搞清两自由度机械振动，它涉及四阶常微分方程的解，利用线性代数中的特征方程，归结到两组复特征值和特征向量的计算。第 7 章中讲了两个多自由度振动的问题，一个是二氧化碳分子内三个原子的振动，另一个是两个质量的机械振动。FIR 数字滤波器的最优化设计归根到底是解一组线性代数超定方程组，数值分析课中样条函数的研究，就要用到高阶的线性方程组。Fibonacci 数列的研究可以归结为二阶特征方程的解，其特征值和黄金分割数 0.618 直接关联等。15 个例题中 8 个在五阶以上。本章将对这些工程问题和科研问题进行介绍，推动读者在自己的工作领域内更好地运用数学来解决问题。

参 考 文 献

[1] Steven J. Leon. Linear Algebra with Applications. 6th Edition[M]. 机械工业出版社，2004.

[2] David C. Lay. Linear Algebra and Its Application. 3rd Edition[M]. 电子工业出版社，2004.

[3] Gilbert Strang. Introduction to Linear Algebra. 4th Edition[M]. Wilsley-Cambridge Press, 2009.

[4] Steven J Leon, Eugene Herman, Richard Faulkenberry. ATLAST Manual[M]. Prentice Hall, 2003.

[5] 陈怀琛，龚杰民. 线性代数实践及 MATLAB 入门[M]. 北京：电子工业出版社，2005.

[6] 陈怀琛，高淑萍，杨威. 工程线性代数：MATLAB 版[M]. 北京：电子工业出版社，2007.

[7] 杨威，高淑萍. 线性代数机算与应用指导：MATLAB 版[M]. 西安：西安电子科技大学出版社，2009.

[8] 游宏，朱广俊. 线性代数[M]. 北京：高等教育出版社，2012.

[9] 陈怀琛. 论工科线性代数的现代化与大众化[J]. 高等数学研究，2012，15(2).

[10] 陈怀琛，高淑萍. 用主元连乘法定义行列式：二论工科线性代数的现代化与大众化[R]. 中国教育数学学会 2013 年会，2013.

[11] 陈怀琛. 讲透三维空间，少讲 N 维空间：三论工科线性代数的现代化与大众化[R]. 中国教育数学学会 2013 年会，2013.

[12] 陈怀琛. MATLAB 及其在理工课程中的应用指南[M]. 西安：西安电子科技大学出版社，2000.

[13] 陈怀琛，吴大正，高西全. MATLAB 及在电子信息课程中的应用[M]. 北京：电子工业出版社，2002.

[14] 陈怀琛. 数字信号处理教程——MATLAB 释义与实现[M]. 北京：电子工业出版社，2004.

[15] 陈怀琛，屈胜利，何雅静. 控制系统化简的矩阵方法[C]. CCC2010中国控制年会论文集，2010.

[16] 张小向. 线性代数建模案例汇编[G]. 东南大学数学系，2012.